国家自然科学基金重点项目（51438005）研究成果

严寒地区城市微气候设计论丛

严寒地区城市住区微气候调节设计

——以哈尔滨为例

金 虹 康 健 刘哲铭 金雨蒙 黄 锰 著

科学出版社

北 京

内 容 简 介

本书以改善严寒地区城市住区微气候、提高住区环境的热舒适性为目标，为城市规划、建筑设计及景观设计提供科学依据。通过对严寒地区典型城市——哈尔滨的住区进行现状调查与实测，归纳梳理了严寒地区城市住区空间形态要素、建筑布局以及绿化与水体配置等特征，系统分析了住区街道形态与微气候、住区建筑布局与微气候、住区绿化配置与微气候、住区水体配置与微气候等的关系，并对其相互间的关联性进行了科学的量化分析与研究，还结合哈尔滨历史街区典型案例详细介绍了气候适应性设计技术。

本书可供高等院校城乡规划与建筑设计专业师生以及相关领域科研院所的研究设计人员参考。

图书在版编目（CIP）数据

严寒地区城市住区微气候调节设计：以哈尔滨为例 / 金虹等著. —北京：科学出版社，2019.12

（严寒地区城市微气候设计论丛）

ISBN 978-7-03-063461-0

Ⅰ. ①严… Ⅱ. ①金… Ⅲ. ①寒冷地区-城市环境-居住环境-微气候-调节-研究-哈尔滨 Ⅳ. ①X21 ②P463.2

中国版本图书馆 CIP 数据核字（2019）第 265029 号

责任编辑：梁广平 / 责任校对：郑金红

责任印制：吴兆东 / 封面设计：楠竹文化

科学出版社 出版

北京东黄城根北街 16 号

邮政编码：100717

http: //www.sciencep.com

北京九州迅驰传媒文化有限公司 印刷

科学出版社发行 各地新华书店经销

*

2019 年 12 月第 一 版 开本：787×1092 1/16

2021 年 1 月第二次印刷 印张：13 3/4

字数：280 000

定价：118.00 元

“严寒地区城市微气候设计论丛”
丛书编委会

“严寒地区城市微气候设计论丛”序

伴随着城市化进程的推进，人居环境的改变与恶化已成为严寒地区城市建设发展中的突出问题，对城市居民的生活质量、身心健康都造成很大影响。近年来，严寒地区气候变化异常，冬季极寒气候与夏季高热天气以及雾霾天气等频发，并引发建筑能耗持续增长。恶劣的气候条件对我国严寒地区城市建设提出了严峻的挑战。因此，亟待针对严寒地区气候的特殊性，展开改善城市微气候环境的相关研究，以指导严寒地区城市规划、景观与建筑设计，为建设宜居城市提供理论基础和科学依据。

在改善城市微气候方面，世界各国针对本国的气候特点、城市特征与环境条件进行了大量研究，取得了较多的创新成果。在我国，相关研究主要集中于夏热冬暖地区、夏热冬冷地区和寒冷地区，而针对严寒地区城市微气候的研究目前还不多。我国幅员广阔，南北气候相差悬殊，已有的研究成果不能直接用于指导严寒地区的城市建设，因此需针对严寒地区的气候特点与城市特征进行系统研究。

本丛书基于国家自然科学基金重点项目“严寒地区城市微气候调节原理与设计方法研究（51438005）”的部分研究成果，利用长期观测与现场实测、人体舒适性问卷调查与实验、风洞试验、包括CFD与冠层模式在内的数值模拟等技术手段，针对严寒地区气候特征与城市特点，详细介绍了城市住区及其公共空间、城市公共服务区、城市公园等区域的微气候调节方法与优化设计策略，并给出严寒地区城市区域气候与风环境预测评价方法。希望本丛书可为严寒城市规划、建筑及景观设计提供理论基础与科学依据，从而为改善严寒地区城市微气候、建设宜居城市做出一定的贡献。

丛书编委会

2019年夏

前　　言

在全球气候变化和城市化进程加速推进的背景下，城市人居环境的改变与恶化已危及城市的建设发展以及居民的工作生活。我国严寒地区幅员辽阔，气候恶劣，加之近年频发的极端气候，对严寒地区城市提出了更加严峻的挑战。住区作为城市居民居住生活的聚居地，其微气候环境直接影响到居民生活的舒适性及其身心健康。因此，作者针对严寒地区气候的特殊性与城市住区空间形态的复杂性，开展了住区微气候环境调节机理与设计方法的研究，对于改善严寒地区城市人居环境和指导城市规划、建筑及景观设计向科学化、精细化方向发展具有重要价值和科学意义。

本书基于国家自然科学基金重点项目“严寒地区城市微气候调节原理与设计方法研究（51438005）”的部分研究成果，详细介绍了城市住区街道形态、建筑布局、绿化配置、水体配置等对微气候的影响，以及其相互间的量化关系，并结合哈尔滨历史街区典型案例，详细介绍了气候适应性设计技术的应用。希望本书可为严寒城市住区规划、建筑及景观设计提供科学依据，为改善我国严寒地区城市住区微气候环境做出一定的贡献。

本书由金虹、康健、刘哲铭、金雨蒙、黄锰撰写，各章主要贡献人如下：绪论，金雨蒙、刘思琪、林玉洁、于子越、赵静、张仁龙；第一章，金雨蒙、徐思远、麻连东、单琪雅、于子越、赵静；第二章，金雨蒙；第三章，刘哲铭、于子越、麻连东、单琪雅；第四章，林玉洁、马征；第五章，张仁龙；第六章，赵静。全书图表等由刘哲铭、金雨蒙、林玉洁统一调整。在写作过程中得到哈尔滨工业大学绿色建筑设计与技术研究所2018级、2019级研究生的协助，特此感谢！全所硕博研究生历经五个春夏秋冬，在零上30℃的酷暑和零下30℃的寒冬中，坚持实地测试与问卷调查，获得了宝贵的第一手材料，首次系统构建了严寒地区城市微气候基础数据平台，为今后严寒地区城市微气候调节方法的深入研究奠定了坚实的基础。在此，为他们不畏严寒酷暑、踏实科研的精神点赞。

由于作者水平有限，书中难免存在不足之处，敬请批评指正。

目　　录

绪　论

一、研究背景

随着城市化进程的加速推进，居民生活的环境与气候发生了巨大变化，热岛效应、雾霾天气、极端天气等频繁发生，光污染、水污染、噪声污染以及大气污染等屡见不鲜。这些问题增加了城市与建筑的能源消耗，同时也影响着城市居民的日常生活与身心健康（曲亚斌等，2009；刘建军等，2008；刘思思等，2007；赵维光，2005；田喆，2005；刘加平，2005）。由于气候和环境的不断恶化，人们开始逐渐意识到保护生态环境、维持生态平衡的重要性。国家政策以及相关法律陆续出台，各行业也纷纷开始制订规定、标准等规范性文件。为了满足低碳生活需求、保护生态环境及资源可持续发展，节能环保已经成为现今我国建筑设计最为重要的发展趋势，与此同时，建筑领域中关于城市环境与气候的研究也越来越广泛和深入（张文忠，2007）。

随着经济的发展和社会的进步，人们对生活质量以及居住环境的舒适度有了更高的要求，住区作为城市中最重要的公共空间与生活载体，其室外物理环境是城市户外环境的构成基础，密切影响着城市居民的舒适度以及城市局部区域的环境质量，对创造城市环境与微气候有着十分重要的作用（斯皮罗·科斯托夫，2005）。因此，探索和研究营造良好的住区微气候环境，对改善现代化的城市住区建设以及人们的生活均具有重要作用。目前在对城市住区进行设计时大多忽略了气候因素，针对微气候环境的优化设计较少，由于每一个城市住区均有其特定的微气候环境，因此只有合理设计建筑形态，有针对性地对建筑布局进行规划设计，才能使城市住区具有更加舒适宜居的微气候环境。

对于绝大部分严寒城市来说，冬季十分漫长且气候寒冷，全年气候差异较大，气候条件对城市住区规划及设计的影响十分显著。随着城市居民对生活环境品质需求的日益提升，人们对于城市户外环境的营造也逐渐开始关注。现有的针对微气候环境的研究主要集中在夏热冬冷、夏热冬暖地区，对严寒地区微气候环境的研究较为匮乏，本书希望通过对严寒地区城市住区微气候环境进行详细而深入的研究，探究城市住区空间形态对微气候的影响，从而提出更适于严寒地区气候条件的城市住区设计策略。

二、研究目的及意义

对严寒地区城市住区微气候环境进行深入研究，通过现场实测、数值模拟以及调查问卷等方法来探究不同街区空间形态、住区空间形态、绿化及水体等对微气候环境的影响作用，希望达到以下目的：总结严寒地区气候特点，对典型城市住区空间进行现场调研，总结严寒地区典型城市的路网形态、建筑分布以及住区空间形态等空间特征，评估严寒地区城市住区微气候环境的质量现状；对具有不同空间形态的住区微气候环境进行实测及模拟研究，分别探究街道空间形态、住区建筑布局、住区绿化以及水体配置对住区微气候环境的影响作用，并基于研究结果提出一定的优化设计策略；深入分析历史街区的空间特征，通过对街坊、庭院以及广场等公共空间微气候环境进行实测及模拟研究，对严寒地区历史街区的气候适应性技术进行提炼与总结。

对严寒地区城市住区微气候环境进行深入研究，具有以下三方面意义：

其一，满足社会生活需求。城市住区的微气候环境和人们的日常生活息息相关，街道、广场等住区公共空间则是城市居民最主要的休闲活动场所。通过对城市住区微气候环境状况进行评估及优化设计，可以有效提高城市居民在住区活动时的舒适度，创造出更加健康宜人的住区环境，同时还可以有效延长严寒地区城市居民冬季户外活动时间，提高住区的冬季活力。除此之外，城市住区微气候环境的改善也是社会发展的重要需求。近年来，人们对于住房的需求发生了改变，从原来有屋可住的生存需要向注重环境的舒适需求转变。由于人们对居住环境的要求越来越高，良好的住区环境就成为人们选择住所时关注的重要因素，因此，对住区微气候环境的探索是社会发展过程中的一个重要环节，改善住区的微气候环境也成为了满足居民生活需求的必要途径。

其二，满足能源节约需求。随着能源危机和全球气候变暖等问题的日益恶化，建筑节能以及可持续发展已经成为人们关注的重点。我国建筑能耗在社会总能耗中占有相当大的比重，而居住建筑的能源消耗在建筑总能耗中又占有较大的比重。在大城市中，居住建筑的夏季空调制冷与冬季采暖负荷存在着大量的资源和能源浪费，因此控制建筑能耗是能源节约和社会发展的重要组成部分。在城市环境中，城市住区是由建筑群构成的，住区的微气候环境质量直接影响着建筑室内热环境。如果室外微气候环境恶劣，则会对室内热环境产生一定程度的负面影响。城市居民为了满足其居住舒适性的需求，必然会采取相应的室内热环境调节措施，这些措施和设备的使用会增加建筑的能耗。由此可见，城市住区的微气候环境品质对建筑能耗产生重要影响，通过改善城市住区的微气候，可以有效地提高住区的环境质量，使建筑在一定程度上减少对空调、暖气等设备的依赖，并达到降低城市能耗、节约能源的目的。因此，对于城市住区微气候环境的评估与优化研究，是建筑节能的一个重要组成部分，也是促进经济可持续性发展的重要保障，具有十分重要的经济意义。

其三，科学实践意义。以往的城市住区设计主要参考城市规划、建筑设计以及交通运输等方面相关的法律法规、设计标准等，在设计时缺乏对于微气候环境的充分考虑。虽然目前国内外很多研究人员通过现场实测、数值模拟、风洞试验等方法对城市住区微气候环境进行了一定的研究，也为我们提供了大量的研究资料，但是气候条件、地域特色的差异性会使研究成果具有局限性，不能满足不同气候区的住区优化设计要求。本书通过对于严寒地区气候条件下的城市住区微气候环境进行研究，科学合理地提出严寒地区城市住区空间的设计指导以及优化改造建议，为今后的城市住区设计提供参考与指导，具有十分重要的实践意义。

三、国内外相关研究现状

◊ 城市住区相关研究

国外相关研究现状如下：

随着人类大量聚集，对生活品质的需求也开始逐渐提升，于是出现了大量服务于人类生活的附属品，城市的形态也由此形成。斯皮罗·科斯托夫（2005）在其著作中指出，城市的形态由公共场所、城市街道和城市边界等几个重要的城市要素构成，且城市空间与建筑的布局和形态密不可分，它们之间有着相辅相成的关系。尽管学者们对微气候的表述不同，但是均认为微气候环境具有一个有限区域的小尺度特征。

Bosselmann 等（1984）深入研究了大城市微气候的问题，并确定城市微气候与城市形态之间存在紧密联系。Oke（1988）提出城市的规划设计不只单一的解决方案，应该顺应当地的气候特点。Schempp（1992）在对城市建筑空间和绿化的研究中发现，城市的建筑布局与太阳辐射息息相关，并提出了相关的技术改善策略。Givoni（1998）的研究发现建筑物的尺度和高度、建筑方位、建筑间距等因素均会对风环境产生影响。Emmanuel（2012）针对热带地区气候特点，对该地区城市规划提出了相应的微气候设计策略。Bourbia 等（2010）的研究发现城市建筑分布的复杂程度对城市热岛效应起决定性作用。Stromann-Andersen 等（2011）的研究发现城市建筑的几何形状能够影响建筑的能耗，建筑密度的增加会导致建筑能耗增大。Kantzioura 等（2012）发现，建筑密集的城区的风速要比其周边和郊区低，建筑体积是影响城市风环境的主要因素。Taleb 等（2015）指出根据太阳辐射的规律对建筑朝向进行优化设计可以改善微气候环境。

在关于城市街区微气候环境的实测研究方面：Pearlmutter 等（2006，1999）的研究表明紧凑型的城市街道有更大的适应潜力。在炎热干旱地区，白天在南北向或接近南北向的街道中，当高宽比在 1.0～2.0 范围内时，随着高宽比的增加，热舒适度显著提高。Johansson（2006）的研究表明，现代街区的最低温度比传统街区低 2～4℃，最高温度差值可达到 10℃，且深街道在夏季更为舒适，而浅街道在冬季可获得更多的阳光辐射。Lenzholzer 等（2010）对荷兰 3 个广场及其周边的微气候环境进行了实测，研究表明开放广场、高层建筑底部、街道入口处的通风较多。Andreou 等（2012）的研究发现影响城市街道微气候的主要参数有街道几何形状、街道方向、绿化、地表反照率、风速和风向。Dimoudi 等（2013）的研究表明，在人行高度处，城市街道的风速是郊区的 1/4～1/3，且不同朝向及形状的街道内风向存在差异；下午和夜间，街道内的空气温度比郊区高5～5.5℃，早上比郊区低7℃。van Hove等（2015）通过实测确定了城市土地利用和建筑几何特征对微气候环境存在影响，晴朗无风天气下，城市密集区域出现热岛效应几率大，最高热岛强度出现在夏季，而冬季热岛强度较低；不透水下垫面面积、植被覆盖率、平均建筑高度都对微气候环境存在显著影响。

在关于城市街区微气候环境的数值模拟研究方面：Bourbia等（2004）发现城市街道与周围郊区环境之间的温差大约在3～6℃，同时街道的几何形态对于缓解城市热岛效应有决定性作用。最好的高宽比与朝向组合依次为高宽比为1.0、1.5、2.0的南北朝向街道，北偏东75°以及东西朝向为最差的组合。Shashua-Bar等（2006，2004）通过CTTC模型对四种通用模型的构建形式、植被和柱廊的热效应进行模拟计算，指出不同建筑形式、植被和柱廊与热效应之间呈线性关系，并提出了形态参数覆盖率和植被覆盖率。Ali-Toudert等（2007，2006）指出在亚热带纬度地区，综合考虑热舒适性与冬季室内可得太阳能，东北—西南和西北—东南方向的街道是最佳选择；街道内的阴影可以有效地减缓室外严峻的热环境，通过对街道的对称性，街道内部的廊道及突出物和绿化等进行合理组合，可以改善街道内的微气候环境。Emmanuel等（2007）对具有不同高宽比的街道进行模拟研究，指出空气温度、辐射温度和风速均随着高宽比的增加而明显降低。Castaldo等（2017）的研究发现，较高的建筑密度与表面粗糙度可以使日间温度波动减少3℃，并且保持更舒适的夜间温度；同时，街区与郊区绿地存在5℃的温差。

在关于城市住区微气候环境的实测研究方面：Matiasovsky（1996）指出太阳辐射和空气温度是影响建筑热过程的主要因素。Yannas（2001）研究了影响城市规划和室外热环境的城市微气候参数，并提出了室外热环境的改善策略。Giridharan等（2007）指出在沿海地区高密度的高层住宅区，日间风速的增大会减少热量的产生。Indraganti（2010）对印度传统民居群落进行了研究，发现当地的地形、狭窄的街巷、紧凑的建筑群布局、屋顶构造及材料的选择均有利于遮阳和降温。Oliveira等（2011）的研究发现空间下垫面形态和结构差异可使空气温度差值高达6.9℃。Shahrestani等（2015）指出，虽然高层建筑能够阻挡直接太阳辐射，但却阻碍了风的流动，因此建筑布局应该根据太阳辐射和通风等情况进行综合考虑。

在关于城市住区微气候环境的数值模拟及实验方面：Melbourne等（1971）指出高层建筑间存在狭管效应，建筑间风速受建筑高度影响，随建筑高度的增加而增大。Williams等（1992）开展了大规模的风洞试验，于人行高度设置615个测点，16种不同风向，其研究结果为该地区未来风环境预测提供重要参考依据。To等（1995）研究了行列式高层住区的室外风环境，指出高层建筑在背风侧会形成一定面积的低风速区。Kubota等（2008）基于风洞试验模拟研究了22个住区的风环境，并分析了不同风向角时建筑室外风环境的风速比，指出1.5m人行高度处的风速比与建筑密度呈负相关。Asfour（2010）指出建筑布局和风向角对建筑群体的室外风环境有很大影响。Benzerzour等（2011）发现城市密度的增加会阻碍城市建筑的通风效果。Carfan

等（2012）研究发现高密度住区的风速较低。Rajagopalan 等（2014）的研究指出建筑高层塔楼位置会对风向产生影响。Middel 等（2014）通过模拟发现植被、表面铺装材料、建筑布局等均会对城市温度产生影响，同时建筑的冷却程度与太阳辐射和建筑阴影密切相关。

国内相关研究现状如下：

在城市住区规划设计方面，我国学者进行了大量深入的研究。20 世纪四五十年代我国居住区规划主要借鉴苏联的街坊布置原则，居住区的空间结构和功能分区受到西方“邻里单元”理论影响较大。此时的居住区建筑布局形式以“有利生产”和“方便生活”为主要原则。20 世纪六七十年代，我国居住区规划和建筑布局都发生了很大的变化，城市建设开始变得缺少秩序性，建筑布局和建设多考虑施工简单且投入成本较低等因素。直到改革开放初期，随着经济发展，城市居住区规划建设重点放在了配套设施建设、附属功能和绿化上。随着城市化的进一步发展，人们对居住区的要求已不仅停留在使用性及功能性上，对居住区内部环境的要求也逐渐提高，这一居住需求也引发了国内相关领域学者的高度重视。

丁沃沃等（2012）研究了天空开阔度、粗糙度、街区整合度等城市形态指标与城市微气候的关联性，并提出了热舒适度、风舒适度、呼吸性能等 3 个城市公共空间的舒适性评价指标。陈宏等（2015）和王振等（2016）的研究结果表明，城市街区空间形态与尺度、建筑形态、街区界面性质、水体与绿化以及空调排热的方式与位置均会对城市微气候及室外热舒适性产生影响。梁颢严等（2016）指出，城市开放空间对于热环境的影响可归纳为冷效应和通风效应两个方面。其中，冷效应包括降低城市热岛强度、冷溢出效应及切割城市热场；通风效应包括作为风源、输送凉风。孙洪波等（2000）指出，合理的建筑形态与内外部空间设计能够有效改善风环境。荆其敏（2003）对建筑的平面形态与生态建设进行了微气候方面的分析，提出了城市建设应当遵循城市生态环境这一观点。庞颖等（2005）对严寒地区城市气候特色进行了较为详细全面的研究，并提出应对寒地特色气候环境的设计原则。任继鑫（2007）提出了基于节能理念的居住区规划原则。陈飞（2008）对高层建筑单体周边的风环境进行了研究，提出高层建筑在设计时不仅要考虑建筑体型、布局方式、建筑结构，还要着重分析风的特征。冷红（2009）在对城市规划管理政策进行研究时加入了对于寒冷气候的考虑，并提出基于寒冷气候条件的城市规划管理对策。徐煜辉等（2012）指出，微气候的评价因子与山地、园林、住宅小区等之间存在一定的相互影响。

在关于城市街区微气候环境的实测研究方面：杜晓寒等（2012）对广州 20 条生活街道进行实测发现，街道内的空气温度主要受太阳辐射影响。刘术国（2014）的研究发现，城市容积率、建筑密度、高宽比以及天空开阔度等均会影响街道的热环境，并得出其影响规律及线性回归方程。范若冰等（2016）发现院落及街巷的布局形式、建筑细部构造等对街区微气候存在显著影响。金雨蒙等（2016）发现严寒地区传统住区的街道朝向、街道高宽比、沿街开口以及建筑阴影等均会对冬季热环境产生影响。张顺尧等（2016）的研究表明场地微气候与场地围合度因素显著相关，包括建筑、地形和绿化的围合，围合度的量化指标包括剖面高宽比、平面通透率、天空开阔度、地面升起与下沉的高差。空气温度与天空开阔度正相关，夏季三次曲线模型拟合度较好，冬季相关性比夏季弱；风速方面，夏季与平面通透率相关，但相关性较弱，冬季与剖面高宽比负相关，相关性比夏季显著；太阳辐射强度与天空开阔度正相关，夏季相关性比冬季显著。张德顺等（2017）的研究指出，影响广场太阳辐射强度的外因有太阳方位角、高度角、日照时间等，内因有广场内外的围合形式及程度、广场内乔木冠层的覆盖率与高度及植物的季节性变化等因素；场地内外的建筑方位、围合形式及程度都对场地热环境产生一定的影响。李静薇等（2017）研究发现，街道朝向、街道与主导风向的夹角对风环境存在影响；同时，过于宽阔的街道空间会降低临街建筑对寒风的遮蔽效果。

在关于城市街区微气候环境的数值模拟研究方面：王振（2008）从街区的几何特征、布局方式、下垫面物性、绿植、水体以及风向、季节等方面分析了街区微气候的日变化和分布状态，对夏热冬冷地区街区层峡设计方法进行了总结，提出了街区设计策略。杜晓寒等（2014，2012）分析了街道高宽比、朝向、对称性、绿化等设计因素对街道日间平均湿球黑球温度和热岛强度的影响，研究表明，南北朝向狭窄街道有着更好的热环境，乔木率与热岛强度的降低呈线性正相关；对称与否对街道内热环境的影响较小。金雨蒙等（2016）对严寒地区传统住区街道的风环境进行研究，比较分析了有无沿街开口、沿街开口大小和形式对街道风环境的影响。

在关于城市住区微气候环境的实测研究方面：李晓锋等（2003）指出围合式布局具有较差的自然通风环境，应合理增设建筑开口或采用底层架空等建筑手段加强自然通风，引导空气流动。陈卓伦等（2008）选择广州某住宅小区对空气温度、相对湿度、黑球温度及风速等进行现场实测，分析了人工湖、树木阴影以及不同下垫面等对室外热环境的影响作用，并对景观设计因子在设计行为中的权重关系进行定量分析。

在关于城市住区微气候环境的数值模拟及实验方面：马剑等（2007a，2007b）模拟分析了平面布局对高层建筑群风环境的影响，研究结果表明，围合式和并列式的建筑风环境最佳，Y形或U形的室外风环境相对较差。李云平（2007）对严寒地区高层住区风环境进行了分析，以风速比作为风环境平均标准，并针对严寒地区冬季风环境的改善提出设计策略。邵腾（2013）基于不同的风向角，研究了多种建筑单体及建筑群体的组合方式对居住小区室外风环境的影响作用，并提出适用于严寒地区居住小区的设计与规划策略。孙欣（2015）从全城尺度探究热岛效应的时空差异，从中心区建筑组团尺度剖析不同空间形态类型的具体热环境特征差异，研究发现夏季正午平均地表温度与不透水性面积比、天空开阔度、建筑密度、建筑高度有较为强烈相关性，夏季正午平均空气温度同指标间耦合相关性较弱。饶峻荃（2015）的研究结果表明，建筑密度和容积率对热环境的影响是非线性的；平均迎风面积比过大会导致热舒适度降低，热岛强度上升；硬质铺地及建筑外表面应选择反射率适中的材料，建筑架空、透水路面、绿化及水体、遮阳构筑物对改善热环境较为有利。

◇ **绿化相关研究**

国外相关研究现状如下：

在关于绿化的实测研究方面：Cantón 等（1994）指出，没有合理设计与规划的绿化将对微气候产生不利影响，例如在冬季阻挡建筑需要的日照直射的进入，或在夏天阻碍建筑降温所需要的空气的流动。Avissar（1996）指出，建筑密度较低的区域或郊区每年供暖制冷的开销比不存在高大植被而建筑密度较高的区域低了 25%左右。Eliasson 等（2000）研究发现，大型公园的降温效果可以拓展到几百米范围外的区域，甚至可以引发微弱的空气流动。Armson 等（2012）研究了树木与群落的降温效应，结果表明，空旷地带的气温比树下或群落内的气温高。

在关于绿化的数值模拟研究方面：Wilson 等（1977）针对植被冠层内的空气流动进行了开创性的理论工作，并推导出了非浮力流在水平面上平均之后的方程组；之后，Raupach 等（1982）又将此研究推广到水平方向均匀冠层的领域。Perera（1981）对孔隙率在 0～0.5 之间的各种格栅模型进行了风洞试验，结果发现，当格栅的孔隙率低于 0.3 时，环流泡开始分离，并随着孔隙率的增大而向下游移动。White（1992）提出，在建筑周边合理种植一些小型绿化林带可以起到减弱或消除局部强风的作用。McPherson 等（1993）经过实地测试与模拟研究得知，高 25 英尺（ft，1ft=0.3048m）的单株乔木每年可使一幢住宅降低 8%～12%的供暖与制冷开销。Shashua-Bar 等（2000）研究发现，不同的绿化结构和树种对温度调节的效果存在明显差异，且绿化对于温度的调节范围可能达到100m。鈴木淳一等（2001）通过 CFD 软件对不同孔隙率的筑地松的防风效果进行了模拟分析和研究。Alexandri 等（2008）的研究表明，绿化量和绿化布局对降温效果存在影响，且降温效果随着气候干热程度的加深而变得更加显著；同时，立面绿化对降低建筑能耗也有一定作用。Honjo 等（1991）的研究表明，小而分散型的城市绿地比大块集中的绿地更能有效的改善城市中的热岛效应。Yang 等（2013）研究了混凝土停车场、混凝土表面广场、草地以及沥青表面道路四种下垫面材质对地表温度的影响。

国内相关研究现状如下：

在关于绿化的实测研究方面：董靓（1996）建立了湿球黑球温度与环境参数的关联式，并指出街道空间尺度、植被阴影等均会对街道的热环境产生影响。钟珂等（1998）将街道内的热环境和声环境相互关联，分析了改善街道环境的可能途径，认为常青针叶林、灌木和草坪的合理配置是兼顾城市规划和改善街道环境要求下的良好选择。陈自新等（1998）的研究表明城市街道绿地对于调节城市环境的温湿度、风速、噪声等具有明显的生态调节作用。蒋国碧（1985）对不同绿化结构的绿地进行实测研究，发现随着绿化面积与用地面积之比增加，空气温度下降，且林地的降温效果高于草坪，成片林地的降温效果高于条带行的行道林阴。钱妙芬等（2000）的研究表明，乔木、灌木、草地相结合的绿化结构增湿效果最好，可达到 2.4%～3.7%。韩轶等（2002）的研究表明，晴天环境下，草坪结构、灌-草结构、乔-草结构和乔-灌-草结构增湿分别为 5.8%、8.2%、12.1%

和 23.3%。刘弘等（2006）的实测结果表明，采用悬铃木为行道树时生态效果最佳，可以有效遮挡太阳辐射、减弱紫外线、增湿降温。焦绪娟等（2007）的研究表明法国梧桐的降温增湿作用最明显，槐树、元宝枫、梧桐对其附近环境的空气温度分别能带来 0.26℃、0.17℃、0.31℃的降低作用，对相对湿度的增加值分别为 0.40%、0.27%、0.47%。晏海等（2012）对北京常见八种树木群落进行了调查，研究发现在夏季空气温度较高时，植物群落可显著降低空气温度同时增加相对湿度。薛凯华等（2014）分别对混凝土路面、沥青路面、草地、树荫遮盖路面进行了温湿度数据采集，测试结果表明树荫遮盖水泥路面比裸露的水泥路面温度低将近 10℃。

在关于绿化的数值模拟方面：张翼等（1984）、朱廷曜（1983）通过数学分析和观测资料分析的方法提出了防风林林带周边气象要素的理论模型，将林带防风效应的研究由定性描述推进到了理论分析的层面。赵敬源等（2009）的研究发现，绿化植被对热环境的改善主要是通过乔木树冠对日光热辐射的遮挡实现，树木的种植密度对绿化生物效应的实际作用大小有至关重要的影响，且选择树种时应确保叶面积指数不宜小于 3。聂磊（2012）的研究指出复杂的绿化形式（如乔-灌-草结合）附近的风速低于单一种类（如仅有乔木），灌木层在一定程度上可以降低街道内风速。谢清芳等（2013）的研究表明，在同一风速下，当温降、湿增的数值变化为一定值时，绿化的影响范围与其布置方向有关，垂直于风向的绿化区的影响范围较大。

◊ 水体相关研究

国外相关研究现状如下：

Nishimura 等（1998）指出，即使在 7 月份地表温度达到 50℃时，公园中的水体温度也一直保持 30℃左右，且水体蒸发时降温作用能影响到下风向 35m 的距离。Miller 等（2005）的研究指出三峡水库是一个巨大的蒸发池，它能降低低层大气温度和地表温度、阻碍气流向上运动，进而增加向下的净辐射，同时，水体蒸发还会改变降水情况，影响到局部地区的气候环境。深川健太等（2006）的研究表明河流能在日间降低周围环境的温度，起到城市冷源的作用。Givoni（1998）的研究发现，一个大小为 0.5hm^2 的公园，对周围环境的影响范围为 20～150m；影响城市微气候的因素除了绿化的原因外，城市中水景的作用也很重要。Armson 等（2012）的研究表明导致城市气温上升的重要因素之一为不透水地面的增加。Offerle 等（2007）研究发现下垫面的位置和配置组成对地表温度和空气温度有着决定性的作用。Robitu 等（2006）的研究表明绿化和水池对于广场的日照、温度、湿度和风速等都有着一定的影响，对于改善夏季炎热环境有很大的意义。

国内相关研究现状如下：

杨凯等（2004）对不同类型的河流和水体周围的微气候情况进行了分析，并对其影响因素进行了探讨。孟宪磊（2010）指出不透水地面的增加会使空气温度升高，并对不同尺度情况下的水体和植被对热岛效应的缓解情况做了研究。荆灿（2011）从物理性质的角度分析了不同城市下垫面对微气候的影响。林慧芳等（2011）的研究表明，与自然土地相比，水泥地面能够明显增加周围空气温度。刘娇妹等（2009）的研究指出不同下垫面类型对于微气候的影响存在差异。陈宏等（2011）对武汉部分区域内长江两侧的微气候环境进行了现场实测，以此来研究城市水体对微气候的影响及调节作用。张磊等（2007）针对湿热地区气候特征对景观水体的动态热平衡模型及其数值进行模拟了研究。Lin 等（2008）对台湾地区城市热岛效应和海陆风环流等特征因素进行了考虑，分析了下垫面对于城市中各气象要素的影响。宋晓程（2011）研究了河流对城市局部地区热湿气候的影响作用。轩春怡（2011）研究了水体布局变化对局地大气环境的影响作用。蒋志祥等（2013，2012）进行了城市区域热湿气候的动态模拟研究，研究了水体与植被对城市热湿环境的影响作用。薛思寒等（2014）研究了有无水体对传统岭南庭园微气候环境的影响，指出水体能够有效调节庭园的微气候环境。

四、研究框架

本书的研究框架如下：

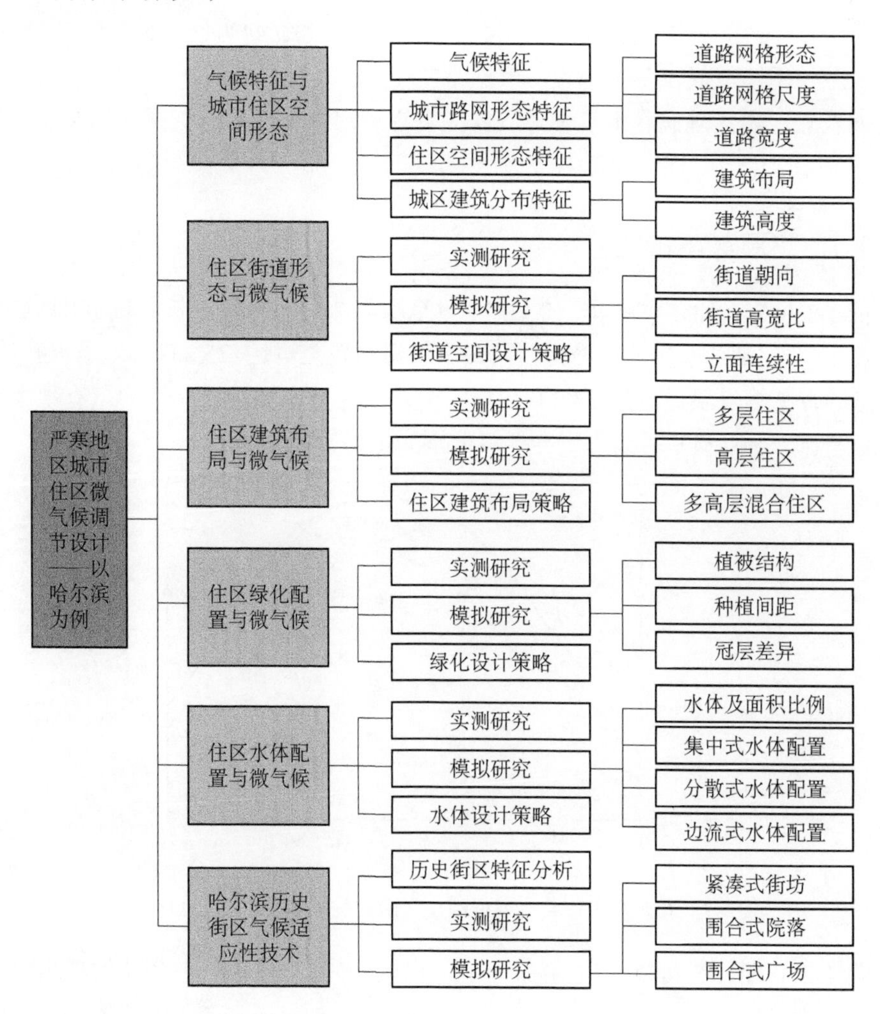

第1章　气候特征与城市空间形态

1.1　气候特征

根据《中国建筑热工设计分区图》（中国建筑科学研究院，2016），我国建筑热工设计分区分为严寒地区、寒冷地区、夏热冬冷地区、夏热冬暖地区和温和地区，其中，严寒地区所占比例较大，主要集中在高纬度和高海拔地区，多分布在东北、西北和青藏高原地区。这些地区所处地理纬度和海拔相对较高，冬季漫长且极度寒冷，其中东北部严寒地区由于受到季风气候影响，四季气候差异显著。

哈尔滨位于高纬度地区（东经125°42′～130°10′，北纬44°04′～46°40′），其气候属于中温带大陆性季风气候，冬季漫长，气温常常在−10℃以下，寒冷干燥，气候较为恶劣；夏季时间较短，温热湿润降雨集中，气候凉爽宜人；春秋过渡季气候变化明显，气温升降变化较快。

1.1.1　热湿环境特征

由图1-1可知，哈尔滨冬季一般为11月至次年2月，时间较长。1月的月均最低气温可达−22.9℃，是冬季中的最冷月，月最大气温日较差可达25.2℃。夏季一般是6～8月，7月的月平均气温最高为23.1℃，这三个月的月平均气温为21.9℃。春秋季节均为冬夏过渡季节，5月和9月的月平均温度分别为15.3℃和15.1℃。

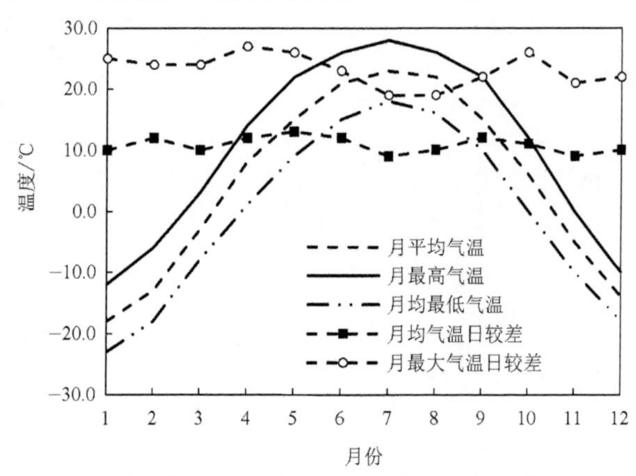

图1-1　哈尔滨累年空气温度统计（国家气象信息中心，2018）

从图1-2和图1-3可以看出哈尔滨的降水量在冬季明显较小，冬季的平均相对湿度在62%～70%。哈尔滨的夏季降水量较高，且相对湿度最高，其中7、8月的平均相对湿度分别为76%、78%。哈尔滨过渡季节的降水量较夏季低且较冬季高；同时，与其他季节相比，春季的相对湿度最低，为48%～56%。

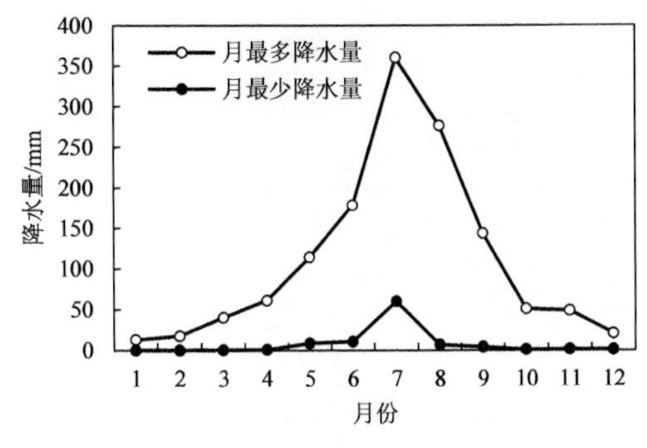

图1-2 哈尔滨累年降水统计
（国家气象信息中心，2018）

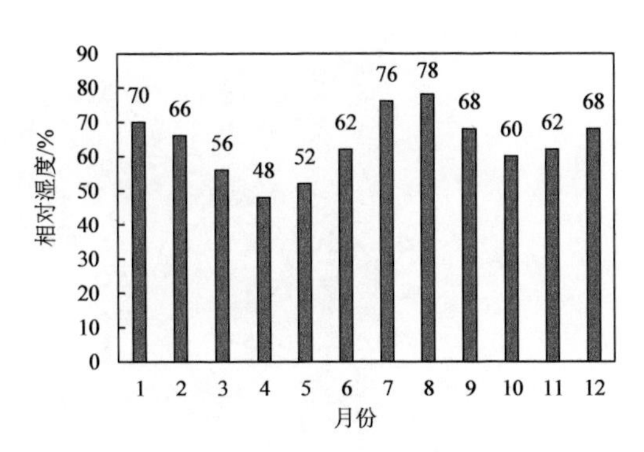

图1-3 哈尔滨累年月平均相对湿度
（国家气象信息中心，2018）

1.1.2 风环境特征

哈尔滨的年主导风向范围为南-南南西-西南（S-SSW-SW）。从图1-4可以看出，哈尔滨累年月平均风速的最高值出现在4月，为3.34m/s，最低值出现在8月，为2.22m/s。累年月平均风速由1月至4月逐渐增大，达到峰值之后逐渐减小，直至8月之后再次增长，在11月份，平均风速达到全年次高值。总体来说哈尔滨全年风速较小，年平均风速为2.65m/s。在温度适宜的前提下，风速为2～3m/s时，人们会感觉到舒适，因此，对于哈尔滨地区，夏季风环境较好，需要在冬季适当注意寒风的侵扰。

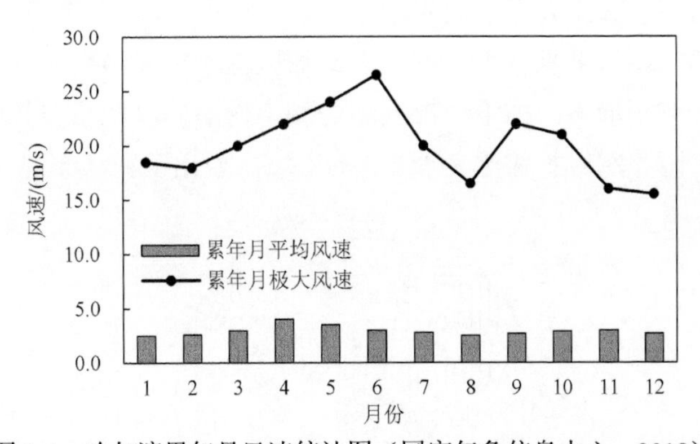

图1-4 哈尔滨累年月风速统计图（国家气象信息中心，2018）

1.2 城市路网形态特征

根据研究内容与尺度需要，本节主要选取哈尔滨二环路以内中心城区作为研究对象。

如图 1-5 所示，研究区域位于松花江以南，覆盖道里区、南岗区、道外区、香坊区四个市辖区。研究片区南北长 10km、东西长 10km，区域内包括一条城市快速路（二环路）、若干条主干路以及大量城市次干路和城市支路。

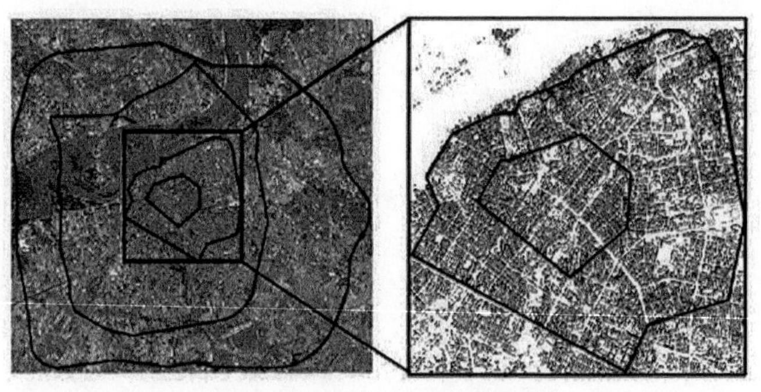

图 1-5　研究路网范围提取

1.2.1　道路网格形态

由于哈尔滨市路网主要为方格网式路网和方格-放射式路网，所以网格单元形态主要为矩形。矩形平面的形态区别主要在于矩形的长宽比，因此本节主要对哈尔滨市的矩形网格单元的长宽比进行调研。《城市道路交通规划设计规范》（GB 50220—95）（国家技术监督局，中华人民共和国建设部，1995）指出城市路网单元网格的长宽比宜为 1.5～2，而哈尔滨市路网单元网格比例最大为 3.89，因此对长宽比为 4 以下的单元网格进行分类，分别为 1～1.5，1.5～2.5，2.5～3.5，3.5～4。

由图 1-6 可以看出，哈尔滨市路网的单元网格长宽比以 1～1.5 为最多，占到研究范围的 60%。单元网格长宽比大于 1.5 的区域主要集中于道里区、道外区和南岗区的北侧。哈尔滨的老城区单元网格多呈扁平形态，而新城区由于单元网格尺度偏大，建筑高层增加，因此网格多为方正形态。由于城市铁路与城市内河的存在使得其周边区域容易出现狭长的网格形态，因此网格长宽比大于 3.5 的区域主要出现在马家沟河和铁路线附近。

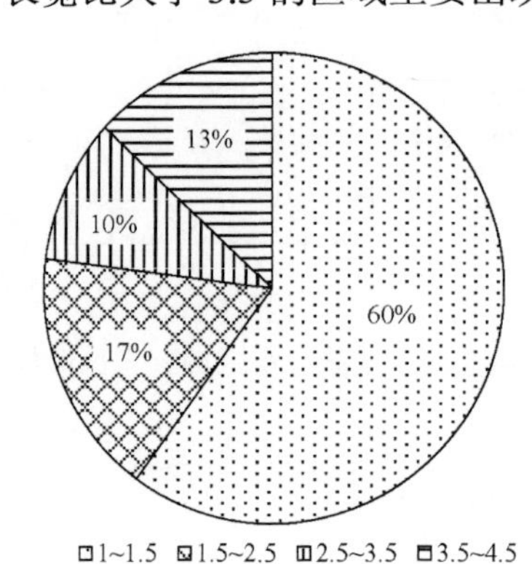

图 1-6　哈尔滨市路网单元网格形态比例统计

表 1-1 和图 1-7 显示的是各区域内单元网格形态分布情况。整体而言，各区域都呈

现出单元网格长宽比越小网格所占比例越大的情况。由于道里区和道外区内有铁路线穿行，狭长网格数目较多，因此长宽比 3.5～4 的网格数目大于长宽比为 2.5～3.5 的网格数目。道里区内网格单元形态最为多样且扁平状网格数目较多，香坊区由于是新城，因此内部单元网格长宽比大于 2.5 的只占 2%，大于 3.5 的则为 0。

表 1-1　各区域单元网格形态分布情况（占地面积）　　（单位：km²）

网格分布 / 网格长宽比	道里区	道外区	南岗区	香坊区
1.0～1.5	3.91	10.2	13.45	7.82
1.5～2.5	2.67	2.66	5.34	1.30
2.5～3.5	0.84	0.44	1.92	0
3.5～4.0	1.86	1.48	0.64	0.18

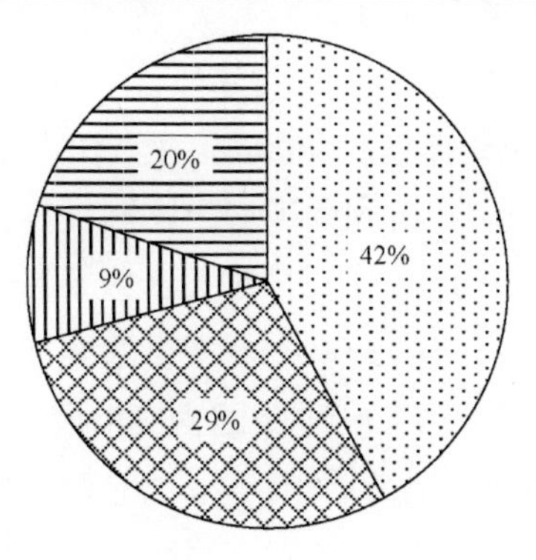

（a）道里区

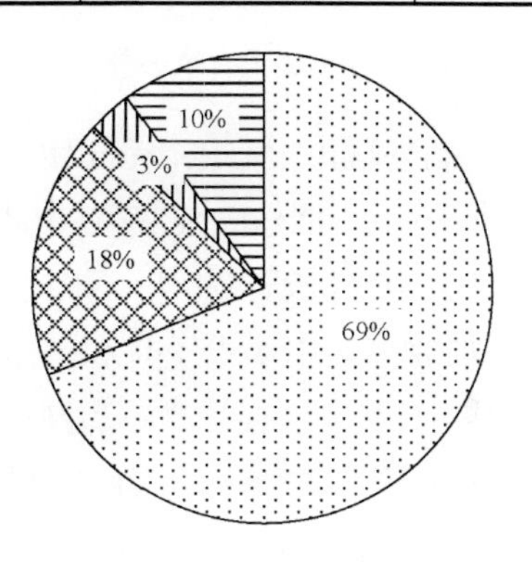

（b）道外区

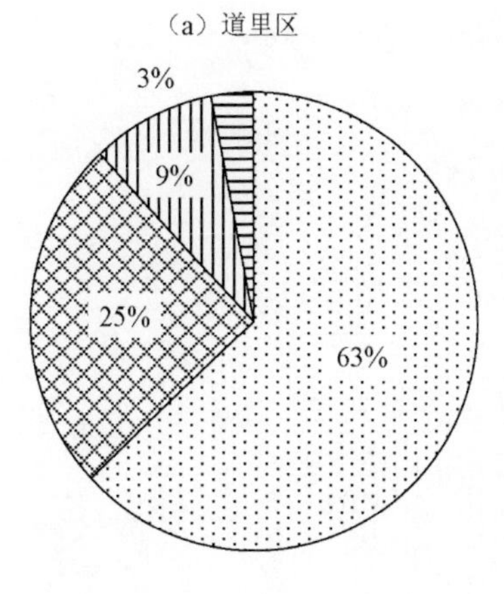

（c）南岗区

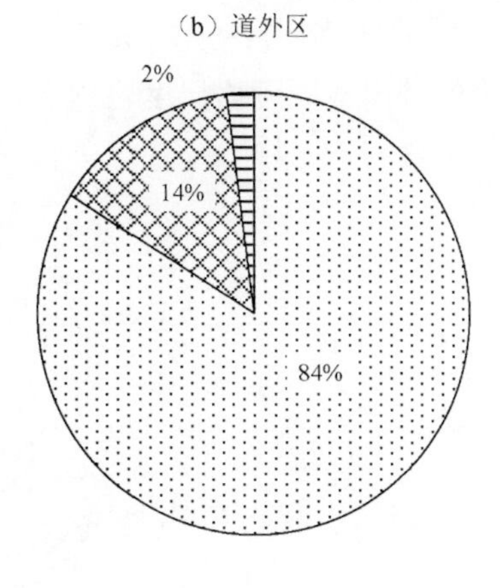

（d）香坊区

图 1-7　不同单元网格形态分区比例统计

1.2.2　道路网格尺度

将道路网格尺度以图底关系对应到城市规划中即为街区尺度，黄烨勍等（2012）对 90 个国外大城市中心区的街区网格尺度进行调研统计，得到各个网格尺度的分布如图 1-8 所示，图中出现概率是指某一街区网格尺度出现的城市数量占总城市数量的比例。

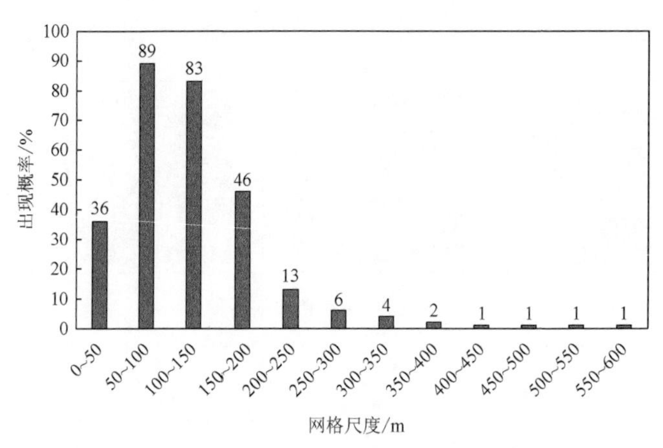

图 1-8　90 个国外大城市中心区的街区网格尺度分布

由图可知，国外城市中心区街区尺度分布范围为 0～600m，主要集中在 200m 以下，其中出现 50～150m 尺度网格的城市在 80%以上。考虑到中国城市路网尺度偏大，因此国内网格尺度的研究范围宜适当扩大。根据《城市道路交通规划设计规范》（GB 50220—95）（国家技术监督局，中华人民共和国建设部，1995），大型城市的城市支路密度不宜小于 3。若以正方形网格进行计算，当网格尺度为 500m 时路网密度恰好等于 3，而当网格尺度增大，路网密度随之减小，不符合规范要求。由于哈尔滨市的超大型网格数目较少，多集中于学校、工厂等特殊功能用地，区域内自行规划道路在通风效果上与城市道路相同，因此考虑到规范和城市实际情况，将网格尺度研究范围规定在 0～500m 之间，划分为五个尺度区间，分别为 0～100m，100～200m，200～300m，300～400m 和 400～500m。图 1-9 为研究区域内不同网格尺度占地面积比例统计。

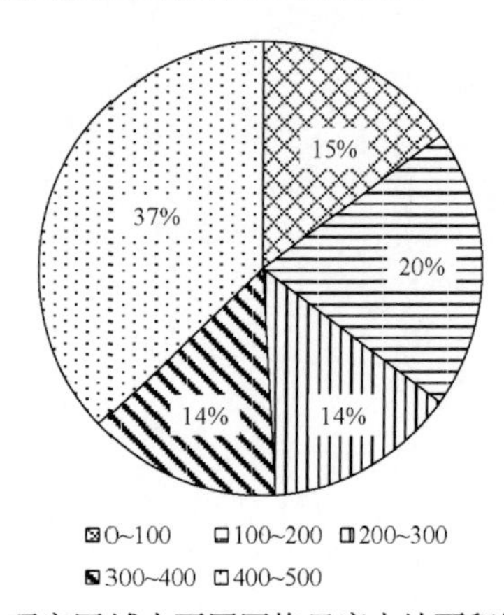

图 1-9　研究区域内不同网格尺度占地面积比例统计

由图 1-9 可知，哈尔滨市以 400～500m 网格尺度占地面积最大，占到 37%左右，其次为 100～200m 网格，0～100m、200～300m 和 300～400m 尺度的网格占地面积基本相同。整体而言，较小尺度的网格多分布于二环路以内区域的西北侧和东南侧，即老城区位置，街区内建筑年代较久，路网分布密集；较大尺度的网格多分布于二环路以内区域的西南侧和东北侧，街区建筑建成时间不长，路网密度较小。各个区域的网格分布情况如表 1-2 所示。

表 1-2　各区域网格尺度分布情况（占地面积）　　（单位：km²）

网格分布 / 网格尺度/m	道里区	道外区	南岗区	香坊区
0～100	2.05	2.66	2.34	0.65
100～200	3.16	1.77	4.70	1.30
200～300	1.86	1.62	3.20	0.93
300～400	1.95	1.03	3.00	1.77
400～500	0.28	7.68	8.11	4.65

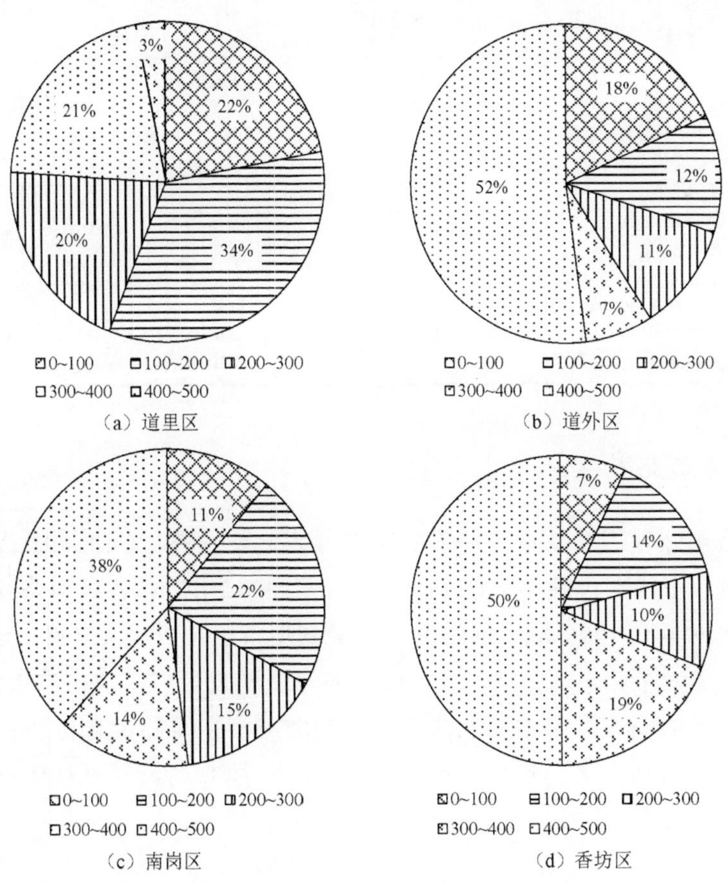

（a）道里区　（b）道外区　（c）南岗区　（d）香坊区

图 1-10　不同网格尺度占地面积分区比例统计

由图 1-10 可知，在道外、南岗和香坊三个片区 400m 以上网格均占有最大面积，但在道里区基本没有 400m 以上的网格单元；所有片区内的 200～300m 和 300～400m 网格占地面积均较为相似；道外区和南岗区小尺度网格所占比例较大，尤其在道里区，200m 尺度以下的网格占地面积达到一半以上；香坊区和道外区大尺度网格占比约为 2/3，不同的是，在香坊区基本符合网格尺度越小占地面积越少的情况，而道外区网格分布呈现两极化，即最小尺度网格和最大尺度网格面积占比最大，道外区网格尺度变化较为明显。表 1-3 列举了四个市辖区内不同网格尺度的典型住区，研究发现，100m 以下网格并没有成组团分布，而是依据建筑功能需求与道路形态需求零散分布；400m 以上网格分布较集中，但由于网格尺度较大导致网格数目较小；200m 左右的网格基本表现为方格网式组团分布，网格数目达到 3×3 以上。

表 1-3　各区域不同网格尺度住区信息

网格尺度/m	南岗区	道里区	道外区	香坊区
0～100	上方小区 满洲里街住宅 松花江社区	安和小区局部 四安小区局部	太古小区局部 江滨小区局部	香安小区局部 电力新村局部
100～200	哈尔滨工业大学建筑学院 耀景小区 一匡住宅小区	经纬街片区 卓展购物中心	保障华庭小区 太古新天地 温州国际商贸城	金房小区 绿园小区 亚麻小区
200～300	乐安小区 信恒现代城～豪园	宝宇凯旋城 地德里小区	中央大街 西侧建筑群 正大龙生家园 富达蓝山	五叙小区
300～400	泰海花园小区 泰山小区	欧洲新城 哈尔滨商业大学南区 中兴家园	南极国际尚金华府 3 期 远大中央公园	尚志公园
400 以上	哈尔滨工业大学一校区 红旗新区 公园丽景	爱建新城	红旗二区 红旗小区一区 嵩山小区	哈电集团哈尔滨电机厂公司 四季上东

1.2.3　道路宽度

城市道路按照使用功能和道路界面宽度分为：快速路、主干路、次干路、城市支路四个等级（中华人民共和国住房和城乡建设部，2012），各级道路红线宽度控制及功能划分如表 1-4 所示。城市的道路等级受到城市区位、经济发展、自然资源、历史沿革等多重因素影响，相应地，城市道路的等级配置可以反映出城市的发展结构。比如，城市对外的输入输出主要取决于城市快速路和主干路的选位和结构，而城市次干路和城市支路则更多影响着城市内部发展与空间布局，同时直接决定了城市交通可达性。

表 1-4　城市道路分类等级

道路级别	道路宽度/m	设计车速/（km/h）	道路功能
快速路	40～70	60～100	主要供汽车通行，交通量最大，与一般道路分开
主干路	30～60	40～60	连接城市主要部分，城市道路系统骨架，交通量大
次干路	20～40	30～50	区域内主要道路，兼具服务功能，快慢车共同行驶
城市支路	16～30	20～40	连接居住区和次干路，以交通服务功能为主

城市道路宽度不仅关系到城市交通可达性，更会直接影响城市街道的风环境。哈尔滨市快速路、主干路、次干路、城市支路四类道路的总长度分别是 19.55km、138.21km、157.24km、883.43km，总长 1263km，四类道路分别占总长的 2%、11%、13%、74%（冯树民等，2006）。在研究区域内部分别提取四类道路，截取道路如图 1-11 所示。对所有调研道路宽度按道路分级求取平均值，如图 1-12 所示，由图可知，除快速路之外，哈尔滨城市道路宽度整体不足，主干路和次干路刚好达到规范要求最低指标，而老城区道路网规划密度过大，城市支路虽然数目多但宽度不足，道路宽度仅为 13m，比规范最低要求低 3m。

图 1-11　道路提取位置示意图

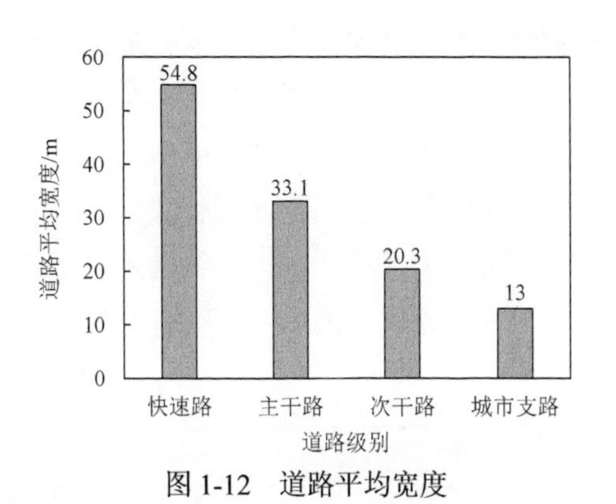

图 1-12　道路平均宽度

1.3　城区建筑分布特征

1.3.1　建筑布局

建筑群的平面布局一般有行列式、围合式、混合式和点群式。比较哈尔滨市不同尺度网格的分布和不同建筑布局的分布图可以发现，分布规律非常类似。新旧城区的网格尺度不同（见图 1-13），网格尺度影响了内部建筑的布局方式。小尺度网格和围合式住区均分布在道里区、南岗区西北部和道外区西北部，而大尺度网格和混合式住区则较多分布于香坊区和道外区东南侧。同时可以发现，研究区域以内行列式和点式建筑布局非常少，二者之和只占到全部街区的 2%；哈尔滨市二环以内的中心城区以围合式和混合式布局为主，围合式布局的占地面积为混合式的 2 倍（见图 1-14）。

图 1-13　新旧城区分界线

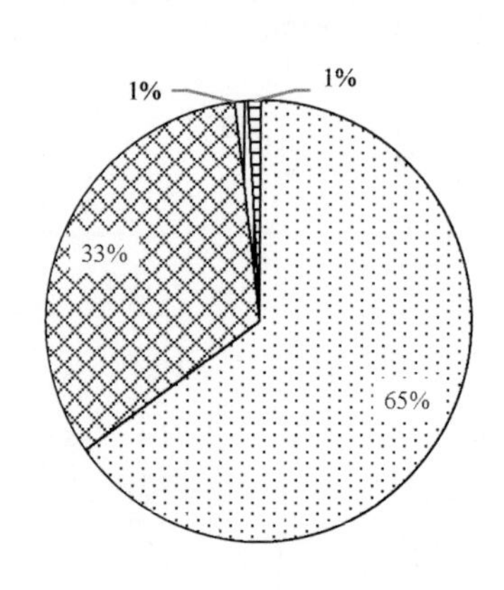

图 1-14　不同建筑布局比例统计

由表 1-5 和图 1-15 可知，四个市辖区内的建筑布局分布与整体研究区域的分布趋势相似，即围合式和混合式的比例占到总面积的 95%以上，行列式与点式极少。道里区是哈尔滨典型的老城区，基本所有的街区布局都是小尺度围合式，这种布局模式占到区域总面积的 82%，只在爱建区域和哈尔滨商业大学附近出现部分混合式街区。研究区域内的道外区和南岗区街区分布面积比相似，均是围合式为混合式的 2 倍左右，且都呈现出围合式街区分布于西侧而混合式街区分布于东侧的规律。香坊区是新城区，因此混合式街区占比更大，由此可以推知哈尔滨新建街区的布局模式以混合式居多。常用的围合式布局的单体建筑平面为 U 形、L 形等。

表 1-5　各区域建筑布局分布情况（占地面积）　　（单位：km^2）

网格分布 / 建筑布局	道里区	道外区	南岗区	香坊区
围合式	7.63	9.90	14.73	5.59
行列式	0	0.44	0	0
混合式	1.30	4.29	6.40	3.72
点式式	0.37	0.15	0.21	0

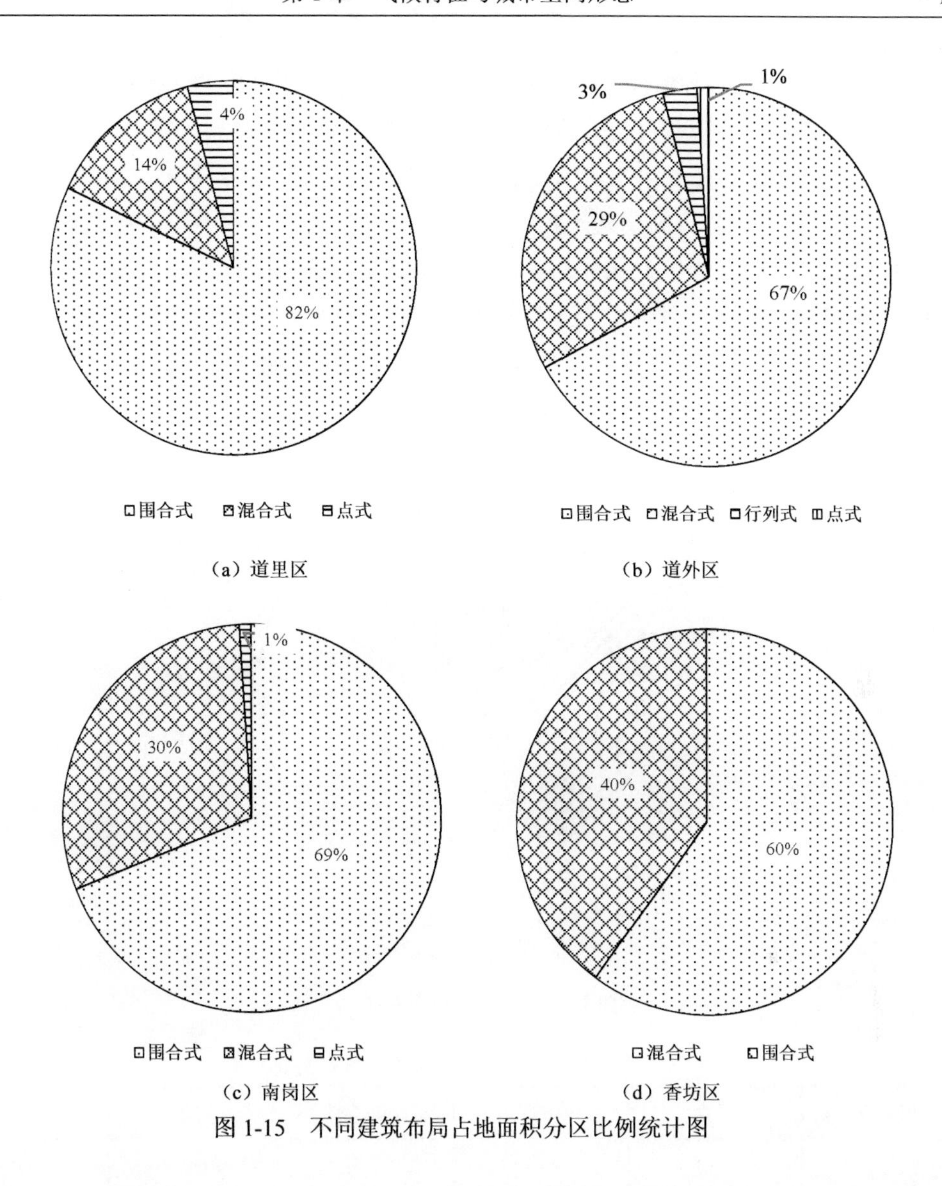

图 1-15　不同建筑布局占地面积分区比例统计图

1.3.2　建筑高度

从《哈尔滨市城市总体规划（2011—2020）》中可以发现，中心城区内部以居住建筑用地为主，教育科研用地、商业办公用地、工业用地次之，其他类型用地较少，零星分布于城市之间。由于居住建筑数量最多且教育、商业建筑在高度、结构、形态上与居住建筑相似，因此本书以居住建筑高度作为研究标准。

根据《住宅设计规范》（GB 50096—2011），住宅层高一般宜为 2.8m（中华人民共和国住房和城乡建设部，2011）。《建筑设计防火规范》（GB 50016—2014）则要求：坡屋面建筑高度为建筑物室外设计地面到其檐口的高度；平屋面建筑高度为建筑物室外设计地面到其屋面面层的高度；当同一座建筑物有多种屋面形式时，建筑高度应按上述方法分别计算后取其中最大值（中华人民共和国公安部，2018）。因此，综合规范要求和哈尔滨建筑形式及高度的实际情况，本书在进行高度统计时将建筑单体的层高统一计算为3m。

对研究区域内的建筑高度进行统计，按照层数分为低层建筑（1～3 层），多层建筑（4～6 层），中高层建筑（7～9 层），高层建筑（>10 层）。由于高层建筑涵盖层数范围较广，为细化研究进一步将高层建筑层数分为 10～19 层，20～29 层，30 层以上。哈尔滨二环区域以内没有 40 层以上的建筑，因此建筑高度统计范围可缩小到 40 层以内。由统计图 1-16 可知哈尔滨市建筑多为多层和中高层建筑，建筑高度在 12～27m 范围内，低层建筑数目次之，以高层建筑数目最少，10～40 层建筑总数约为 1600 栋左右。对不同层数建筑的分布情况进行分析，如表 1-6 所示。

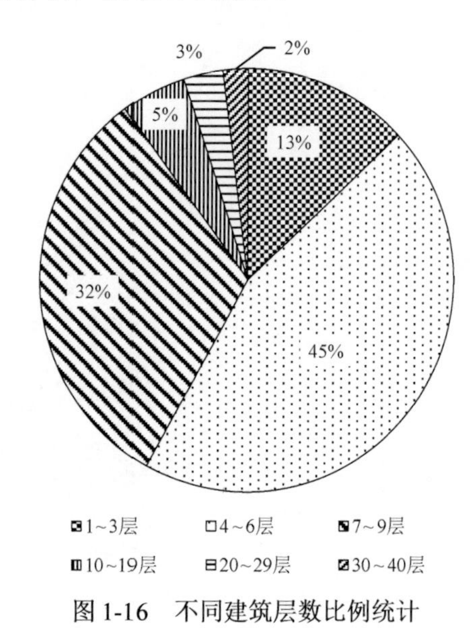

图 1-16　不同建筑层数比例统计

表 1-6　不同层数建筑数目分布情况

建筑类型	层数	建筑数目	建筑类型	层数	建筑数目
低层	1～3	2126	高层	10～19	865
多层	4～6	7363		20～29	441
中高层	7～9	5335		30～40	337

由表 1-7 可以看出，道里、道外和南岗 3 个区域的建筑密集度要大于香坊区（四个市辖区的区域位置参见表 1-5 中的网格分布图），其中，低层建筑在道里和南岗区分布较多，成点状分布，而在香坊区则极少，城市二环路附近基本没有低层建筑。多层和中高层建筑分布更加密集，分布位置相对均匀，且相比较低层建筑，多层和中高层分布表现为组团化，可以通过建筑的分布位置看到城市的道路系统。通过低层和多层、中高层建筑分布的对比可以看到新老城区在建筑高度上的差异：老城区低层建筑较多，且分布零散；新城区多层、中高层建筑较多，建筑成组团分布。比较高层建筑可以发现，建筑高

度越大，建筑密度越低，且建筑分布逐渐成聚集点式，高层建筑层数越高，聚集程度越大。

表 1-7　各区域建筑高度分布情况

建筑类型	低层	多层	中高层
层数	1～3	4～6	7～9
不同层数建筑分布情况	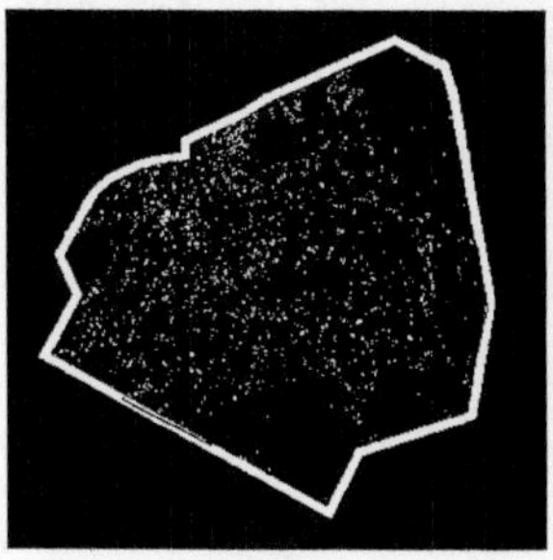	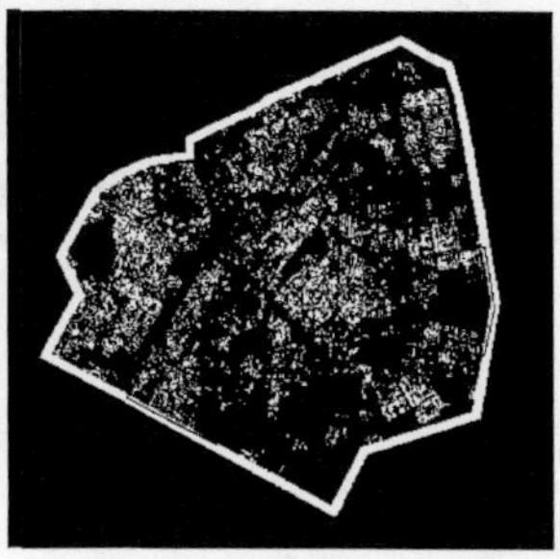	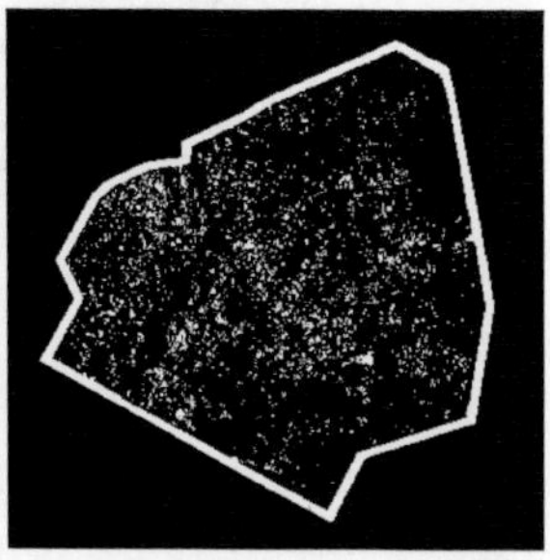
建筑密集度	38.9 栋/km^2	134.4 栋/km^2	97.4 栋/km^2
建筑类型	高层		
层数	10～19	20～29	30～40
不同层数建筑分布情况	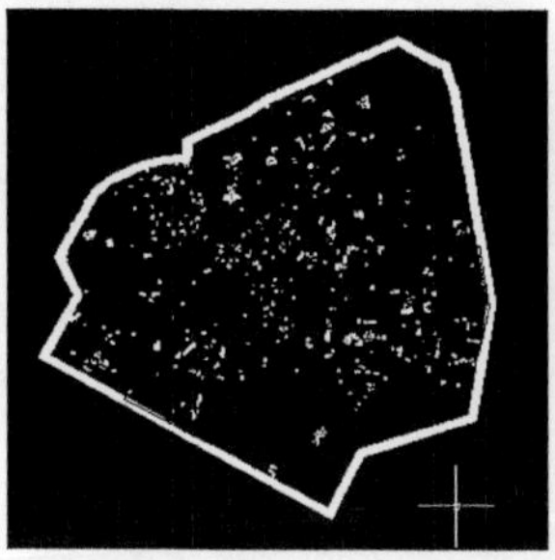		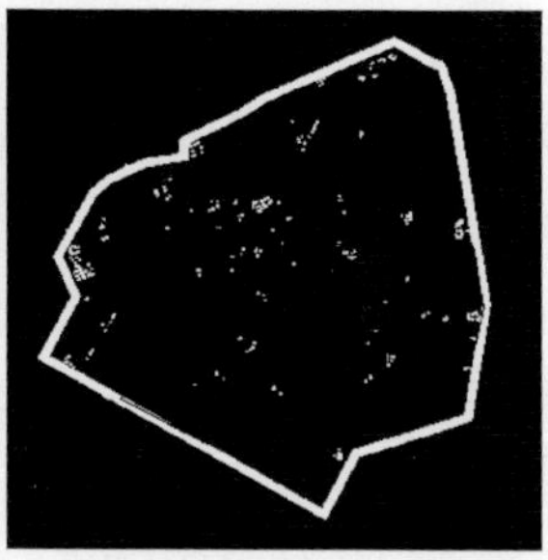
建筑密集度	15.8 栋/km^2	8.1 栋/km^2	6.1 栋/km^2

由于哈尔滨市多层数建筑目较多，因此对多层建筑进行逐层分析。表 1-8 给出了多层建筑的分布密度。根据建筑分布位置与密集度可知，虽然多层建筑在哈尔滨市分布密度最大，但近 2/3 为 6 层建筑，各区域中 6 层建筑基本都达到了 4 层、5 层建筑的 3 倍左右，尤其在香坊区域，4 层、5 层建筑每平方千米的数目不足 10 栋。

整体来看，建筑在四个市辖区的分布密集度呈现出道里＞南岗＞道外＞香坊的趋势，这与网格尺度的分布规律有较强的相关性，即小尺度网格处建筑高度较低且分布密度较大，大尺度网格处建筑高度较高且密度较低。

表 1-8　多层建筑分布情况

建筑层数		4	5	6
不同层数建筑分布情况				
建筑密集度	道里区	32.4 栋/km^2	28.9 栋/km^2	90.0 栋/km^2
	道外区	29.1 栋/km^2	20.3 栋/km^2	78.4 栋/km^2
	南岗区	31.4 栋/km^2	27.8 栋/km^2	86.7 栋/km^2
	香坊区	7.20 栋/km^2	4.10 栋/km^2	21.3 栋/km^2

1.4　城市住区空间形态特征

1.4.1　城市住区空间现状

通过对哈尔滨主要市辖区内居住区现状进行调研分析，总结出以下特征：

（1）城市住区分布较为集中，老城区内建筑布局较为紧凑，与街道联系较为紧密。由于城市人口不断膨胀，城市居住区的数量较多且增长速度较快。

（2）多层及中高层住区主要出现在老城区内，多集中在松花江以南区域，建设年代较久远，如南岗区、道里区等旧城区；高层住区主要出现在道里区爱建、群力、哈西以及松北区等城市新区，多为成规模的封闭居住小区（图 1-17）。

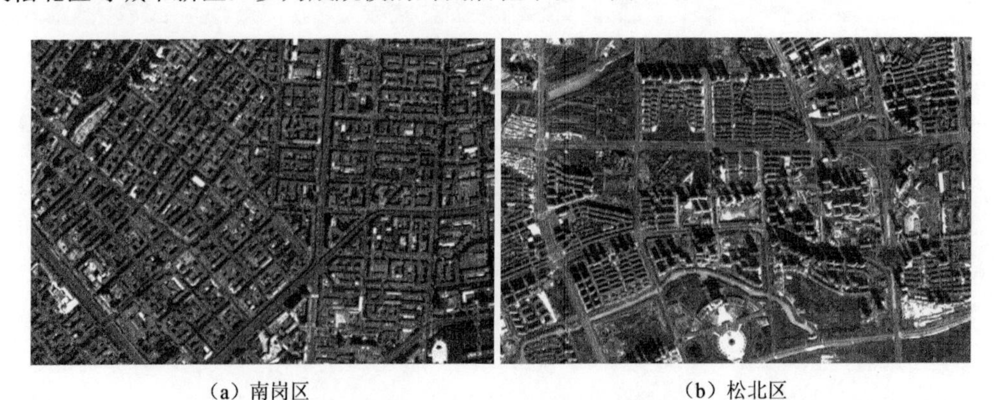

（a）南岗区　　（b）松北区

图 1-17　哈尔滨南岗区及松北区住区形式（图片来自百度地图）

（3）哈尔滨老城区内的居住区多以开放式的多层及中高层住区为主，具有高密度、小尺度的布局特征，以围合式形式最为常见，建筑临街布置，一方面形成街道形态，围合了内部住区，提供了较为封闭的住区环境，另一方面满足了底层空间的商业化，丰富了住区业态。

（4）道里区爱建、群力、哈西以及松北区等新城区存在较多高层住区或多高层混合住区。与旧城区相比，新建住区更具独立性和封闭性，不再完全依靠建筑形成住区内部的围合空间，更多的是利用围栏等形式对住区进行封闭，因此住区形式多为南北朝向的行列式布局。

（5）哈尔滨市目前的新旧居住区两极分化较为明显，新居住区普遍具有良好的住区环境和完善的基础设施，旧居住区因建成年代较为久远，使用年限较长，因此缺乏配套的基础设施，卫生环境较为恶劣，治安管理问题也较为突出。

1.4.2　多层及中高层住区空间形态特征

通过对哈尔滨城区内现存的多层及中高层住区进行调研，根据建筑的布局形式将多层及中高层住区分为三类，分别为围合式居住区、行列式居住区以及混合式居住区。由于哈尔滨市内大量历史建筑承袭了俄式建筑风格，建筑平面采取 L 形或 U 形，因此多层住区多呈现为围合式布局。随着城市发展，建筑建设量逐年加大，出于经济效益等原因，开发商开始在围合式住区内部局部兴建行列式建筑，因此形成了以围合式为主、混合式兼具的住区组团形态。

1.4.2.1　围合式住区

在城市形态刚形成之初，城市围合程度不够完整，住区建筑更容易受到外部强风的侵扰，因此建筑在满足基本日照条件的基础上更加倾向于聚集围合的形式，通常形成具有围合布局的小型建筑组团，或者住区总体形态上呈现出围合状态。这种布局形式的主要特点是能够在住区内部形成较为稳定，较少受到外界干扰的微气候环境，而且建筑群体之间呈现出一种聚合状态，使得建筑单体及住区内构成要素之间的联系更加紧密。

图 1-18 为多层及中高层围合式居住区实例。哈尔滨的围合式住区主要集中在道里区、南岗区等中心城区，以 20 世纪 50～60 年代兴建的大量为工业建设服务的职工住区以及 80～90 年代兴建的“安字片”“芦家片”等住区为代表，这类围合式住区大多采用了较开放的街区制形式，区域内路网交错密集、用地紧张、建筑密度较大、街道尺度较小。住区内建筑多为多层及中高层住宅，这些住宅按照围合式的布局形式沿街道进行布置，因此建筑既有南北朝向，也有东西朝向。围合式的居住组团会形成内向庭院，可以有效地抵挡风沙；同时，由于住宅紧邻城市道路，住区的交通较为便捷，但容易受到交通噪声的干扰。

（a）绿馨园小区

（b）工程小区

图 1-18　哈尔滨多层及中高层围合式居住区（图片来自百度地图）

1.4.2.2　行列式住区

图 1-19 为多层及中高层行列式居住区实例。随着城市建设的不断推进，从 90 年代开始，哈尔滨城区内开始出现了行列式居住小区的形式，主要集中在新城区一带，以红旗大街周边、大众新城小区等为代表。这类住区大多为封闭式小区，住区内建筑多为多层及中高层，并按照一定的朝向和间距进行行列式布置，建筑南北通透，有较好的日照、通风条件。虽然与围合式住区相比，封闭的行列式住区安全性较高，但由于大多数建筑高度及排列都大同小异，造型也鲜有变化，导致小区的室外环境缺乏个性，同时缺少较为集中的室外活动场所。

（a）山水家园小区

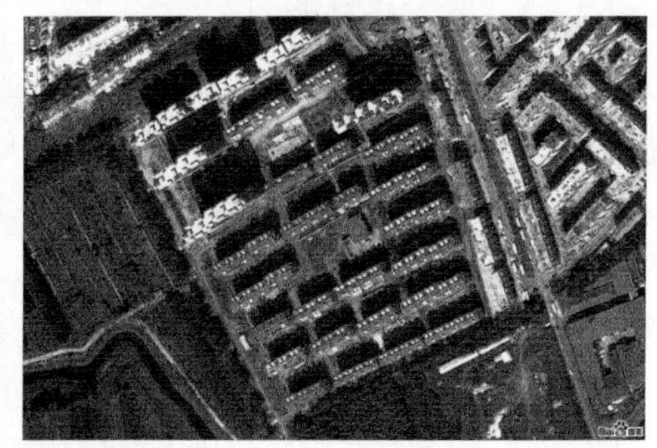

（b）绿海华庭小区

图 1-19　哈尔滨多层及中高层行列式居住区（图片来自百度地图）

1.4.2.3　混合式住区

图 1-20 为多层及中高层混合式居住区实例。严寒地区多层及中高层住区的布局模式通常并不只局限于纯粹的行列式或者围合式布局，更多的是将这两种布局模式进行组合变化，形成混合式的布局形式。从 20 世纪 90 年代开始，出现了以“四菜一汤”作为布局形式、“顺而不穿，通而不畅”作为设计原则的混合式居住区。住区同样为封闭式小区，但住区内的建筑布置却采用了行列式与围合式相结合的布局形式，小区内大多设有足够大的中心广场供住区居民进行日常休闲活动，绿化设置较为丰富，小区内的户外空间环

境良好，住区居民的生活舒适度较高。

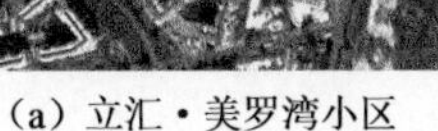

（a）立汇·美罗湾小区　　　　　　　　　　　　（b）闽江小区

图 1-20　哈尔滨多层及中高层混合式居住区（图片来自百度地图）

如图 1-21 所示，根据卫星地图显示及资料查阅，在哈尔滨、沈阳、长春等严寒地区城市中，哈尔滨、长春数量最多的住区形式为围合式居住区，沈阳数量最多的为行列式。以哈尔滨为例：围合式住区所占比例约为哈尔滨市居住区总面积的 1/4；行列式住区约占哈尔滨市居住区总面积的 1/5～1/6；围合式居住区、行列式居住区、混合式居住区面积总和约占哈尔滨市居住区总面积 60%以上。

（a）哈尔滨市　　　　　　　　　　　　（b）沈阳市

图 1-21　严寒地区城市住区肌理对比（图片来自百度地图）

1.4.3　高层住区空间形态特征

1.4.3.1　高层住区布局形式

哈尔滨高层住区的建筑平面形式主要为板式和点式（图 1-22）。当建筑形式为板式建筑时，组团布局形式主要为行列式布局，或与若干点式建筑形成围合、半围合或混合式布局；当建筑形式为点式建筑时，布局方式较为零散。

图 1-22　哈尔滨市高层住区分布情况（图片来自百度地图）

如图 1-23 所示，当板式高层建筑采用行列式布局时，存在平行式、斜列式、错列式三种形式。当布局形式为行列式或错列式且建筑朝向为南北向时，主导风向为东风或东南风时室外风环境较为舒适；主导风向为南风时，由于气流受阻，风环境较差。当布局形式为错列式时，主导风向为东风时室外风环境较好，无明显涡流现象；主导风向为东南风或南风时，易出现局部涡流现象，风环境较差。

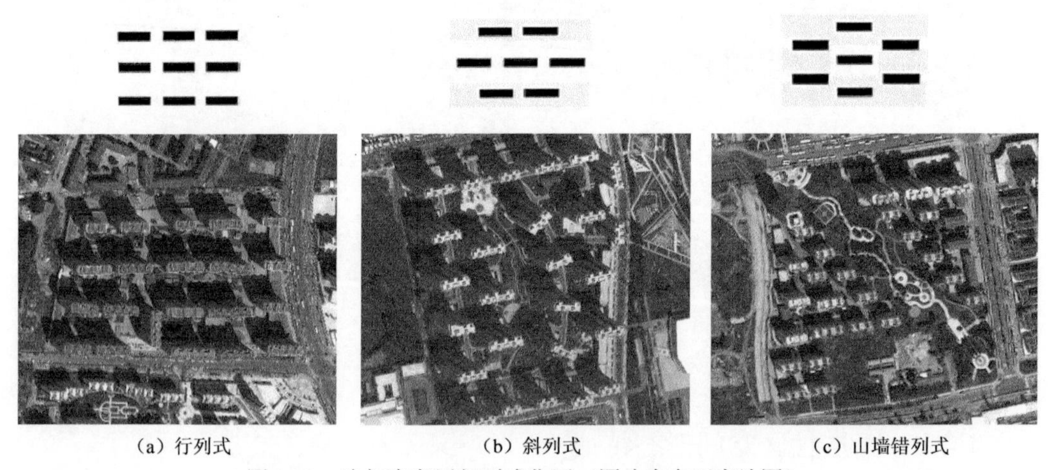

（a）行列式　　（b）斜列式　　（c）山墙错列式

图 1-23　哈尔滨高层行列式住区（图片来自百度地图）

如图 1-24 所示，当高层住区受到场地面积以及建筑高度的限制时，多采用围合式布局，利用板式建筑围合形成较为封闭的内部空间，住区私密性及安静程度较好，但通风及日照情况不如行列式布局。而与行列式、围合式住区相比，混合式住区的布局形式更加灵活多变（见图 1-25）。

图 1-24　哈尔滨高层围合式住区（图片来自百度地图）

图 1-25　哈尔滨高层混合式住区（图片来自百度地图）

如图 1-26 所示，与板式建筑相比，点式高层建筑的布局方式较为零散，具有较高的可组合性。由于城市发展对高层建筑的需求，旧城区中会加建较多点式高层建筑，因此点式高层单体在旧城区较为常见，而新城区的点式高层普遍以散点式布局存在。对于点式布局的高层住区，无论哪种风向，都能够形成良好的室外通风环境，但仍需注意建筑间布局的合理性，以防止风速过大。

图 1-26　高层建筑点式布局形式（图片来自百度地图）

1.4.3.2　高层建筑的间距确定

在对高层住区进行规划设计时，新建或改扩建的高层建筑与相邻住宅的日照间距应当符合《哈尔滨城乡规划条例》（哈尔滨市城乡规划局，2012）的规定。为了使建筑能够获得最多的日照，建筑朝向应在正南北向的 60°以内；高度为 90m 的建筑，其建筑间距应为 45m（20°以内）、60m（20°～60°）。当高层住宅的山墙相对时，其建筑间距为 15m。除此之外，当建筑的山墙边长＞16m 时，建筑间距应按照平行式进行计算。

1.4.4　混合住区空间形态特征

利用哈尔滨市卫星地图对哈尔滨市内具有一定规模的多层建筑与高层建筑混合住区进行统计，发现哈尔滨市共有 67 个多高层混合住区，分别分布于松北区、道里区、南岗区、香坊区、呼兰区五个市辖区。大部分混合住区集中在松北区与道里区内的群力新区，二环内以几乎不存在成规模的混合住区。

在多高层混合住区中，由于同时存在多层建筑与高层建筑，因而由建筑组合形成的空间形态具有多种可能性，其中，高层建筑是构成不同空间形态的主要角色，主导了混合住区的主要空间结构。根据高层建筑的分布和高度，可以对混合住区的整体空间形态按水平空间形态和竖向空间形态进行划分，整体空间形态之下，又分别形成了特定的子空间形态，从而产生了不同类型和几何特征的住区形态，形成不同的微气候环境。

1.4.4.1　水平空间形态

高层建筑在居住小区内的水平分布状况，构成了居住小区的水平空间形态特征。通过对哈尔滨市区多高层混合住区的水平分布情况进行归纳总结，混合住区水平空间形态可分为包围型布局、带型布局、集中型布局、散点型布局。

包围型布局：如图 1-27 所示，高层建筑位于居住小区周边，沿城市道路进行相应布置，并将多层建筑围合在内。根据围合程度可分为完全包围型和半包围型，这种布局的居住小区既能创造良好的日照条件，又能满足一定的建筑容积率要求。

图 1-27　包围型布局（图片来自百度地图）

带型布局：如图 1-28 所示，高层建筑呈带状排列，有序地分布于居住小区一侧，布局的灵活性较高，多层建筑与高层建筑分区较为明确。当带状排列的高层建筑分布于居住区南、北侧时，需要对日照间距进行充分考虑。当带状排列的高层建筑分布于居住区东、西侧时，南北朝向的高层建筑为竖向排列；当高层建筑为东西朝向时，多布置于居住小区东侧或西侧且垂直于多层建筑。

图 1-28　带型布局（图片来自百度地图）

集中型布局：如图 1-29 所示，当高层建筑在住区内占比较大时，可以将高层建筑在特定区域进行集中设置，采用这种布局的住区内高层建筑与多层建筑具有较为明确的分区，可能会形成不同的住区微气候环境。

图 1-29　集中型布局（图片来自百度地图）

散点型布局：如图 1-30 所示，将高层建筑单体分散设置在居住小区内，高层建筑多以点式高层为主，虽然这种布局形式在封闭式小区中较为少见，但旧城区由于用地面积较小，为了满足居住需求，会在多层及中高层住区内改建或加建点式高层，从而形成散点式布局的多高层混合住区。

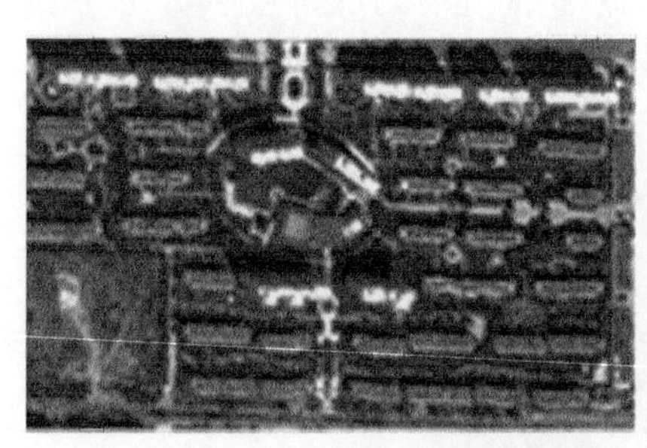

图 1-30　散点型布局（图片来自百度地图）

1.4.4.2　竖向空间形态

1. 高层建筑高度

当水平空间形态相同时，建筑高度的变化会形成不同的竖向空间形态。建筑高度对太阳辐射和风环境都会产生相应的影响，建筑高度越高，建筑间距越大，所形成的风影区和涡流范围也会相应扩大，同时人行高度的气流速度也会随之增大，因此居住小区的竖向空间形态对微气候的影响至关重要，应予以充分考虑。如图 1-31 所示，通过对哈尔滨 67 个混合住区进行建筑高度统计（以层为单位），发现有 35 个居住小区的多层建筑为 6 层住宅，13 个居住小区为 7 层住宅，数量占比分别为 52.2%和 19.4%。由此可知混合住区中 6 层建筑出现的几率明显最高。高层建筑中，16～20 层的混合住区有 35 个，其中 18 层的居住小区最多，数量为 19 个，数量占比为 25.3%；高层建筑层数为 25 层以上的混合住区共 25 个，高层为 11～15 层的居住小区共 11 个。参考哈尔滨市高层建筑日照间距系数，计算出建筑高度不应超过 24 层。在统计的 67 个混合住区中，多层为 6 层、高层为 18 层组合的居住小区最多，共计 12 个，占比 17.9%。

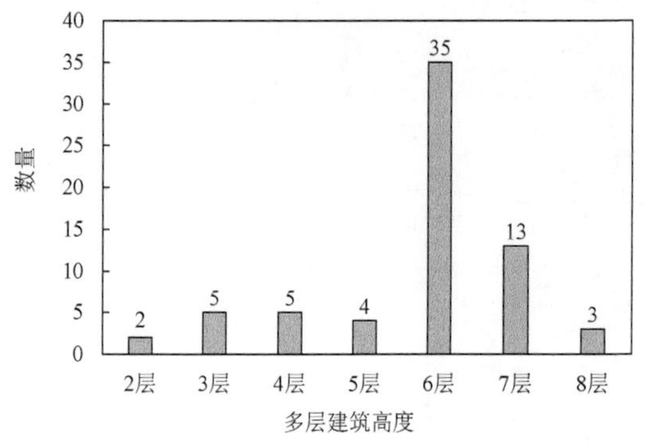

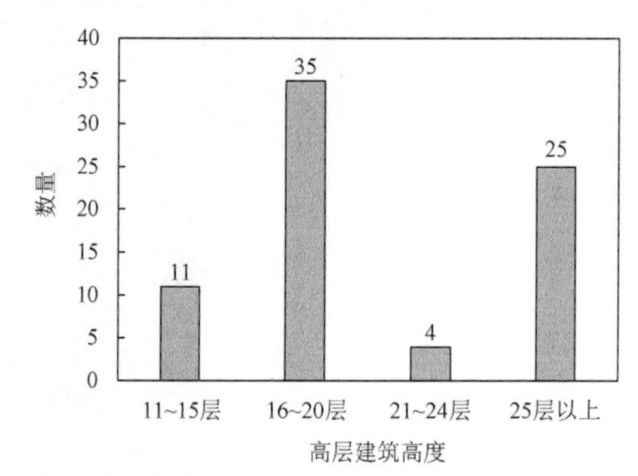

图 1-31　混合住区多层、高层建筑高度统计

2. 高层建筑比例

由于在一定用地面积内，建筑高度越高，建筑密度越低，因此在一定的容积率与建筑密度范围内，高层与多层建筑的比例直接影响建筑密度以及建筑容积率。已有研究表明，高层住宅建筑密度与行人高度处的平均风速比呈负相关，而多层住宅的建筑密度与行人高度平均风速比没有线性关系（Jin et al.，2017），因此提取高层所占建筑比例作为混合住区空间的形态要素，研究其对于多高层混合住区风环境的影响。对哈尔滨 67 个混合住区的高层建筑比例进行计算（计算方法为高层建筑底面积占所有建筑底面积总和的百分比），统计结果如图 1-32 所示：高层建筑比例为 10%的混合小区最多，共 22 个，占总数的 32.8%；高层建筑比例为 30%的小区共 13 个，占总数的 19.4%；高层建筑比例不超过 50%的居住小区共 56 个，占总数的 83.6%，高层建筑比例在 50%以上的居住小区一共为 11 个。由此可知，在哈尔滨多高层混合住区中，高层建筑比例通常不高于 50%。

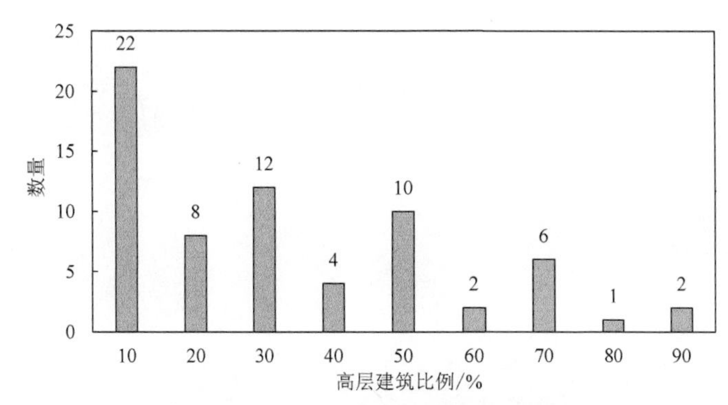

图 1-32　混合住区高层建筑比例统计

1.5　本章小结

本章首先对哈尔滨全年气候特征进行了总结，包括热湿环境与风环境。之后分别从城市路网形态、建筑分布、住区空间形态等方面对哈尔滨城市不同类型住区的空间形态进行了深入分析与归纳总结。

（1）哈尔滨冬季最低气温-22.9℃，夏季最高气温 23.1℃，过渡季的平均温度在 15.3℃左右。平均相对湿度在冬季为 63%～71%，在夏季可达 78%；与其他季节相比，春季的相对湿度最低，为 48%～55%。哈尔滨的年主导风向范围为南-南南西-西南（S-SSW-SW），全年风速较小，年平均风速为 2.65m/s。

（2）哈尔滨城市路网的单元网格长宽比在 1～1.5 范围内最多，占研究范围的 60%。老城区单元网格多为扁平形态，新城区单元网格多为方正形态。哈尔滨市内 400～500m 网格尺度占地面积最大，占到 37%左右，其次为 100～200m 网格。除此之外，哈尔滨城市道路宽度整体不足，其中老城区道路网规划密度过大，虽然城市支路数目过多但宽度不足。

（3）哈尔滨市二环以内的中心城区建筑以围合式和混合式布局为主，围合式布局的占地面积为混合式的 2 倍。与此同时，哈尔滨市内多数为多层及中高层建筑，建筑高度在 12～27m 范围内。

（4）哈尔滨市南岗区、道里区等老城区内的居住区多以开放式的多层及中高层住区为主，道里区爱建、群力、哈西以及松北区等新城区存在较多封闭式的高层及多高层混合住区。其中，多层及中高层住区的布局形式主要为围合式、行列式和混合式；板式高层住区的布局形式主要为行列式、斜列式、错列式以及围合式；点式高层住区布局形式较为灵活；混合住区按水平空间形态可分为包围型布局、带型布局、集中型布局、散点型布局。

第2章　住区街道形态与微气候

2.1　住区街道形态对微气候影响的实测研究

2.1.1　实测方案

2.1.1.1　测试地点及测点布置

观察图 2-1 可以发现，在哈尔滨的城市道路交通网络中，街道朝向大多为北偏东30°～45°与北偏西 30°～45°，很少出现正东西朝向的街道。由于受到早期西方城市设计思想的影响，哈尔滨围合住区内的土地集约程度较高，建筑密度较大、道路尺度较小、路网密集交错；建筑单元通过围合形成尺度不一的居住组团，这些居住组团既具有联系性又保持独立性，城市街道与居住组团在空间上互相渗透，从而形成街坊式住区，住区内的交通便捷，且开放程度较高，但住区环境相对复杂。

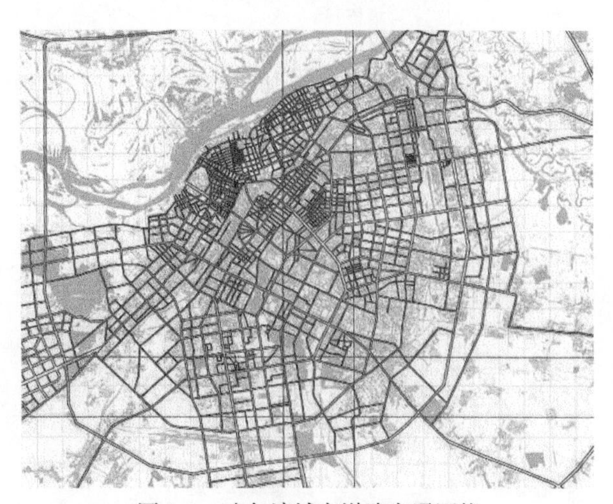

图 2-1　哈尔滨城市道路交通网络

由于哈尔滨城区内的街道朝向大多为北偏东 30°～45°和北偏西 30°～45°，因此选取芦家街区内三条北偏东 45°，一条北偏西 45°街道进行现场实测（图 2-2，图 2-3）。此街区内的建筑为 6～8 层的多层及中高层住宅，建筑高度 18～24m，街道宽度 18～25m，具有严寒地区围合居住街区的典型特征。由于建筑围合形成封闭的内向庭院，因此内院入口及门洞口等沿街开口会分割街道立面，影响街道立面的连续性。各街道空间形态数据如表 2-1 所示。

图 2-2 “芦家片”平面肌理

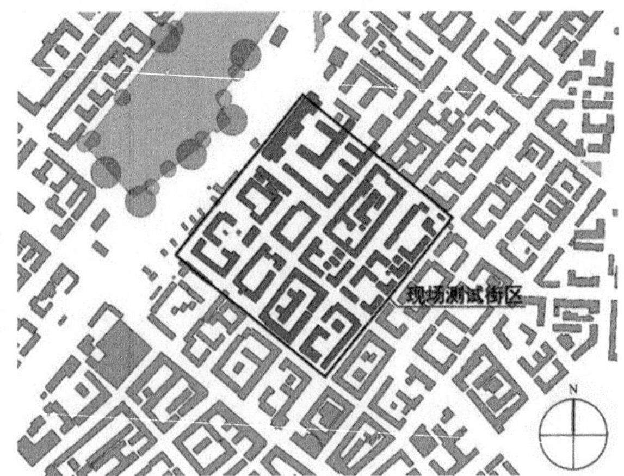

图 2-3　测试区域

表 2-1　街道空间形态特征表

街道	人和街（a 街）	中和街（b 街）	比乐街（c 街）	分部街（d 街）
朝向	北偏东 45°	北偏东 45 °	北偏东 45°	北偏西 45°
对称性	对称	对称	非对称	非对称
宽度/m	21	18～21	20～24	20～25
高度/m	21	21～24	21～24	21～24
高宽比	1.0	1.1～1.2	1.0～1.2	0.9～1.0
绿化	无	行道树+矮乔木	行道树+矮乔木	无

为了比较不同街道朝向、不同街道高宽比、有无沿街开口对于街道热环境的影响作用，测试选择在旧城区住区内的 4 条街道内同时布置 11 个测点（图 2-4）。其中，测点 a1、b1、c1 与测点 a2、b2、c2 分别位于人和街、中和街、比乐街内相应相同的位置；测点 d1、d2、d3 位于分部街内同侧；测点 a2 与 d1 位于门洞口附近，测点 b4 位于内院入口附近；测点 b2、b3 位于同一街道截面处对称位置。各测点街道空间形态数据如表 2-2 所示。

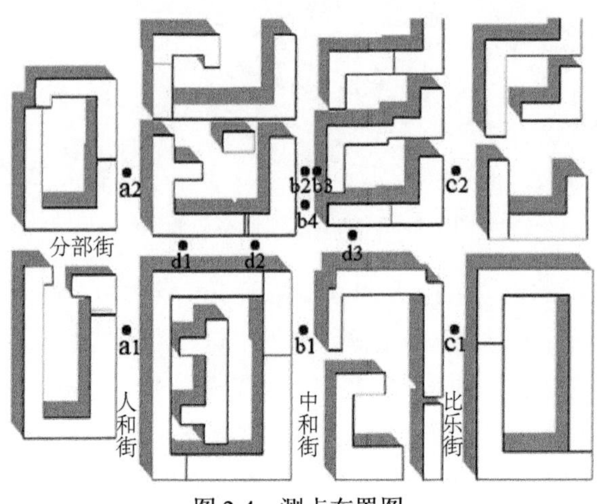

图 2-4　测点布置图

表 2-2　各测点空间形态数据信息

测点编号	a1	a2	b1	b2	b3	b4	c1	c2	d1	d2	d3
街道高度/m	21	21	24	21	21	21	24 / 21	24 / 21	21	21	21 / 24
街道宽度/m	21	21	21	18	18	18	20	24	20	20	25
高宽比	1.0	1.0	1.1	1.2	1.2	1.2	1.2/1.0	1.0/0.9	1.0	1.0	0.9/1.0

2.1.1.2　测试方法及仪器设备

测试日期为 2016 年 1 月 6 日，当日气温−22～−13℃，西南风 4 级；9∶00～15∶00 期间太阳总辐射强度逐时平均值为 323W/m^2，13∶00 时的最大值为 356W/m^2。已知哈尔滨冬季主导风向为西南风，最冷月平均气温−24～−12℃，因此测试具备冬季典型气象条件。测试时综合考虑了空气温度、湿度、风和太阳辐射等对街道热环境的影响，采用 BES-01 温度采集记录器、BES-02 温湿度采集记录器、Kestrel4500 手持式小型气象站和 FLIR B425 红外热像仪记录黑球温度、空气温度、相对湿度及风速、风向等数据，仪器技术参数见表 2-3。

表 2-3　仪器技术参数

名称及型号	示意图	测量范围	精度	备注
BES-01 温度采集记录器		温度：−30～50℃	±0.5℃	采样周期：10s～24h
BES-02 温湿度采集记录器		温度：−30～50℃	±0.5℃	采样周期：10s～24h
		相对湿度：0%～99%RH	±3% RH	
Kestrel4500 手持式小型气象站		风速：0.4～40m/s	±0.1m/s	采样周期：2s～12h
		风向：0°～360°	±5°	
		温度：−29～+70℃	±1.0℃	
		相对湿度：5%～95%	±3%	
		气压：750～1100mbar	±1.5mbar	
FLIR B425 红外热像仪		温度：−20～350℃	≤2℃	

注：1bar=10^{5}Pa，1mbar=100Pa。

测试前均对仪器进行多次校准检验，并将 BES-02 温湿度采集记录器置于防辐射罩内。图 2-5 为测试现场仪器及设备组装情况，由于研究重点关注行人高度处的热环境状况，因此将测试仪器分别固定在三脚架上，使温度采集记录器的黑球、温湿度采集记录器以及手持式小型气象站的传感器均置于距地面 1.5m 高度处，测试数据记录间隔均为 1min。

图 2-5　测试现场仪器及设备组装情况

2.1.2　实测结果分析

2.1.2.1　街道朝向对热环境的影响

图 2-6、图 2-7 为不同朝向街道内空气温度与黑球温度的日间变化。虽然两个朝向街道内空气温度和黑球温度的变化趋势较为一致，但北偏西 45°街道内空气温度和黑球温度均明显偏低，两个朝向街道的空气温度差距在峰值处达到 1.5℃，同时黑球温度相差 1.0～2.5℃。这是因为太阳高度角会随季节与时间变化，与其他季节相比，冬季太阳高度角较小，更偏向于东西走向的街道由于遮挡而缺乏直接的太阳辐射，因此北偏西 45°街道在白天一直处于建筑阴影中，街道内温度最低，同时温度波动也最小。随着太阳高度增加，太阳的直接辐射对于街道温度的影响变大，北偏东 45°与北偏西 45°街道的温差增加，并在峰值处达到最大，同时由于黑球温度受到太阳辐射的影响作用很大，因此在峰值处不同朝向街道内黑球温度的差异要比空气温度的差异更加明显。

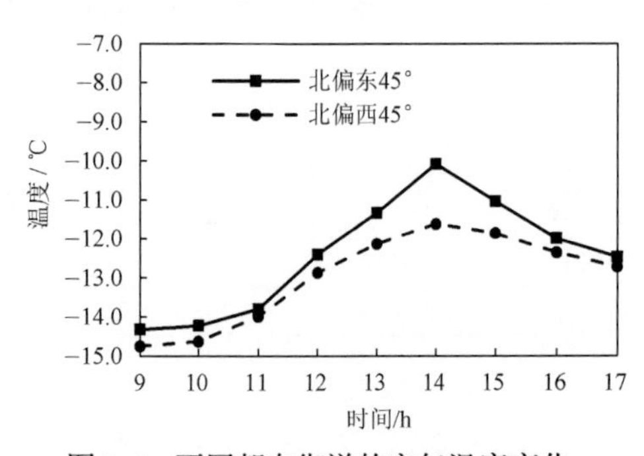

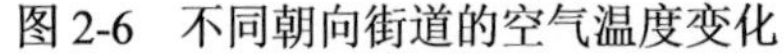

图 2-6　不同朝向街道的空气温度变化

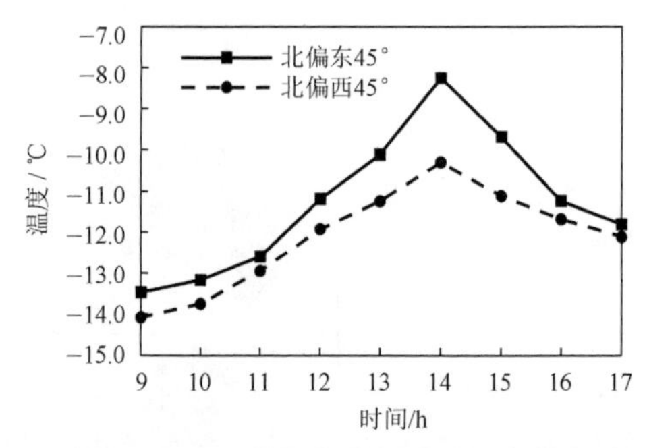

图 2-7　不同朝向街道的黑球温度变化

图 2-8 为不同朝向街道内相对湿度的日间变化。通过曲线可知，相对湿度与温度存在负相关性，即同一街道内温度越高，相对湿度越低。北偏西 45°走向街道内相对湿度要明显高于北偏东 45°走向，差值为 3%～6%，最大可以达到 10%；北偏西 45°走向街道内相对湿度最小值出现在下午 15：00，与南北走向相比，明显延迟了 1 小时。

图 2-9 为不同朝向街道内风速的日间变化。可以看出，不同朝向的街道内风速大小及日间变化均存在较大差距，但北偏东 45°的街道内风速始终大于北偏西 45°走向，这是

因为，测试当天风向为西南风，北偏东 45°街道朝向与风向基本平行，街道空间出现“狭管效应”，导致风速较大，但由于街道朝向不同时，车流量情况也有所不同；同时，风速的瞬间波动较大，但测试记录的风速为瞬时值，这些都会对测试结果造成一定影响。因此，还需进行相关模拟来研究朝向对于风环境的影响作用。

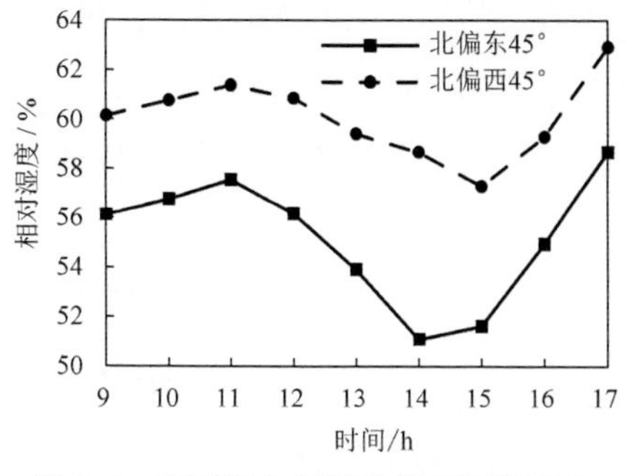

图 2-8　不同朝向街道的相对湿度变化

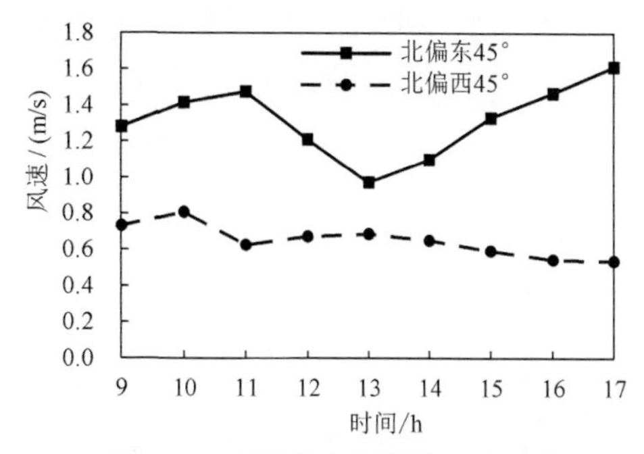

图 2-9　不同朝向街道的风速变化

2.1.2.2　街道高宽比对热环境的影响

图 2-10、图 2-11 为不同高宽比街道内空气温度与黑球温度的日间变化。通过对比相对位置完全相同的测点 a1、b1、c1 的实测数据发现，不同高宽比街道内的空气温度变化趋势完全一致，但随着街道高宽比增大，温度逐渐降低。测点 a1、b1、c1 的日间空气温度平均值分别为−12.3℃、−12.4℃、−12.6℃；与 a 街相比，b 街的日间空气温度平均值低了 0.1℃，c 街则低了 0.3℃。在不同高宽比的街道内，黑球温度的变化趋势较为一致，但街道的对称性以及内院入口数量对于黑球温度存在明显影响。由于 b 街的测点附近存在较多内院入口，内院中的太阳辐射热可以通过入口进入街道，使街道内太阳辐射热量增加，因此在温度达到峰值之前，b 街的黑球温度始终高于其他两条街道。但当太阳高度角达到最大时，太阳的直接辐射作用要明显强于内院入口对黑球温度的影响，这时高宽比为 1.1 的 b 街由于街道两侧建筑较高，街道内太阳的直接辐射较少，导致黑球温度峰值较低；由于 c 街为非对称街道，在阳光入射侧的街道高宽比与 a 街相同，因此黑球温度与 a 街十分相近。

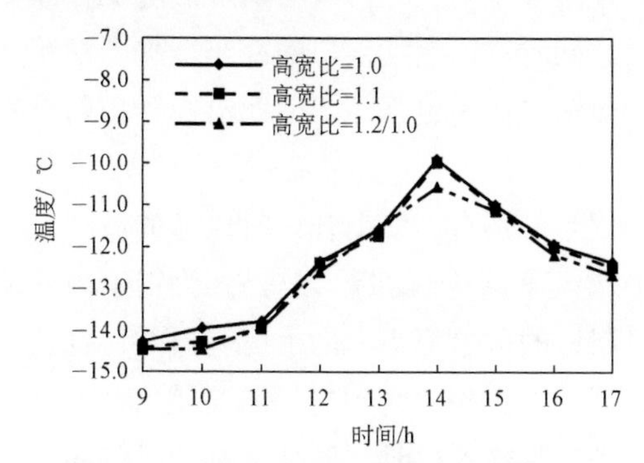

图 2-10　不同高宽比街道的空气温度变化

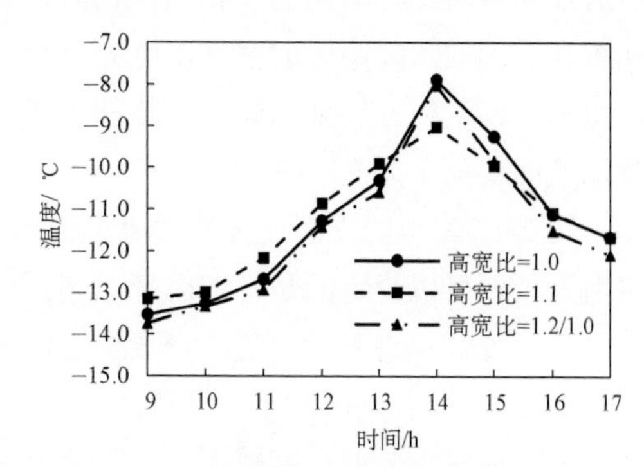

图 2-11　不同高宽比街道的黑球温度变化

图 2-12 为不同高宽比街道内相对湿度的日间变化。可以发现，a 街与 b 街的相对湿度变化趋势完全一致，但 b 街内的相对湿度明显偏低 2%～4%；非对称的 c 街内由于风速波动较大，对相对湿度产生一定影响，其相对湿度的变化略有不同。

图 2-13 为不同高宽比街道内风速的日间变化。虽然不同街道内的风环境变化存在差异，但随着街道高宽比的增大，风速也随之增加。在 a、b 两条街道内，风速的变化趋势基本一致，但高宽比较大的 b 街内的风速比 a 街偏高 0.3～0.5m/s。由于 c 街为非对称街道，街道内的风环境会更加复杂，因此其风速的变化趋势与另外两条街道有一定差异。

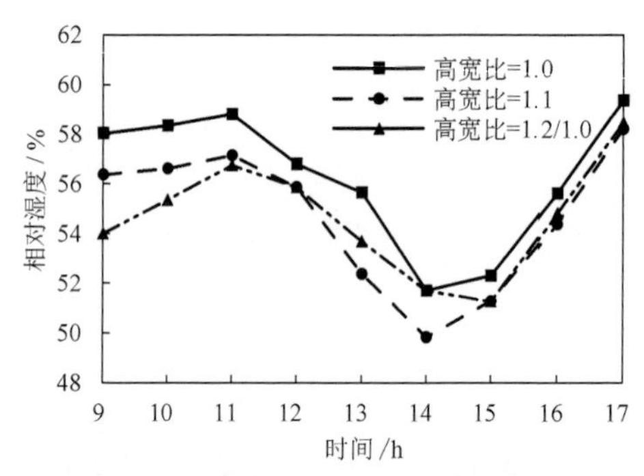

图 2-12 不同高宽比街道的相对湿度变化

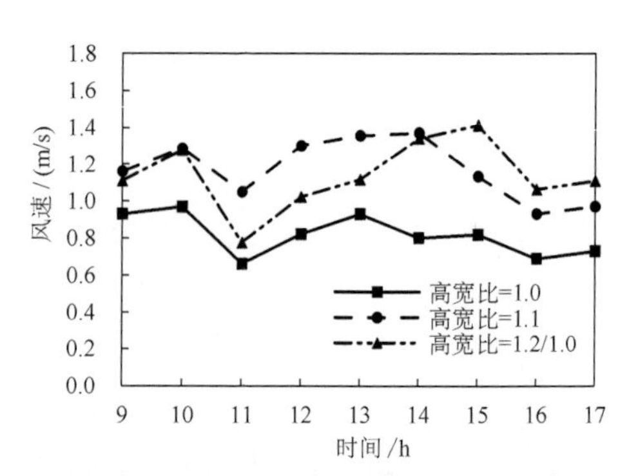

图 2-13 不同高宽比街道的风速变化

2.1.2.3 立面连续性对热环境的影响

图 2-14 为不同立面连续性时空气温度和黑球温度的日间变化，在相同街道朝向和高宽比条件下，当街道内存在沿街开口（门洞口及入口）时，附近的空气温度均要略高于无沿街开口时，对于有无门洞来说，这一差异并不明显，差值基本在 0.2℃左右；对于有无入口来说，差值更明显，可以达到 1.0℃左右。同时，门洞口及入口附近的黑球温度明显偏高 1.5～4.0℃，最大甚至可以达到 6.0℃。这是由于严寒地区住宅实施冬季供暖，建筑表面具有较高温度，存在明显热辐射，而围合住区的内院相对封闭，相同时间内在内院中损失的建筑辐射热量要比在街道内少，因此内院中较多的热量可以通过沿街开口向街道空间内传递，与门洞口相比，内院入口的开敞程度更大，内院与街道的对流传热更加顺利，因此入口附近的空气温度差异更明显。同时，门洞及入口的存在增加了建筑外表面积，使沿街开口处的建筑散热面积更大，热辐射作用更强烈，因此沿街开口附近的黑球温度要高于无开口时。

图 2-15 为不同立面连续性时风速的日间变化。虽然有无沿街开口时风速的波动差异相当大，但可以肯定的是，沿街开口附近的平均风速会发生衰减，这是因为街道内的部分气流通过开口进入了内院，导致街道内开口附近的风量变小。由于门洞口的尺度较小同时围合性较高，因此对于风环境的影响作用有限，有无洞口时的平均风速差值在 0.1m/s 左右；而内院入口的尺度较大，且完全开敞，当风吹向入口时，风会绕过迎风侧的建筑

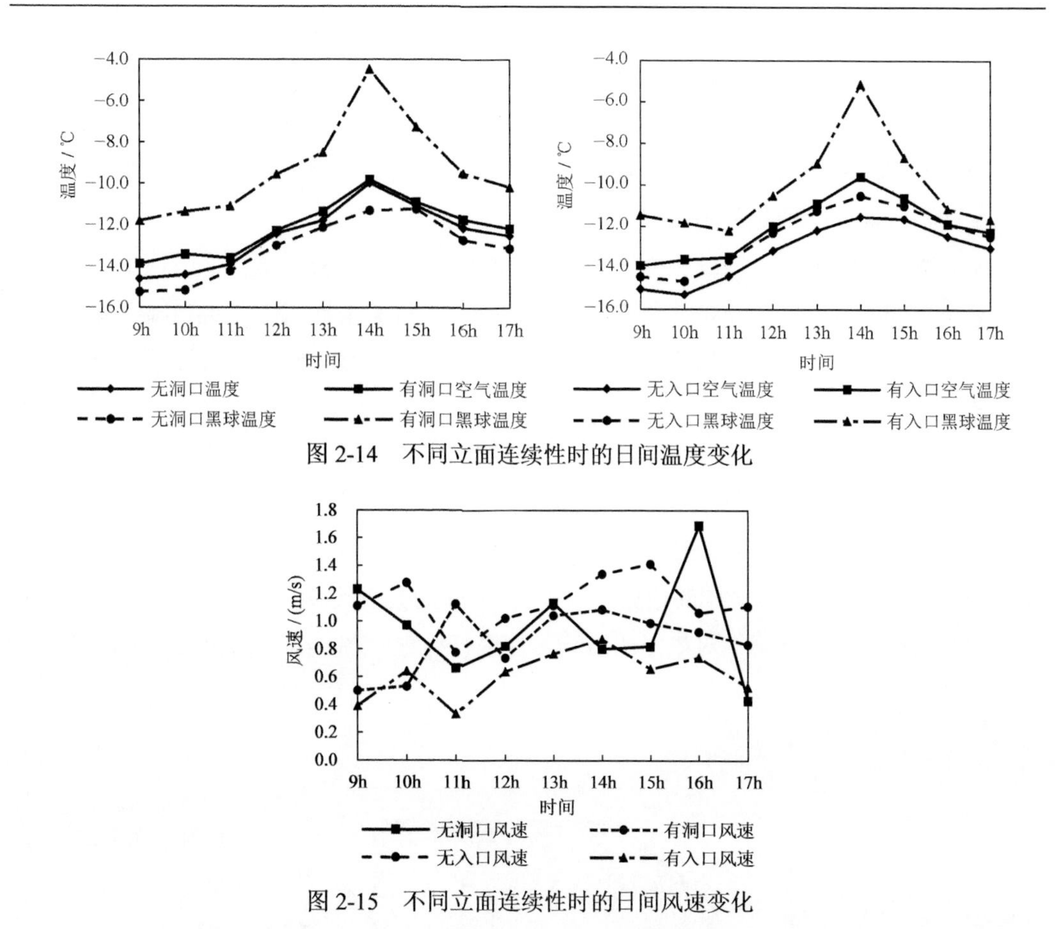

图 2-14　不同立面连续性时的日间温度变化

图 2-15　不同立面连续性时的日间风速变化

形成风速突变区域，同时还可能会存在涡流风或回流风等，因此入口附近的风速波动更大，与无入口时的差异也更加明显，平均风速差值保持在 0.5m/s 以上。

通过以上实测数据可以发现，街道朝向、街道高宽比与立面连续性不仅对于街道的热环境存在影响，且作用效果互相影响，相互制约，其影响程度也会因客观环境不同而发生变化。

2.2　住区街道形态对微气候影响的模拟研究

在严寒地区围合式住区内，建筑大多集中建造，建造年代相近，施工技术水平相当，建筑材料差异也较小，并且由于住区在冬季实施集中供暖，因此由不同街道空间两侧建筑墙体的长波辐射热量导致的温度差值较为有限。此外，已有研究表明，在严寒地区冬季寒冷的气候条件下，建筑布局对风环境的影响极为显著，而对气温的影响相对较小（Jin et al.，2017）；通过室外热舒适问卷调查发现，在严寒地区冬季，室外风环境对于人体热舒适起到十分显著的影响作用，但对于气温变化的感知程度很低（刘思琪，2016）。因此，对于围合住区街道，冬季热环境的研究应更加注重对于街道风环境状况的分析。由于实测时测点会受到街道中的交通车辆及行人等影响，并且与温湿度不同的是，风速的瞬时变化较大，导致可以从实测记录的风速中得出的结论较少，并且也较难从实测数据中分析得出不同形态的街道空间对风环境的影响作用，因此本章进一步对不同形态及尺度的街道空间进行风环境的相关模拟研究。

研究选用德国 Bruse 开发的微气候三维模拟软件 ENVI-met，软件主要适用于街区尺度的城市空间微气候环境模拟，具有较高的准确性与可验证性，因此得到国内外学者的广泛应用。本文所研究的对象为严寒地区围合住区街道，符合软件能够灵活运用的研究区域范围。

ENVI-met 软件模型包括主体模型、土壤模型以及边界模型。主体模型为三维模型，由 x、y、z 三个方向坐标轴组成，可以在其中建立建筑、道路、植被、水体以及接收点等。土壤模型为一维模型，土壤深度 1.75m，并可以模拟土壤内部的传热过程。边界模型为一维模型，是将模拟区域的边界扩展到 2500m 的大气边界，并为待模拟区域的边界传递初始条件，以便准确地对模拟的边界条件进行处理，图 2-16 为 ENVI-met 软件的架构示意图。

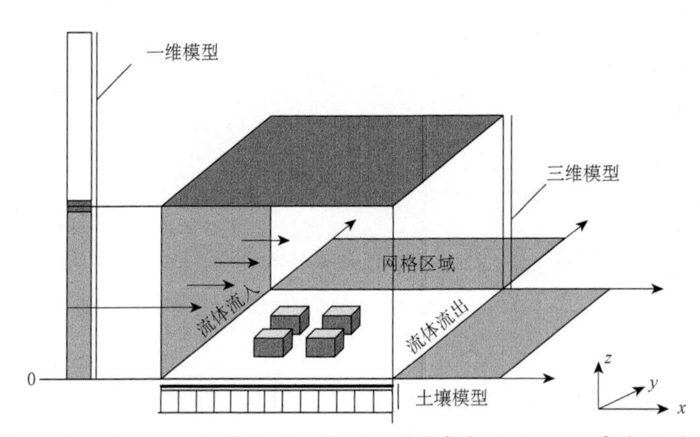

图 2-16　ENVI-met 软件构架示意图（图片来自 ENVI-met 官方网站）

如图 2-17 所示，ENVI-met 软件采用矩形单元网格对三维模拟区域进行划分，在竖直方向分为等距网格、不等距网格两类划分方式。在进行等距网格划分时，可以选择完全等距网格，也可以选择在每层网格都等距的基础上对最底层网格再进行 5 层细分。在进行不等距网格划分时，需要设定网格的放大因子，一般放大因子设置在 0～20%较为合适。放大因子的设定既可以从底层开始，也可以将底层网格设置得较为细密，然后在某一高度处再开始设置放大因子。不等距的网格划分可以利用较少的网格模拟更高的模型，因此更适用于模拟较高的物体。对于城市中一般街区的微气候环境模拟，靠近地面的地方更宜采用较小间距的网格划分，从而更加准确地模拟地面与大气之间的热质交换。在水平方向的网格划分均为等距网格，同时为了避免模型边界或靠近边界的区域出现计算不稳定的情况，软件还提供一定数量的嵌套网格。

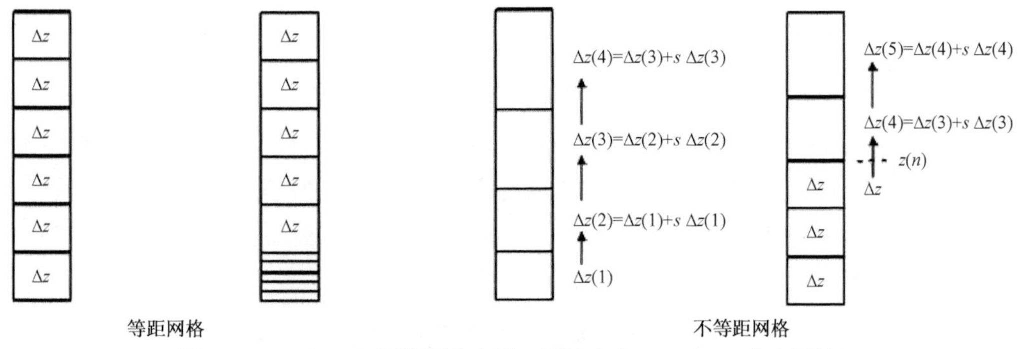

图 2-17　ENVI-met 网格划分方法（图片来自 ENVI-met 官方网站）

2.2.1　模拟软件的可靠性验证

ENVI-met 目前已被广泛应用于世界不同地区的城市微气候研究，且不断有研究学者利用实测数据和风洞试验对 ENVI-met 预测室外风环境的准确性与有效性进行验证。Krüger 等（2011）将巴西库里蒂巴市一处步行街的风速实测值与 ENVI-met 模拟结果进行对比分析，以当地气象站观测风速作为 ENVI-met 模拟的来流风速，发现当来流风速＜2m/s 时，模拟值与实测值吻合较好（R^2=0.80）；当来流风速＞2m/s 时，模拟值略高于实测值（R^2=0.70）。Huttner（2012）用德国弗莱堡市区两个不同地点的风速实测值对 ENVI-met 模拟结果进行了验证，当地气象站观测数据被用于生成全强迫气候文件，结果表明风速模拟值和实测值之间的均方根误差（RMSE）分别为 0.7m/s 和 0.2m/s，吻合良好。杨小山（2012）应用被风洞试验验证过的 MISKAM 软件对 ENVI-met 预测室外风环境的能力进行了检验，通过比较单栋建筑、单排树和复杂城市环境三种工况下 MISKAM 和 ENVI-met 的模拟结果，发现风矢量和风压空间分布整体特征一致，证明了 ENVI-met 对室外风环境模拟结果的准确性。本研究通过现场实测对 ENVI-met 风环境模拟结果的准确性进行验证。

为了验证 ENVI-met 软件对街区尺度的城市室外风环境模拟的准确性，选取前文街道热环境实测数据中的风速与模拟值进行比较。虽然 ENVI-met 软件不适用于模拟温度低于零度的环境微气候，但 ENVI-met 软件的开发者 Bruse 指出，ENVI-met 不能模拟温度低于零度的环境是因为软件无法处理冬季地面上的水在固液互换过程中的热量变化，由于风环境的模拟基本不受此影响，因此如果只涉及风环境模拟，ENVI-met 软件则完全可以完成。以上解释充分说明了 ENVI-met 软件不能模拟温度低于零度的热湿环境的原因，同时也保证了风环境模拟的可靠性。

为了消除初始运行带来的误差，ENVI-met 官方网站建议将模拟开始时间设置为 00:00:00，并且软件需要连续运行 6 小时以上，这样所需输出的模拟结果数值才比较稳定。但是 Bruse 曾特别说明，如果只模拟风环境，则只需将模拟小时数设置成 0，选取唯一的输出数据作为模拟结果即可。

2.2.1.1　模拟参数设置

图 2-18 为验证软件有效性的实测空间简化模型及测点示意，根据实测区域的空间尺度，确定了模拟区域的网格数量为 200×220×20，其中水平方向采用 2m 的单元网格；由于 ENVI-met 在垂直方向要求模拟区域的高度应大于模拟最大高度（包括建筑和植被）2 倍以上，因此垂直方向采用 3m 的单元网格；同时，在模拟区域周围设置了 5 个嵌套网格，以保证最终模拟结果的准确性。

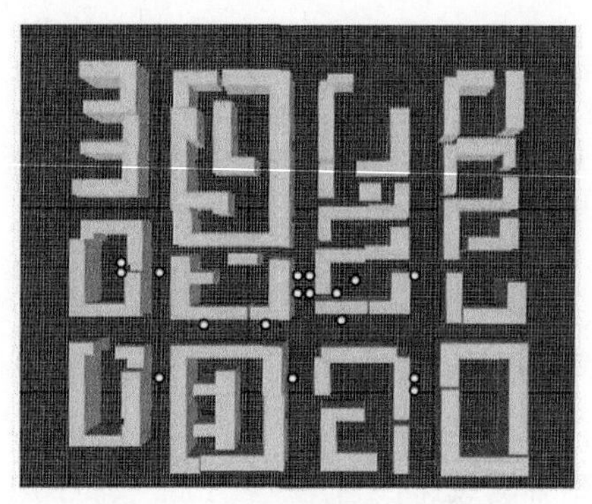

图 2-18　简化模型及测点示意

模拟前需要输入模拟日期、模拟时间、当日气象参数（空气温度、相对湿度、风向、风速等）、土壤参数（土壤各层的相对温湿度）、边界条件（开放式、封闭式、循环式）以及太阳辐射系数等，模拟时的环境及气象参数设置如表 2-4 所示。

表 2-4　ENVI-met 模拟参数设置

设置参数	设置数值
模拟开始的日期	2016.01.06
模拟开始的时间	13:00:00
总共模拟小时数	0
距地面 10m 高度处风速	2.7m/s
风向	218°（西南风）
地面粗糙程度	0.1
初始空气温度	257.6K（=−19.55℃）
距地面 2m 高度处的相对湿度	54%

注：表中仅给出了主要气象参数的设置，其他气象参数值均采用系统默认值。

2.2.1.2　模拟结果验证

对比表 2-5、图 2-19 中各测点的风速模拟值与实测值可以发现，虽然模拟结果中的风速均比实测值偏大 0.3～0.6m/s，但各测点之间的数值变化趋势完全相同，这说明 ENVI-met 软件对于围合住区街道的风环境模拟还是较为准确的。模拟时的地面粗糙度参数要低于实际测试区域，导致模拟的风速偏大；同时，ENVI-met 只能模拟风速及风向固定不变的情况，无法模拟逐时改变的风场，这一局限性对于模拟结果也存在着一定影响。除此之外，还存在风速的瞬时改变较大，较难精确记录等问题。这些原因综合导致了实测数据与模拟数据存在差异。鉴于本章模拟研究的重点在于街道空间的形态因素对于街道风环境的影响，通过模拟具有不同形态的街道空间模型，对输出的风速进行对比分析，因此只要保证模拟时的条件设置完全相同，就可以确定模拟结果的差异是由于街道模型空间形态的变化所导致的，研究的重点也更倾向于不同街道空间风环境之间的差异及变化趋势，因此ENVI-met软件完全可以满足本章的模拟研究需求。

表2-5　ENVI-met软件模拟风速验证统计表　（单位：m/s）

测点编号	模拟值	实测值	差值
a1	2.68	2.34	0.34
a2	2.09	1.65	0.44
b1	2.73	2.19	0.54
b2	1.54	0.99	0.55
b3	1.44	0.84	0.6
b4	2.43	2.04	0.39
c1	2.95	2.66	0.29
c2	2.01	1.4	0.61
d3	0.39	0.14	0.25

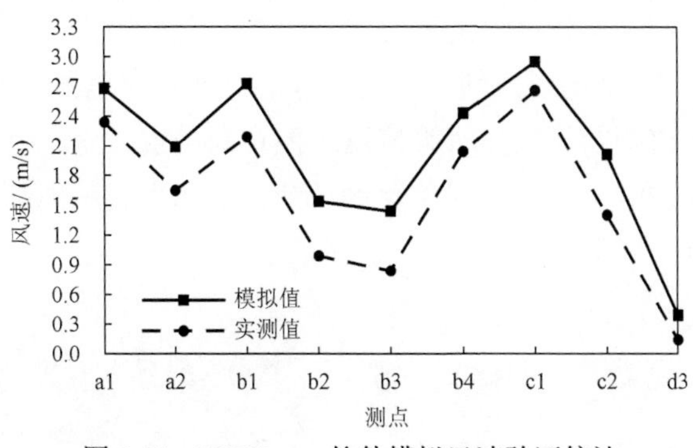

图2-19　ENVI-met软件模拟风速验证统计

2.2.2　街道朝向与微气候

在模拟研究街道空间形态对微气候的影响作用时，距地面10m高度处的风速选用冬季平均风速3.0m/s，主导风向为哈尔滨冬季主导风向西南风。在研究街道朝向以及街道高宽比对风环境的影响时，水平方向采用2m的单元网格，垂直方向采用2m的单元网格，模拟区域的网格数量为100×90×30。在研究立面连续性对风环境的影响时，由于对水平方向的模拟精度要求较高，因此水平方向改采用1m的单元网格，垂直方向仍采用2m的单元网格，模拟区域的网格数量为200×180×30。模拟时的环境及气象参数设置如表2-6所示。

表2-6　ENVI-met模拟参数设置

设置参数	设置数值
距地面10m高度处风速	3.0m/s
风向	225°（西南风）

注：其他气象参数均采用前文软件有效性验证时的参数值。

图 2-20 为将南北朝向的街道每次旋转 15°后得到的 12 个不同朝向街道的风环境模拟结果，从图中可以发现，不同朝向的街道在行人高度处的风环境差异十分明显。当模拟的主导风向为西南风（风向为 225°）时，北偏东 30°～60°街道的风速明显大于其他街道，这是因为这一范围内的街道朝向与主导风向平行或接近平行，街道空间犹如突然变窄的通道，使风受到不同方向的挤压，加速穿过街道，出现“狭管效应”导致风速较大。北偏西 30°～60°街道的风速明显小于其他街道，这是因为这一范围内的街道朝向与主导风向垂直或接近垂直，街道两侧建筑可以有效地抵御来风，阻碍气流运动，因此街道内风速明显较小。

图 2-21 为不同朝向街道内的测点位置示意图。与实测位置有所区别的是，为了使模拟结果的差异更加直观，测点选择在距离街旁建筑 1m 左右位置，以对比不同街道空间形态对于风环境的影响。观察图 2-22 不同朝向街道的测点风速可以发现，在不同朝向街道的相同位置，北偏西朝向的街道风速均小于北偏东朝向，差值最大可以达到 4.1m/s。其中，北偏东 30°～60°街道的风速均超过 4.0m/s，但这一朝向范围内风速差异很小；而北偏西 45°街道的风速最小，只有 0.06m/s，基本处于无风状态。

对比表 2-7 中不同朝向街道内的测点风速数据发现，当主导风向为西南风时，在北偏东 0°（南北朝向）～45°街道内两侧相对位置的风速存在差异，差值在 0.1m/s 左右，虽然这一范围内的街道朝向与风向较为接近，但存在一定夹角，可能会导致进入街道两侧的风量不同，从而影响了两侧相对位置的风速；而当街道朝向超过北偏东 45°，街道内两侧的风速基本没有区别。

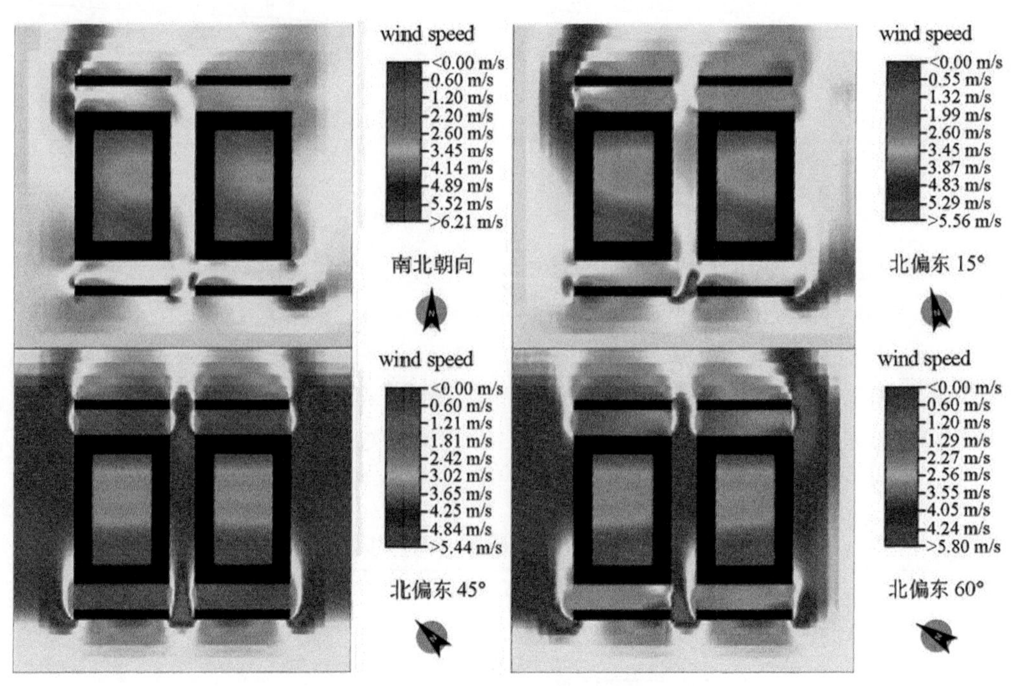

图 2-20　不同朝向街道风环境模拟结果

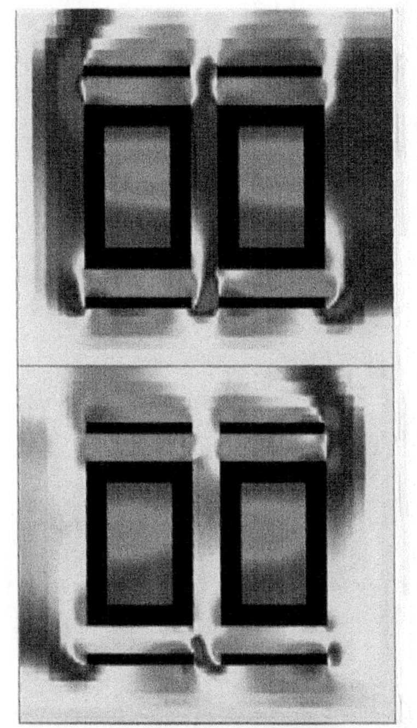
wind speed
<0.00 m/s
0.59 m/s
1.19 m/s
1.78 m/s
2.07 m/s
2.36 m/s
2.56 m/s
4.15 m/s
4.74 m/s
>5.33 m/s
北偏东 30°
wind speed
<0.00 m/s
0.64 m/s
1.29 m/s
1.92 m/s
2.00 m/s
2.22 m/s
3.06 m/s
4.51 m/s
5.15 m/s
>5.80 m/s
北偏东 75°

wind speed
<0.00 m/s
0.68 m/s
1.86 m/s
2.04 m/s
2.72 m/s
3.41 m/s
4.09 m/s
4.77 m/s
5.45 m/s
>6.13 m/s
东西朝向

wind speed
<0.00 m/s
0.57 m/s
1.15 m/s
1.70 m/s
2.27 m/s
2.83 m/s
3.40 m/s
3.96 m/s
4.52 m/s
>5.10 m/s
北偏西 45°

wind speed
<0.00 m/s
0.59 m/s
1.80 m/s
1.96 m/s
2.65 m/s
3.26 m/s
3.84 m/s
4.56 m/s
5.22 m/s
>5.66 m/s
北偏西 75°
wind speed
<0.00 m/s
0.62 m/s
1.22 m/s
1.83 m/s
2.44 m/s
3.06 m/s
3.96 m/s
4.27 m/s
4.80 m/s
>5.48 m/s
北偏西 30°

wind speed
<0.00 m/s
0.62 m/s
1.23 m/s
1.85 m/s
2.46 m/s
3.00 m/s
3.69 m/s
4.31 m/s
4.52 m/s
>5.54 m/s
北偏西 60°
wind speed
<0.00 m/s
0.66 m/s
1.32 m/s
1.97 m/s
2.63 m/s
3.29 m/s
3.95 m/s
4.60 m/s
5.26 m/s
>5.92 m/s
北偏西 15°

图 2-20　（续）

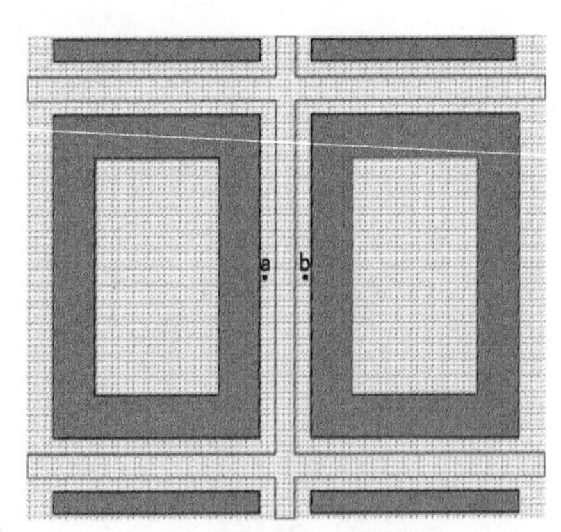

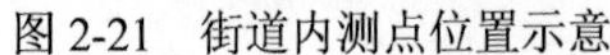

图 2-21　街道内测点位置示意

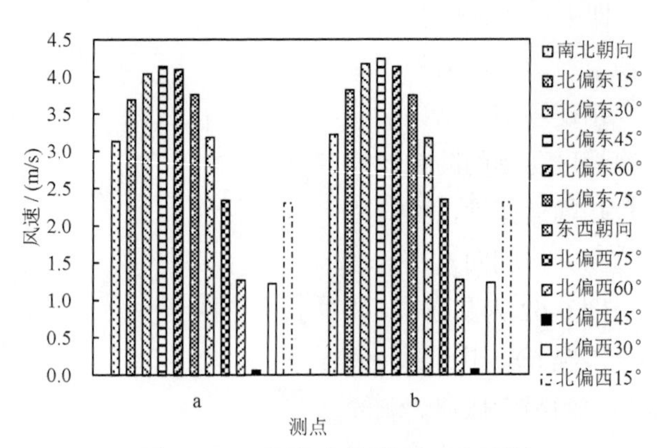

图 2-22　不同朝向街道内风速对比

表 2-7　不同朝向街道内测点风速　　（单位：m/s）

测点	南北朝向	北偏东 15°	北偏东 30°	北偏东 45°	北偏东 60°	北偏东 75°
a	3.13	3.69	4.04	4.14	4.10	3.76
b	3.22	3.82	4.17	4.24	4.13	3.75
测点	东西朝向	北偏西 75°	北偏西 60°	北偏西 45°	北偏西 30°	北偏西 15°
a	3.18	2.34	1.27	0.06	1.22	2.30
b	3.17	2.35	1.27	0.07	1.23	2.31

对于严寒地区冬季来说，较大的风速会使街道热环境状况较差，直接降低行人的舒适度，而风速过小不利于冬季空气污染物颗粒的扩散，因此，北偏东 45°以及北偏西 45°街道较不利于围合住区街道保持良好的街道环境。

2.2.3　街道高宽比与微气候

图 2-23 为当街道的高宽比在 0.8～1.3 范围内变化时，街道风环境的模拟结果。虽然从图中可以看出不同高宽比街道的风环境差异，但区别并不是十分明显，通过图 2-24 可知，当街道高宽比在 0.8～1.3 范围内时，随着高宽比不断增大，风速也随之增加。这是由于空气不能大量堆积于某一处，因此当空气由较为开阔的区域流入较为狭窄的街道空间内，空气受到挤压导致流动速度加快；高宽比越大的街道空间越为狭窄，气流受到的挤压作用也越强烈，因此风速越大。

表 2-8 为不同高宽比街道内测点的风速。可以发现，街道高宽比每增加 0.1，街道中心测点的风速也相应增加 0.1m/s，其中高宽比为 1.3 的街道与高宽比为 0.8 街道中心的风速差值可以达到 0.5m/s；而当街道内两侧相对位置的风速存在差异时，高宽比越大，两侧风速的差值也越大。由于模拟时没有考虑道路上车辆行驶等对风环境的影响，根据上文实测分析可知，当围合住区街道内行驶车辆较多时，高宽比仅相差 0.1 时，风速差值就可以达到 0.3m/s 甚至更多。因此，虽然街道高宽比对于风环境的影响不及街道朝向那样明显，但其影响作用也不容小觑。

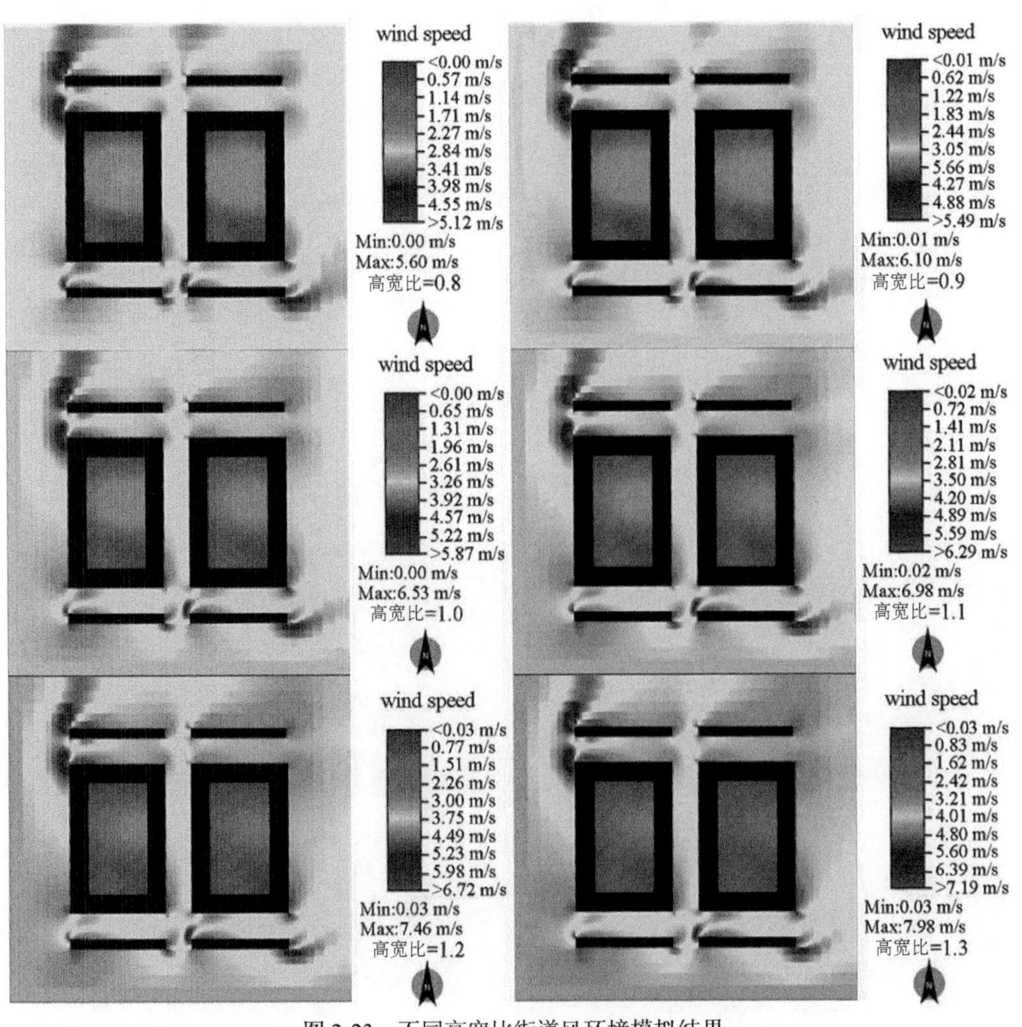

图 2-23　不同高宽比街道风环境模拟结果

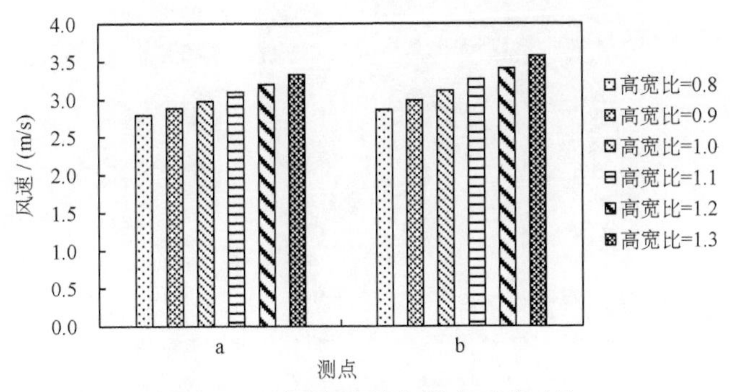

图 2-24　不同高宽比街道内风速对比

表 2-8　不同高宽比街道内测点风速　　（单位：m/s）

测点 \ 高宽比	0.8	0.9	1.0	1.1	1.2	1.3
a	2.80	2.89	2.98	3.10	3.20	3.33
b	2.87	2.99	3.12	3.27	3.41	3.58

2.2.4　街道立面连续性与微气候

1. 门洞口对风环境的影响

图 2-25 为当门洞口宽度不同时，街道风环境的模拟结果。可以看出，洞口对于街道风环境影响较为明显的范围是在洞口周围，洞口周围的风速存在明显衰减；洞口宽度不同时，洞口对周围风速的影响距离不同：当洞口宽度为 3m 时洞口的影响距离为距洞口中心 9m，当洞口宽度为 6m 时影响距离为距洞口中心 13m，即洞口宽度每增加 1m，洞口对于周围的影响距离也随之增加 1m 左右。

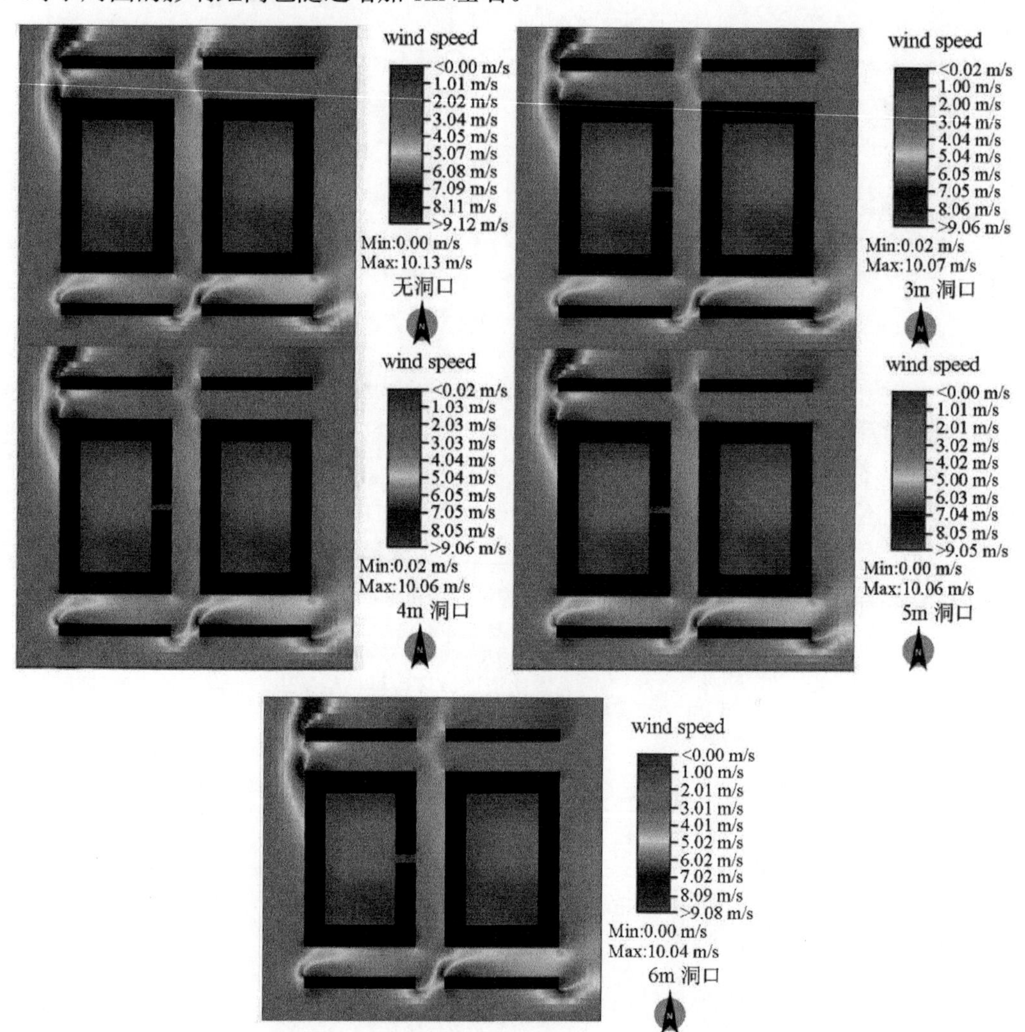

图 2-25　不同门洞口尺度下的风环境模拟结果

如图 2-26 所示，在洞口侧及对侧分别设置 5 个测点，其中 a1、a5 位于洞口旁立面前，a2、a4 位于洞口边缘，a3 位于洞口中心前；b1～b5 分别位于洞口对侧的 a1～a5 相对位置。

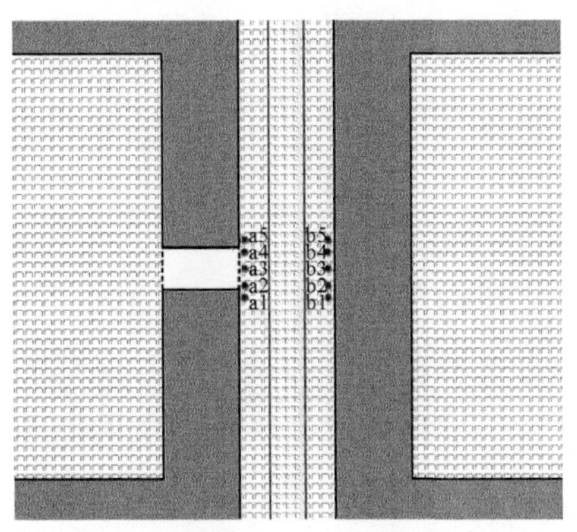

图 2-26 街道内洞口附近测点位置示意

通过图 2-27、表 2-9 可知，当街道立面存在门洞口时，洞口附近的风速会出现明显衰减，对于相同测点来说，有无洞口时的风速差值可以达到 1.0m/s，当洞口宽度增加时，洞口侧的测点风速随之减小，洞口每增加 1m，洞口及周围 1m 范围内的风速减小 0.1m/s 左右。

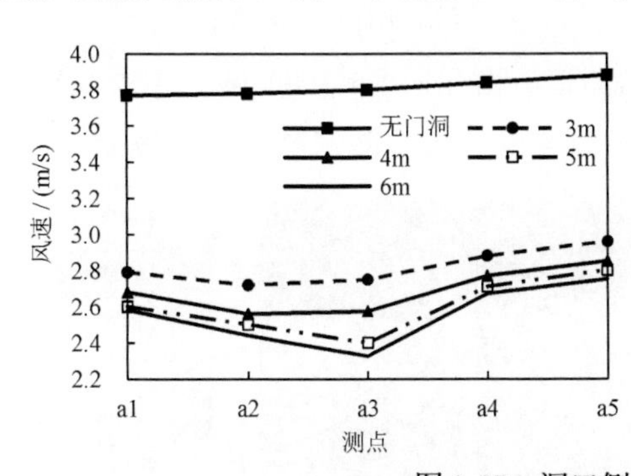

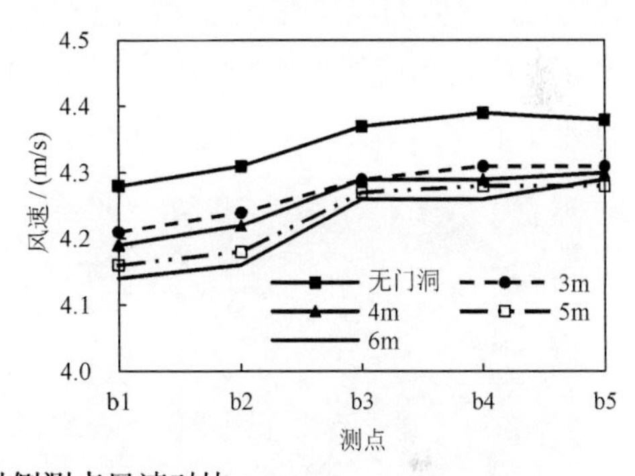

图 2-27 洞口侧及对侧测点风速对比

洞口对于其对侧接收点的风速也存在影响。当存在洞口时，对侧接收点的风速比无洞口时减小了 0.1m/s；但是洞口宽度对于对侧风速的影响较小，不同宽度时的测点风速仅相差不到 0.1m/s。由于主导风向为西南风，因此当街道内无洞口时，测点的风速自南向北逐渐增大，当街道内存在洞口时，除洞口中心位置的风速衰减较为明显之外，其他测点的风速变化趋势与无洞口时相同。因此可知，当街道沿街开口形式为洞口时，宽度较大的洞口附近风速明显降低，同时影响距离也较远。

表 2-9 不同洞口尺度下的测点风速 （单位：m/s）

洞口宽度 \ 测点	a1	a2	a3	a4	a5	b1	b2	b3	b4	b5
0	3.77	3.78	3.80	3.84	3.88	4.28	4.31	4.37	4.39	4.38
3m	2.79	2.72	2.75	2.88	2.96	4.21	4.24	4.29	4.31	4.31
4m	2.68	2.56	2.58	2.77	2.85	4.19	4.22	4.29	4.29	4.30
5m	2.60	2.50	2.40	2.71	2.80	4.16	4.18	4.27	4.28	4.28
6m	2.58	2.44	2.33	2.67	2.75	4.14	4.16	4.26	4.26	4.29

2. 内院入口对风环境的影响

图 2-28 为当内院入口宽度不同时街道风环境的模拟结果，内院入口对于街道风环境

的影响范围要大于门洞口，同时当街道存在入口时，街道内的风速波动更加明显。

如图 2-29 所示，在入口侧及对侧分别设置 5 个测点，其中 a1、a5 位于入口旁立面前，a2、a4 位于入口边缘，a3 位于入口中心前；b1～b5 分别位于入口对侧与 a1～a5 相对的位置上。

通过图 2-30、表 2-10 可知，当街道沿街开口为入口时，入口侧的风速出现明显衰减。由于主导风向为西南风，当街道内无入口时，测点的风速自南向北逐渐增大，各测点之间差值较小。但是当街道内存在内院入口时，由于入口宽度较大，街道内的一部分气流会由入口进入内院；当风吹向入口时，风会绕过迎风侧的建筑形成风速突变区域，因此 a1、a2 风速降低十分明显，与无入口时相比，风速的衰减值可达到 1.2～1.6m/s。同时，由于入口处风压较低，东北方向的空气也会向入口处流动，因此局部可能会形成涡流风或回流风，从而对风速产生影响，所以 a4 风速明显较高，并且每当入口宽度增加 1m，突变区域与入口中心的风速差值也相应增大 0.1m/s。入口对于对侧的风速影响十分有限，有无入口时，迎风测点 b1、b2 风速最多相差 0.5m/s，且 b4、b5 风速与无入口时相差较小；同时，对侧的风速变化与入口侧相同，即入口宽度每增加 1m，突变区域与入口中心的风速差值也相应增大 0.1m/s。由此可知，当街道沿街开口形式为内院入口时，入口附近风速虽然明显降低，但风速波动较大，且入口宽度越大，两侧风速差值越大。

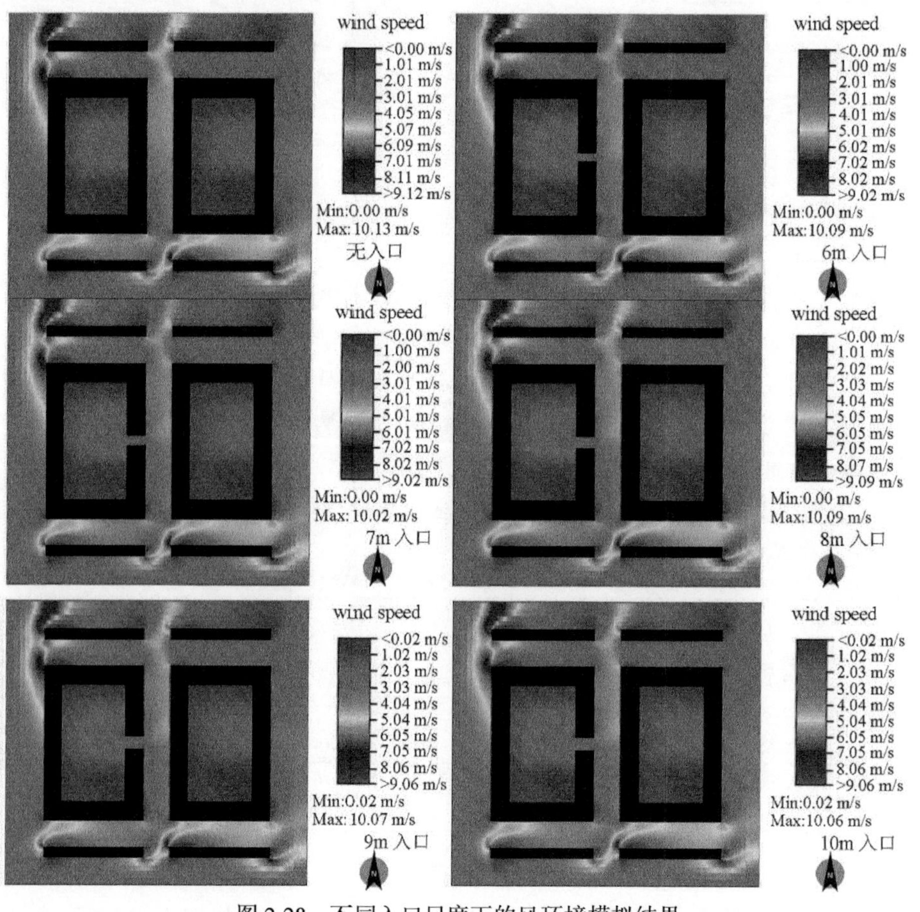

图 2-28　不同入口尺度下的风环境模拟结果

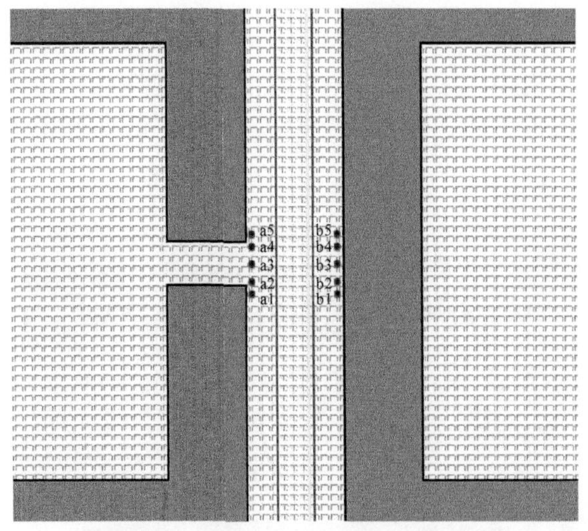

图 2-29　街道内入口附近测点位置示意

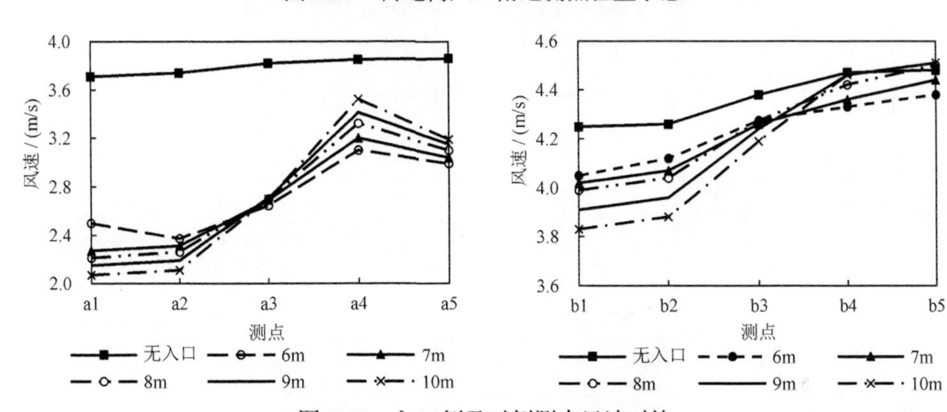

图 2-30　入口侧及对侧测点风速对比

表 2-10　不同入口尺度下的测点风速　　（单位：m/s）

测点 入口宽度	a1	a2	a3	a4	a5	b1	b2	b3	b4	b5
0	3.71	3.74	3.82	3.85	3.86	4.25	4.26	4.38	4.47	4.48
6m	2.50	2.37	2.65	3.1	2.99	4.05	4.12	4.28	4.33	4.38
7m	2.27	2.31	2.69	3.2	3.04	4.02	4.07	4.26	4.36	4.44
8m	2.21	2.26	2.70	3.32	3.1	3.99	4.04	4.28	4.42	4.50
9m	2.15	2.19	2.71	3.41	3.15	3.91	3.96	4.24	4.46	4.51
10m	2.07	2.11	2.70	3.52	3.19	3.83	3.88	4.19	4.46	4.51

3. 门洞口及内院入口差异分析

通过图 2-31 可知，当街道存在的门洞口及内院入口宽度相同时，街道内整体风环境十分接近。由于洞口的围合程度较高，因此洞口处基本无风；虽然内院入口处的风速也不大，但要明显大于洞口处。对比图 2-32 沿街开口附近的测点风速可以发现，当宽度相同时，入口周围平均风速要大于门洞口，差值约为 0.2m/s；由于西南风吹向入口时会绕过迎风侧的建筑使入口外侧东南角风速骤减，同时东北方向的空气也会向入口回流并使局部风速变大，因此入口侧的风速波动要明显大于洞口侧，而沿街开口对侧的风速却十分接近，平均风速完全相同，只是入口附近测点的风速波动稍大。但沿街开口形式不同时，相同测点的风速相差不足 0.1m/s。这说明虽然沿街开口形式对其周围风环境存在影响，但影响范围较为局限。

图 2-31　洞口及入口风环境模拟结果图

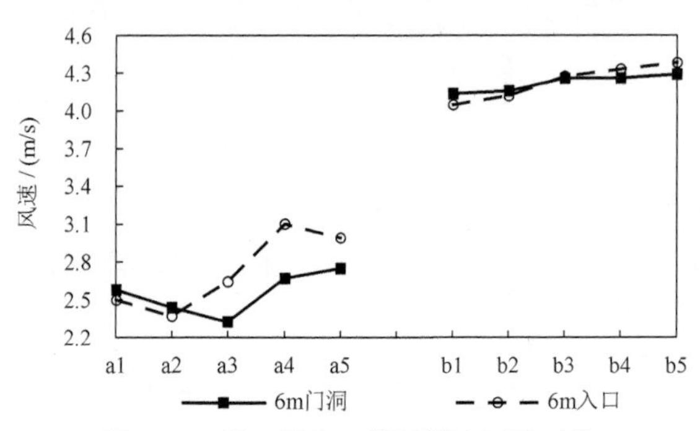

图 2-32　洞口及入口附近测点风速对比

2.3　住区街道空间设计策略

2.3.1　街道朝向设计

通过实测与模拟分析研究发现，街道朝向对街道热环境的确存在影响。研究首先选取哈尔滨围合住区最典型的两个街道朝向，北偏东 45°以及北偏西 45°，进行冬季实测发现：在同一住区范围内，北偏西 45°街道内的空气温度和黑球温度均比北偏东 45°低 1.5℃左右，且温度波动明显较小。由于围合住区冬季大多采取集中供热，因此两条街道的温度差异主要由太阳辐射量所影响。如图 2-33 所示，当冬季的太阳高度角较小时，北偏东 45°～北偏西 45°朝向的街道大部分均处于建筑阴影中，缺乏直接的太阳辐射，因此日间温度较低同时温度波动也较小；相比较而言，北偏西 45°～北偏东 45°朝向的街道则有更好的日照，能获得更多的太阳辐射，使街道内温度较高，冬季热环境状况相对较好。

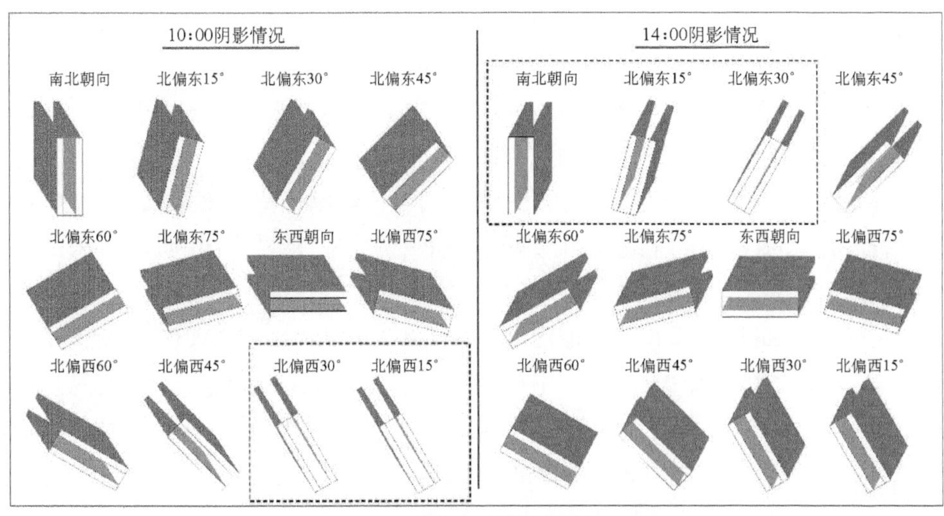

图 2-33　不同朝向街道日照情况对比

街道风速实测及 ENVI-met 模拟结果均表明，在不同朝向的街道内，行人高度处的风速差别较大。当主导风向为西南风时，北偏西方向的街道风速均小于北偏东方向，其中北偏东 30°～60°的街道内风速较大，街道中心风速均超过 4.0m/s，街道入口处部分风速超过 5.0m/s；北偏东 45°街道内风速最大，北偏西 45°街道内的风速最小，基本处于无风状态。虽然北偏东方向的街道内风速要大于北偏西方向，但通过表 2-11 可以知道，其风速仍在微风等级范围内波动，行人对于风速的感觉仍然较为舒适。由于住区居民对于冬季街道内的日照情况及风速变化尤为敏感，因此，在舒适范围的基础上尽可能适当降低风速，对于提高行人舒适度仍然有明显效果。值得注意的是，由于严寒地区冬季寒冷，供暖期较长，在建筑供暖期间会排放大量的 CO_2 以及固体颗粒等空气污染物，风速过小或无风状态并不利于污染物的扩散。因此，考虑到空气质量及行人舒适度的街道朝向范围是北偏西 30°～北偏东 30°、北偏东 60°～北偏西 60°。综合考虑朝向对于街道热环境的影响作用，当冬季主导风向为西南风时，在北偏西 30°～北偏东 30°朝向范围内，围合住区街道的日照及风速状况均较为良好。

表 2-11　人行高度（距地面 1.5m）处风速分级及现象（张相庭，2006）

序号	名称	风速/（m/s）	呈现状态
0	无风	0～0.28	静，烟直上
1	软风	0.28～1.11	烟示风向，烟能表示风向，但风向标不能转动
2	轻风	1.11～2.50	感觉有风，树叶微有声响，人面感觉有风
3	微风	2.50～4.17	旌旗展开，树叶及微枝摆动不息，旗帜展开
4	和风	4.17～6.11	吹起尘土，树的小枝摇动，能吹起地面灰尘和纸张
5	清风	6.11～8.33	小树摇摆，有叶的小树枝摇摆，内陆水面有小波
6	强风	8.33～10.56	电线有声，大树枝摇动，电线有呼呼声，打雨伞行走有困难
7	疾风	10.56～13.33	步行困难，全树摇动，迎风步行感觉不便
8	大风	13.33～16.11	折毁树枝，树的细枝可折断，人迎风行走阻力甚大
9	烈风	16.11～18.89	小损房屋，建筑物有损坏（烟囱顶部及屋顶瓦片移动）

2.3.2　街道高宽比设计

现场实测与模拟分析研究结果表明，在一定范围内，街道的温度会随街道高宽比的增加而降低，风速则随之增加。与高宽比为 1.0 的街道相比，高宽比为 1.1 的街道平均气温下降了 0.1℃，高宽比为 1.2 的街道内平均气温则下降了 0.3℃，这说明街道高宽比每增加 0.1，街道内的平均温度会降低 0.1～0.2℃。从图 2-34 可以看出，高宽比较大的街道相对狭窄，在相同时刻可以获得的太阳辐射较少，而街道内的阴影面积更大，因此在冬季，高宽比较大的街道内温度相对较低。同时，当街道高宽比在 0.8～1.3 范围内时，高宽比每增加 0.1，街道中心的风速增量在 0.1m/s 以上，建筑的角隅效应也更加明显，如果街道内交通车辆较多，这一差异会更加明显。与此同时，当街道宽度一定时，高宽比越大说明街道两侧的建筑越高，建筑阴影的面积也会更大，过大的阴影面积甚至会阻碍相邻街道对于太阳辐射的接收情况，对于街道所在片区的热环境情况也会有所影响。因此在一定范围内，街道的高宽比越小，街道的冬季热环境越好。

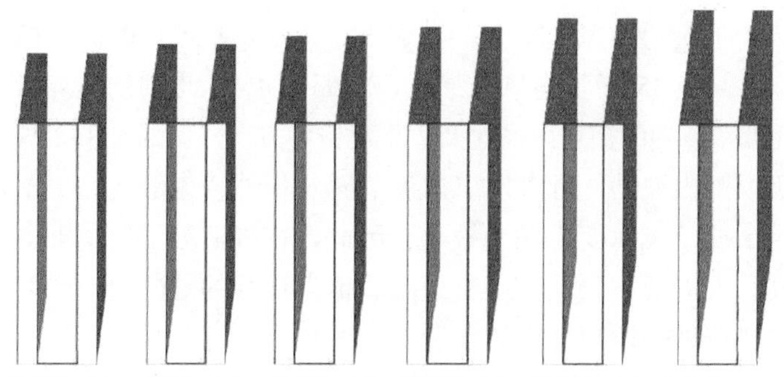

图 2-34　不同高宽比街道日照情况对比

综上所述，当街道高宽比在 0.8～1.3 范围内时，街道高宽比越小，街道内的热环境越好，因此，在满足城市规划、城市交通等有关规定的前提下，适度降低街道高宽比，更利于改善围合住区街道的冬季热环境。如图 2-35 所示，在对围合住区进行设计时，如果街道宽度无法改变，那么可以适当降低建筑层数，或者在保证建筑层数的基础上，适当降低层高，从而降低建筑总高度；也可以对住区内的建筑高度进行分级设计，将高度较低的建筑沿主要街道两侧或太阳入射侧设置，从而降低街道空间的高度；当建筑高度无法改变时，可以适当增加街道宽度，在设计时尽量不设置单行车道，同时对人行街道进行适当拓宽，这样既为住区居民提供了足够的交通及交往空间又能减小街道空间的高宽比数值。建议在较大高宽比的街道内种植足够数量的行道树，以抑制风速，减少寒风对行人的影响；在迎风侧的人行街道适当设置绿篱、书报亭、导向标识牌、街道环境设施等，以阻挡冬季的凛冽寒风，营造一个相对舒适的行人活动区域。

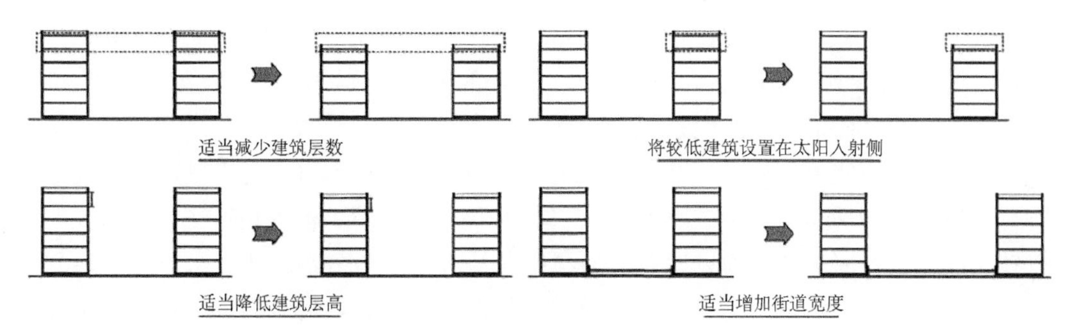

图 2-35　减小街道高宽比的设计方法

2.3.3　街道立面连续性设计

通过现场实测与模拟分析研究发现，当街道内存在沿街开口时，开口附近的空气温度均略高于无沿街开口时，其中由于门洞尺度较小，因此有无门洞时的温度差异并不明显，差值为 0.2℃左右，但有无入口的温度差值可以达到 1.0℃，同时，开口附近的黑球温度明显偏高 1.5～4.0℃，最大甚至可以达到 6.0℃。这与严寒地区实施冬季供暖有直接关系，当严寒地区住宅实施冬季供暖时，建筑表面的温度明显高于空气温度，因此表面存在热辐射。由于围合组团的内院相对封闭，相同时间内在内院中损失的建筑辐射热量少于在街道内的损失量，而门洞及内院入口的存在又增加了建筑的外表面积，使开口处建筑的散热面积更大，因此与内院相通的入口附近黑球温度明显高于街道内其他测点。通过图 2-36 可以发现，当街道内存在内院入口时，在某一时段内，阳光可以从入口照射进街道，使入口周围接收的太阳辐射量增加，从而使入口周围的温度明显升高。内院入口宽度越大，街道内入射的太阳辐射越多；当一条街道内存在多个内院入口时，街道的太阳辐射总量明显增加，平均黑球温度也明显升高。

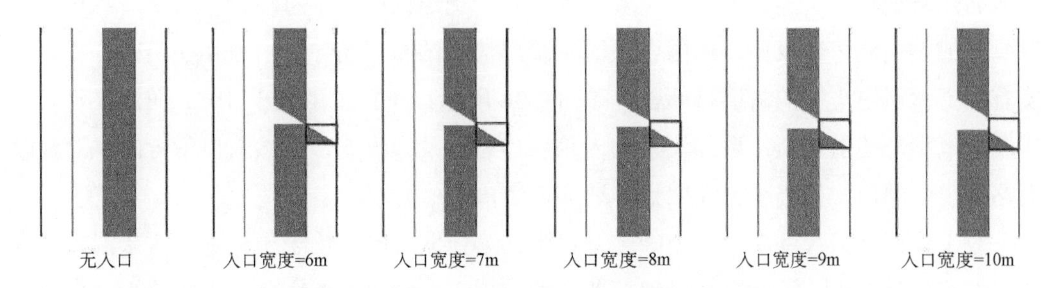

图 2-36　不同尺度的内院入口日照情况对比

当街道存在沿街开口时，开口附近的风速会发生明显衰减，如果开口形式为门洞口，那么有无洞口时洞口侧的风速差值可以达到 1.0m/s，并且随着洞口宽度每增加 1m，洞口及周围 1m 范围内的风速减小 0.1m/s。当开口形式为内院入口时，有无入口时入口侧的风速差值可达到 1.6m/s，虽然入口附近的风速明显降低，但入口两侧的风速却存在较大差异，这一差异与街道的主导风向以及入口宽度均有关系，入口宽度每增加 1m，突变区域与入口中心的风速差值也相应增大 0.1m/s。但研究发现，无论沿街开口形式是门洞口还是内院入口，其影响范围均存在局限，开口对侧的风速只比无开口时减小了 0.1～0.2m/s，而开口宽度对于对侧风速基本没有影响。

当沿街开口宽度相同时，开口形式是门洞口还是内院入口，对于风速也存在一些影响。如图 2-37 所示，虽然街道内的整体风环境较为接近，但入口所在街道的风波动性较大，且入口周围的平均风速大于门洞口，差值约为 0.2m/s。由此可以知道，立面连续性的改变，即街道内是否存在沿街开口以及开口形式均会对街道热环境产生较大影响。

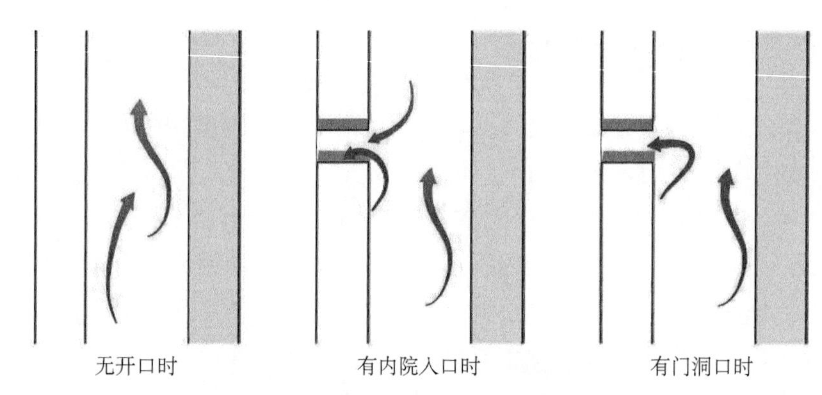

图 2-37　不同沿街开口风环境情况对比

综上所述，当街道存在沿街开口时，街道的冬季热环境更好。因为当立面存在开口时，建筑外表皮面积增加，使建筑散热量增加；同时在一定时间段，阳光可以从开口射进街道，增加开口附近的太阳辐射量。在两种情况的综合影响下，开口附近的黑球温度升高，可以提升开口附近行人的温度感觉评价，同时由于开口附近的风速又较小，因此行人的热舒适较好。当街道内存在多个入口时，街道内的太阳总辐射量与平均温度也有明显增加。由此可以发现，由围合住区建筑周边式的布局而导致街道存在沿街开口，其实有利于营造出更好的街道热环境。如图 2-38 所示，当立面存在开口时，在满足设计要求及规范标准的前提上，更建议采用内院入口这种开口形式，虽然入口附近的风速波动会略大于门洞口，但仍在行人感到舒适的范围内。

对于沿街开口尺度来说，当确定开口形式为门洞口时，由于洞口宽度对于温度、风速的影响效果很小，因此在满足规范要求的前提下，洞口宽度完全可以依照设计意愿进行设置，在设置沿街商铺时，尽量利用门洞周围较好的热环境，同时避免在门洞口对侧的影响范围内设置商铺入口即可；当确定开口形式为内院入口时，由于入口宽度每增加 1m，入口周围的风速波动也相应增大 0.1m/s。因此，在满足防火、疏散及日照等规范要求基础上，应避免设置较大的内院入口，但可以在同一街道设置多个内院入口（如图 2-38 所示），合理增设内院入口不仅可以方便居民出入、保障街道活动的连续性，而且可以增加街道接收的太阳辐射热，从而提高街道的热舒适。

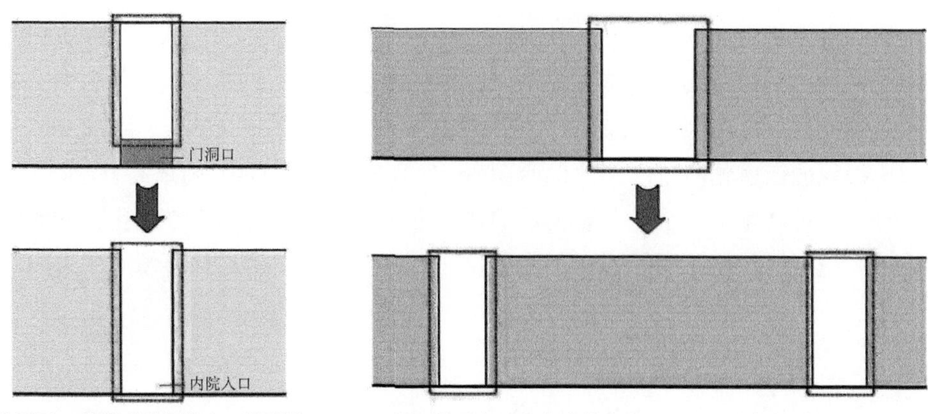

立面开口尽量采用内院入口的形式　　尽可能避免过大宽度的内院入口，同时合理增设内院入口

图 2-38　立面开口设置的改善方法

街道朝向、街道高宽比与立面连续性不仅可以单独作用于街道的热环境，当街道空间的形态变化复杂时，这些形态因素还会互相影响、相互制约，其各自的影响程度也会因客观环境不同而发生变化。因此在城市规划及建筑设计时，如果发现某一形态因素的设计结果并不利于使街道具有良好的热环境，那么应充分利用不同形态因素对于街道热环境的综合作用，通过对其他相关形态因素进行优化设计从而保证街道整体的热环境质量。例如：当街道高宽比无法减小时，由于较大高宽比街道内的冬季温度较低，风速较大，这时可以通过合理增设内院入口的方法，增加街道内接收的太阳辐射，提升街道的平均温度。

2.4　本章小结

本章利用现场实测及数值模拟的研究方法对住区街道空间形态与微气候环境之间的关系进行了深入研究，分别研究了街道朝向、街道高宽比、立面连续性对街道微气候环境的影响作用，并基于研究结果提出了基于微气候环境改善需求的街道空间设计策略。

（1）通过对典型围合住区街道进行实测，发现不同的街道空间形态对于街道热环境的确存在影响：在哈尔滨冬季，北偏东 45°街道内热环境要优于北偏西 45°街道，同时在一定范围内，街道的温度会随街道高宽比增加而降低，风速则随之增加。当街道内存在沿街开口时，开口附近的空气温度及黑球温度均要高于无开口时，且开口附近的平均风速会发生衰减。因此，立面连续性的改变以及开口形式均会对街道热环境产生较大影响。

（2）通过 ENVI-met 对不同形态及尺度的围合住区街道进行风环境模拟，研究发现：不同朝向街道的风环境差异十分明显，当主导风向为西南风时，北偏西朝向街道的风速均小于北偏东朝向，行人高度处的风速差值最大可以达到 4.0m/s 以上；其中北偏东 30°～60°街道的风速较大，北偏西 45°街道的风速最小。同时，街道高宽比在 0.8～1.3 范围内时，街道高宽比每增加 0.1，街道中心的风速相应增加 0.1m/s。当街道存在沿街开口时，开口附近及对侧的风速均出现衰减，但内院入口周围的平均风速要大于门洞口，差值在 0.2m/s 左右，且入口两侧的风速差异较大。

（3）最佳的街道朝向范围为北偏西 30°～北偏东 30°；同时，街道高宽比在 0.8～1.3 范围内时，街道高宽比越小，冬季街道的热环境越好；当街道内存在沿街开口时，街道的冬季热环境更好，但不同的开口形式以及开口尺度均会对街道热环境产生影响。

第3章　住区建筑布局与微气候

3.1　住区建筑布局对微气候影响的实测研究

3.1.1　实测方案

3.1.1.1　测试地点及测点布置

为了比较滨江居住小区及内陆居住小区的公共空间热环境差异，测试选取两处水平距离为3000m的居住小区，两个小区均位于哈尔滨城市中心区域，建筑密度相近且下垫面相同，以避免城市热岛效应本身导致的差异对测试结果造成影响。其中，滨江居住小区为位于道里区的河松小区、观江首府和河源小区，距离松花江南界395m，北临顾乡公园，河松小区内主要为围合式布局，观江首府内为行列式布局，河源小区内为行列式布局，住区内建筑朝向均为南偏东10°，建筑密度为26.76%；内陆居住小区为位于南岗区的宏业小区，距离松花江南界3200m，小区内均为围合式、行列式布局，建筑朝向为南偏东29°，建筑密度为26.59%。测试期间松花江江面结冰，且覆盖大量积雪，公园及住区内乔、灌木均已落叶。

测试共设置10个测点，其中，滨江小区内共布置8个测点，内陆小区内布置2个测点，测点编号及位置如图3-1所示。

（a）滨江居住小区测点布置　　（b）测试小区卫星图　　（c）内陆居住小区测点布置

图3-1　测点布置示意图

3.1.1.2　测试方法及仪器设备

测试时间为2016年1月14日9：00至17：00。中央气象台发布的气象数据显示，当日天气晴，空气温度为–27.9～–17.2℃；相对湿度为17.7%～40.9%。风速为0.23～2.09m/s，平均风速为0.91m/s，主风向为东北。太阳总辐射强度为0～628W/m^2，太阳散射辐射为0～163W/m^2。测试当日具备哈尔滨市冬季典型气候条件。

采用定点测试的方法，测试内容为居住小区内距地面1.5m高度处的空气温度、黑球温度以及风速风向。测试仪器包括温湿度采集记录器、黑球温度采集记录器和手持式风速仪，详细参数见表3-1。测试前已对仪器进行校准与比对，确认误差在可接受范围内。仪器自动记录数据间隔均为1min，但为了更加清晰地表示测点数据的变化情况，下文数据变化曲线标记为每半小时的平均值。测试中温湿度采集记录器被放置在自制铝箔套筒内，以防止太阳辐射和地面、墙面等环境的长波辐射影响，并与黑球温度采集记录器、手持式风速仪一起用支架固定在距离地面1.5m高度处。测试仪器及周边环境见图3-2。

表3-1　测试仪器技术参数表

仪器名称	仪器型号	仪器精度	测量范围
温湿度采集记录器	BES-02	温度：≤0.5℃ 湿度：≤3% RH	−30～50℃ 0～99% RH
黑球温度采集记录器	BES-01	温度：≤0.5℃	−30～50℃
手持式风速仪	NK4500	风速：≤0.1m/s 风向：≤5°	0.4～60m/s 0～360°

图3-2　测试仪器及周边环境

3.1.1.3　风冷温度计算方法

风冷温度（wind chill temperature，WCT）是综合考虑空气温度和风速对环境寒冷程度影响的评价指标，计算公式为（ISO11079，2007）

$$\mathrm{WCT}=13.12+0.6215t-11.37v_{10}^{0.16}+0.3965tv_{10}^{0.16} \tag{3-1}$$

式中，WCT为风冷温度，℃；v_{10}为标准气象观测站10m高度处风速，km/h；t为空气温度，℃。如果测试为1.5m高度处风速，则应乘以1.5后代入式（3-1）。当v_{10}≤4.8km/h时，可以视为静风状态（Osczevski et al.，2005），此时风冷温度与实际气温相等（Shitzer et al.，2006）。风冷温度对应热感觉分级标准见表3-2。

表 3-2 风冷温度对应热感觉分级（ISO11079，2007）

分级	风冷温度/℃	热感觉
1	−10～−24	寒冷
2	−25～−34	非常寒冷
3	−35～−59	异常寒冷
4	−60 以下	极度寒冷

3.1.2 实测结果分析

3.1.2.1 滨江与内陆居住小区的热环境差异

为了对比滨江与内陆居住小区冬季热环境，选取滨江小区内测点 a1、a2 和内陆小区内测点 b1、b2 进行分析。测点设置说明见表 3-3。

表 3-3 测点设置说明

测点	测点位置	周边环境	居住小区	与江岸间距
a1	围合式布局内部	四周为 7 层住宅	滨江小区	480m
a2	行列式布局内部	南北均为 7 层板式住宅，住宅间距为 35m	滨江小区	540m
b1	围合式布局内部	四周为 7 层住宅	内陆小区	3200m
b2	行列式布局内部	南北均为 7 层板式住宅，住宅间距为 30m	内陆小区	3300m

1. 测点数据逐时变化分析

滨江与内陆居住小区的空气温度与黑球温度逐时变化如图 3-3、图 3-4 所示。滨江小区温度明显低于内陆小区，且午间时段（12∶00～14∶00）温度相差最大。其中，围合式布局空气温度最大差值为 3.8℃，行列式布局最大差值为 4.0℃；围合式布局黑球温度最大差值为 4.1℃，行列式布局最大差值为 7.0℃。对比各测点最高温度出现时间发现，滨江小区内最高温度出现在 13∶30，比内陆小区早 30min。Murakawa 等（1991）的研究结论指出日本大田江沿岸空气温度比远离江水区域大约低 3.0～5.0℃。本研究分析结果为滨江与内陆小区内部空气温度相差约 1.0～4.0℃。虽然本研究地点与气候条件与上述研究有较大不同，但分析结果与其基本一致。

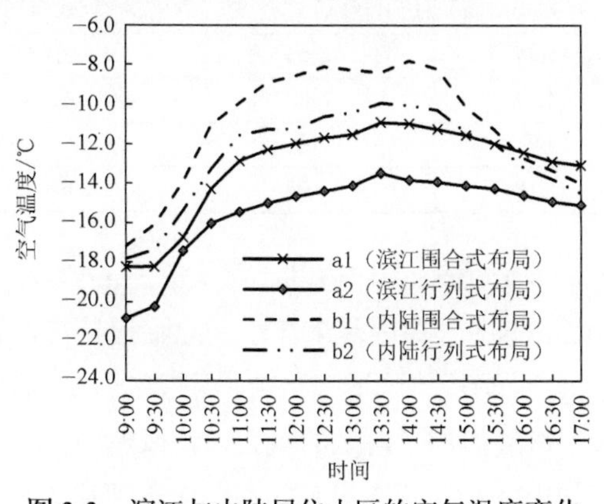

图 3-3 滨江与内陆居住小区的空气温度变化

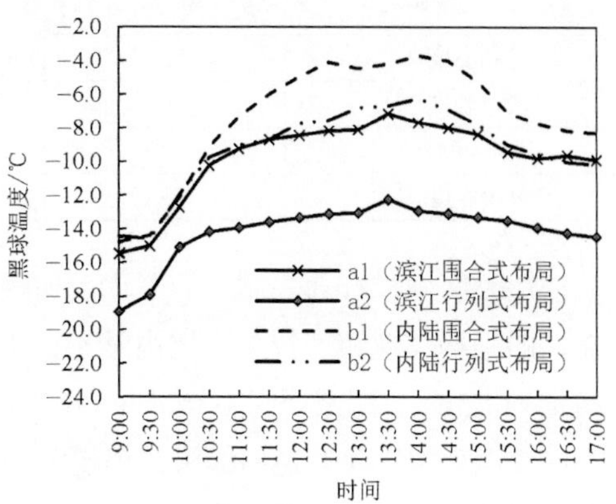

图 3-4 滨江与内陆居住小区的黑球温度变化

滨江与内陆居住小区的风速逐时变化如图 3-5 所示。各测点风速变化曲线波动较大，无明显变化规律。但滨江小区内风速大于内陆小区，其中，围合式布局风速相差较小，而行列式布局风速相差较大，最大可达到 2.0m/s。

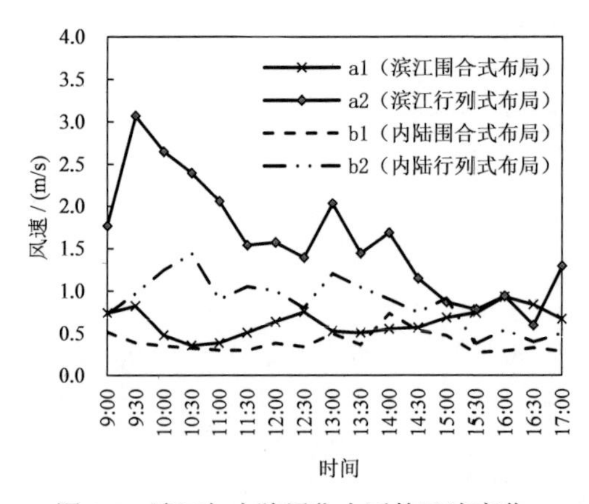

图 3-5　滨江与内陆居住小区的风速变化

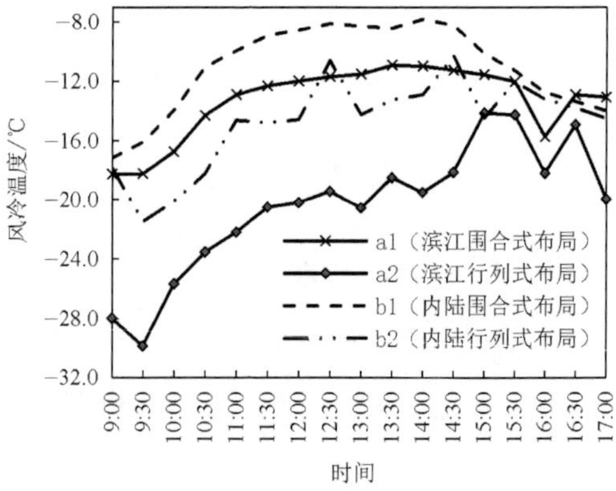

图 3-6　滨江与内陆居住小区的风冷温度变化

滨江与内陆居住小区的风冷温度逐时变化如图 3-6 所示。各测点在 9:00～9:30 时风冷温度达到最低，随后逐渐升高，且各测点间风冷温度差值也随之减小。滨江小区行列式布局风冷温度波动最大，且在 9:30 达到最低值，为−29.84℃，热感觉为非常寒冷。内陆小区风冷温度波动相对平缓，热感觉一直为寒冷。

2. 测点数据平均值分析

滨江与内陆居住小区温度、风速及风冷温度平均值如表 3-4 所示。滨江小区平均空气温度和黑球温度明显低于内陆小区，围合式布局和行列式布局内平均空气温度分别相差 2.06℃和 2.84℃，平均黑球温度分别相差 2.38℃和 4.93℃。形成此温度差值的原因为滨江小区北临松花江，相对开敞，而内陆小区周边建筑密集，相对封闭，居民生活、交通运输、建筑物等向外排放更多热量，且热量难以散失，从而导致温度存在明显差异。

表 3-4　滨江与内陆居住小区测点数据平均值

参数＼测点	a1（滨江围合式布局）	a2（滨江行列式布局）	b1（内陆围合式布局）	b2（内陆行列式布局）
空气温度/℃	−13.12	−15.44	−11.06	−12.60
黑球温度/℃	−9.78	−14.17	−7.40	−9.24
风速/（m/s）	0.63	1.60	0.40	0.87
风冷温度/℃	−13.12	−21.18	−11.06	−12.06

滨江小区中，行列式布局的平均风速最大，为 1.60m/s，比内陆小区大 0.73m/s。围合式布局的平均风速相差较小，比内陆小区大 0.23m/s。其原因是滨江小区北临松花江，该江段宽为 1.3km，测试期间主导风向为东北向，江面形成“风道”，影响了滨江区域。而内陆小区周围建筑密集、道路纵横，粗糙的城市下垫层增加了对风的阻力，使风速降低，从而导致内陆小区内部热量不易散失，这是滨江与内陆小区存在温差的另一个重要原因。

与内陆小区相比，滨江小区的寒冷程度更高，热舒适度更低。滨江小区中，行列式布局和围合式布局的平均风冷温度分别为−21.18℃和−13.12℃，比内陆小区分别低9.12℃和2.06℃。

3.1.2.2　滨江居住小区建筑布局对热环境的影响

1. 测点数据逐时变化分析

为分析滨江居住小区建筑布局对热环境的影响，选取测点c1、c2、c3、c4和a2的测试数据进行分析，测点位置见图3-1（a），测点设置说明见表3-5。

表3-5　滨江居住小区测点设置说明

测点	测点位置	周边环境
c1	小区临江入口处	入口宽度为16m
c2	围合式布局内部	四周为7层住宅
c3	广场中央	四周无建筑遮挡
c4	半围合式布局中央	西侧为8层点式住宅，东侧为7层L形住宅
a2	行列式布局内部	南北均为7层板式住宅，住宅间距为35m

滨江居住小区各测点的空气温度及黑球温度逐时变化如图3-7、图3-8所示。从9:00～11:00，各点空气温度逐渐升高；午间时段（11:00～14:00）气温趋于稳定，且达到最高，随后气温逐渐下降。黑球温度也存在相同的变化规律。温度整体变化趋势与测试期间太阳辐射强度变化趋势基本一致，测点间的温度差值随着太阳辐射强度的提高而增大。

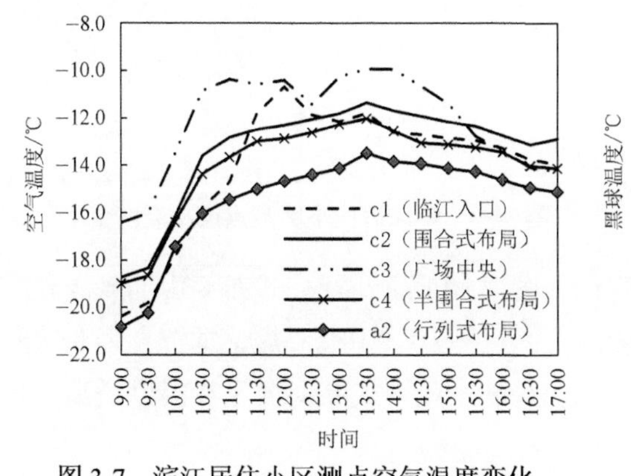

图3-7　滨江居住小区测点空气温度变化

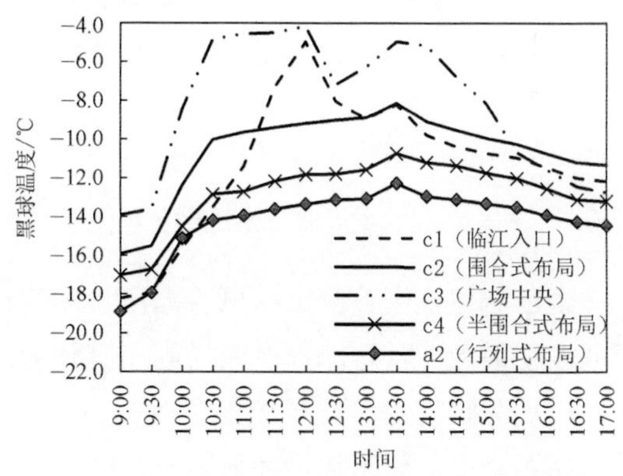

图3-8　滨江居住小区测点黑球温度变化

此外，小区广场处空气温度变化幅度较大，在14:00之前，气温明显高于其他测点，最大差值可以达到4.1℃；下午时段气温开始下降，且下降速度明显大于其他测点，黑球温度也存在同样的变化规律，并且更加明显。这是因为小区广场四周开敞空旷，无建筑遮挡，所受太阳辐射影响最大，但热量容易散失，所以当太阳辐射强度较大时，温度明显高于其他测点，而随着太阳高度角变小，太阳辐射强度逐渐减弱，温度也随之快速下降。

围合式布局、半围合式布局和行列式布局内空气温度曲线波动相对平缓，且接近平行。这是由于冬季哈尔滨太阳高度角低，测点 c2、c4 和 a2 始终处于建筑阴影当中，基本没有接受到太阳直射，主要影响其温度的是散射辐射和地面及建筑墙体的长波辐射，所以温度曲线波动相对平缓。

小区临江入口处在 12 : 00 时空气温度出现峰值，且在峰值前后曲线斜率较大，空气温度发生明显变化，黑球温度也同样存在以上现象，且更加明显。这是因为小区临江入口处在 11 : 00～12 : 00 在太阳直射下，温度骤然上升，而随后被建筑阴影遮挡，黑球温度快速下降约 4.0℃。由此可知，建筑阴影会削弱太阳辐射对温度的提升作用。

滨江居住小区各测点的风速逐时变化如图 3-9 所示。行列式布局内的风速变化波动最大，且明显大于其他测点，最大差值可达 2.6m/s。广场处次之，而小区临江入口处、围合式布局及半围合式布局内风速相对平稳，且较为接近。小区临江入口处在 13∶00 和 14∶00 时风速较大且出现峰值，并且此时温度也略微下降（图 3-7、图 3-8）。这说明当太阳辐射强度较弱时，风速对温度的影响较大。

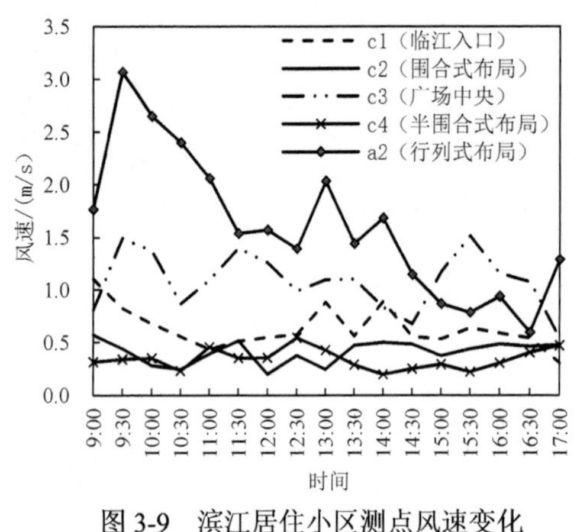

图 3-9　滨江居住小区测点风速变化

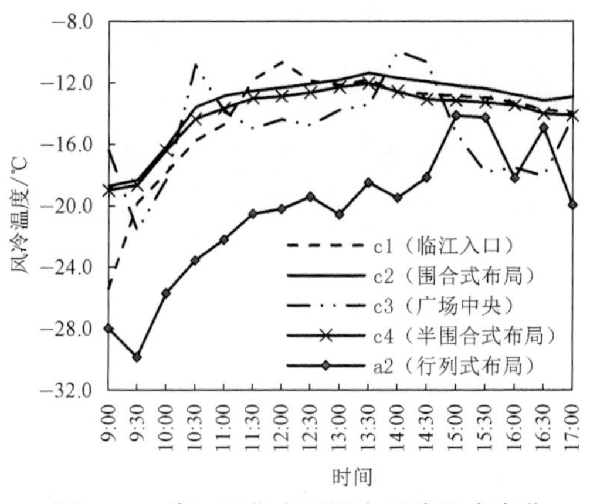

图 3-10　滨江居住小区测点风冷温度变化

滨江居住小区各测点的风冷温度逐时变化如图 3-10 所示。行列式布局内的风冷温度日间波动最大，且寒冷程度明显高于其他测点，9∶00～10∶00 时，热感觉一直为非常寒冷，广场和临江入口处寒冷程度次之，围合式布局和半围合式布局内风冷温度最高，且波动相对平稳，热感觉始终为寒冷。

2. 测点数据平均值分析

滨江居住小区各测点的温度、风速及风冷温度平均值如表 3-6 所示。广场处的平均空气温度和平均黑球温度最高，分别为−12.22℃和−8.24℃。这是由于测点 c3 在太阳光直射下，而且太阳辐射是冬季室外环境得热最主要的来源。围合式布局内平均空气温度为−13.32℃，比半围合式布局和小区临江入口处分别高 0.70℃和 0.74℃。行列式布局内平均空气温度最低，为−15.44℃。平均黑球温度差异趋势与空气温度基本相同，且测点间差值更大。由此可见，冬季太阳辐射对居住小区升温的影响最大；同时，建筑布局围合程度越高，释放的长波辐射热量相对越多，且热量不易散失，从而可以提高环境温度。

表 3-6　滨江居住小区测点数据平均值

测点及位置 / 参数	c1（临江入口）	c2（围合式布局）	c3（广场中央）	c4（半围合式布局）	a2（行列式布局）
空气温度/℃	−14.06	−13.32	−12.22	−14.02	−15.44
黑球温度/℃	−11.28	−10.59	−8.24	−12.76	−14.17
风速/（m/s）	0.63	0.34	1.08	0.41	1.60
风冷温度/℃	−14.06	−13.32	−15.98	−14.02	−21.18

行列式布局内测点 a2 的平均风速为 1.60m/s，明显大于其他测点，这是因为测试期间主导风向为东北向，该测点处出现了狭管效应；其次为广场中央，为 1.08m/s，由于广场四周相对空旷，无建筑遮挡，所以此处风速较大；围合式建筑布局与半围合式建筑布局内部受到建筑遮挡，所以平均风速较小，分别为 0.34m/s 和 0.41m/s。李维臻（2015）、麻连东（2015）均运用数值模拟的方法对寒地住区冬季风环境进行了分析，指出冬季行列式布局风环境最差，围合式布局风环境相对舒适，两者日平均风速相差约 1.5m/s，与本研究结果基本一致。

行列式布局内的平均风冷温度最低，为−21.18℃，寒冷程度最高；广场和临江入口处平均风冷温度次之，分别为−15.98℃和−14.06℃；围合式布局和半围合式布局内平均风冷温度最高，分别为−13.32℃和−14.02℃，热舒适度相对较高。

从上文可知，冬季滨江小区行列式布局内部寒冷程度较高，热舒适性较差。但是近年来新建滨江居住小区为获取更好的景观视野及室内采光、通风，多采用行列式布局，所以为进一步分析冬季滨江小区行列式布局内部热环境，选取测点 c6、c7 和 a2 进行对比分析，测点位置见图 3-1（a），测点设置说明见表 3-7。

表 3-7　行列式布局测点设置说明

测点	测点位置	周边环境
a2	行列式布局内部	南北均为 7 层板式住宅，住宅间距为 35m
c6	行列式布局内部	北侧为 18 层板式住宅，南侧 7 层板式住宅，住宅间距为 90m
c7	行列式布局内部	南北均为 33 层板式住宅，住宅间距为 65m

滨江居住小区行列式布局内各测点温度、风速及风冷温度平均值如表 3-8 所示。测点 c6 的平均空气温度和黑球温度略高于 c7，比 a2 分别高 1.73℃和 2.24℃。测点 c7 平均风速明显偏大，分别比 c6 和 a2 高 1.03m/s 和 0.61m/s。测点 c6 平均风冷温度最高，分别比 c7 和 a2 高 2.39℃和 3.18℃。这说明，增大行列式布局建筑间距能够有效削弱布局内部的狭管效应，提升温度，从而降低布局内部寒冷程度，提高热舒适度，但临江侧的开口对布局内部风环境及寒冷程度影响很大。

表 3-8　行列式布局测点平均值

参数＼测点	a2	c6	c7
空气温度/℃	−15.44	−13.71	−13.72
黑球温度/℃	−14.17	−11.93	−12.44
风速/（m/s）	1.60	1.18	2.21
风冷温度/℃	−21.18	−18.00	−20.39

3.2　住区建筑布局对微气候影响的模拟研究

3.2.1　模拟软件可靠性验证

3.2.1.1　模拟参数设置

ENVI-met 模型允许的最大网格数量为 250×250×25（包括主模型区域网格和嵌套区域网格）。图 3-11 为验证软件可靠性的两个实测空间简化模型及测点示意，根据实测区域的空间尺寸，选用底层网格被均匀分为 5 层的等距网格，两个模型的网格数量和网格分辨率如表 3-9 所示。为提高模拟过程的稳定性及模拟结果的准确性，将嵌套网格数均设置为 5。所有数值模型网格结构均通过 ENVI-met 检验。

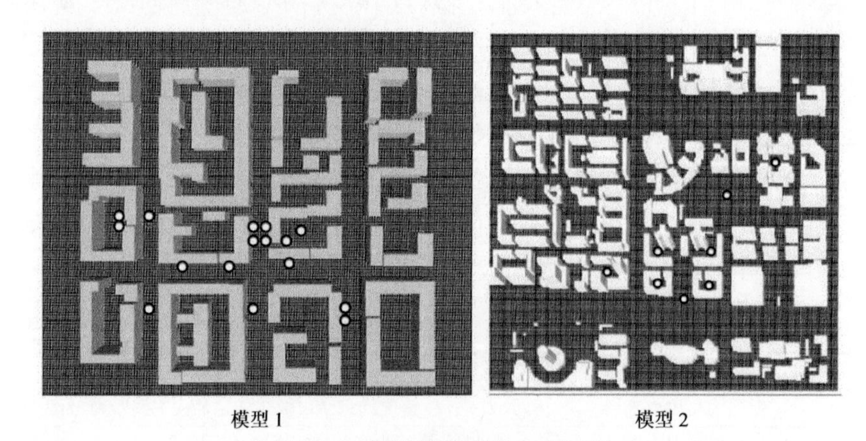

模型 1　　模型 2

图 3-11　简化模型及测点示意图

表 3-9　模型网格数量和网格分辨率

模型	主模型网格数量	网格分辨率/m
1	190×210×15	2×2×3
2	239×239×19	4×4×6

采用哈尔滨市城市气象站当日观测值作为模拟初始气象条件，如表 3-10 所示。为了避免模拟过程中初始化及收敛错误，模拟总时长应在 6 小时以上（ENVI-met，2009）。但如果只对风环境进行模拟，可将总模拟时长设置为 0 小时，以节省模拟时间（马征，2015）。模拟数值模型的网格结构均通过了 ENVI-met 检验。根据世界气象组织气象仪

器及观测方法指南规定（Wieringa，1980），本研究初始气象参数采集处的粗糙长度取为 0.1m。

表 3-10　ENVI-met 软件模拟参数设置

参数	设置数值	
	模型 1	模型 2
模拟开始的日期	2016.01.06	2017.01.13
模拟开始的时间	13∶00∶00	00∶00∶00
总共模拟小时数	1	1
10m 高度处的风速	2.7m/s	2.7m/s
风向	218°	113°
地面粗糙程度	0.1	0.1
初始空气温度	−19.55℃	−22.5℃
2m 高度处的相对湿度	54%	64%
2500m 高度处的空气比湿	7g/kg	7g/kg

注：风向 0°、90°、180°分别表示北风、东风、南风。

3.2.1.2　模拟结果验证

通过对比两次住区风环境现场实测与模拟结果，发现风速模拟结果大于实测值 0.1～0.8m/s，但各测点之间的数值变化趋势基本一致，如表 3-11 所示，证明了 ENVI-met 模型预测寒冷气候条件下住区室外风环境的合理性和准确性。导致实测数据与模拟结果之间差异的原因，主要是实测区域周围环境复杂，易对气流产生干扰，而模拟环境相对理想，且地面粗糙度参数低于实测区域，使得模拟结果相对偏大。此外，实际环境中风速瞬时变化较大，而 ENVI-met 无法模拟逐时改变的风场，只能模拟风速及风向固定不变的情况，这一局限性对于模拟结果也存在着一定影响。鉴于本书模拟研究的重点在于住区建筑布局对于风环境的影响，通过模拟具有不同形态的住区空间模型，对输出的风环境数据进行对比分析，只要保证模拟时的条件设置完全相同，就可以确定模拟结果的差异是由于住区模型建筑布局的变化所导致的，研究的重点也更倾向于不同住区空间风环境之间的差异及变化趋势，因此 ENVI-met 软件完全能够满足本书的模拟研究需求。

主模型区域网格数为 239×239×19，采用底层细分为 5 层的等距网格，网格分辨率分别为 dx=3m、dy=3m、dz=6m（dx 和 dy 分别为水平方向 x 和 y 的分辨率；dz 为垂直方向 z 的分辨率）。同时，在模型区域外围设置以土壤和沥青间隔排列的 5 个嵌套网格，以弱化外界条件对主模型区域模拟结果的影响。每个模型中均匀设置大约 70 个数据接收点，并选取 1.8m 高度处模拟结果作为人行高度风速进行研究。本研究选取哈尔滨市冬季主导风向西南风（225°）为模拟初始风向，距地面 10m 高度处的初始风速选用冬季典型风速，多层住区为 2.37m/s、高层住区为 3.5m/s、多高层混合住区为 2.7m/s。初始气象参数采集处的粗糙长度设置为 0.1m，总模拟时长设置为 1 小时。

表 3-11　ENVI-met 模拟结果与现场实测比较　　（单位：m/s）

模型	测点	模拟值	实测值	差值	风速验证统计图
1	a1	2.68	2.34	0.34	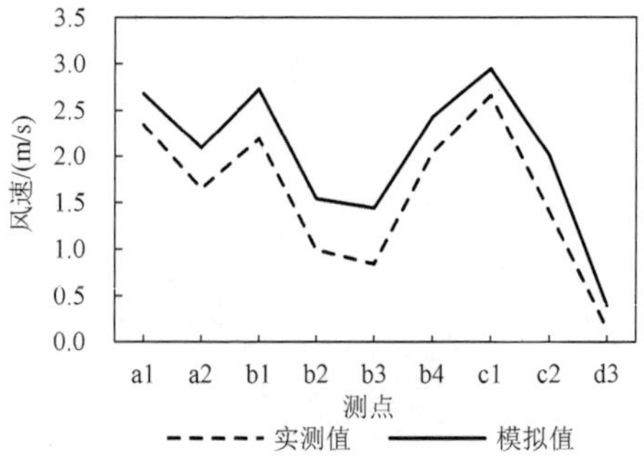
	a2	2.09	1.65	0.44	
	b1	2.73	2.19	0.54	
	b2	1.54	0.99	0.55	
	b3	1.44	0.84	0.6	
	b4	2.43	2.04	0.39	
	c1	2.95	2.66	0.29	
	c2	2.01	1.4	0.61	
	c3	0.39	0.14	0.25	
2	a1	0.18	0.81	0.63	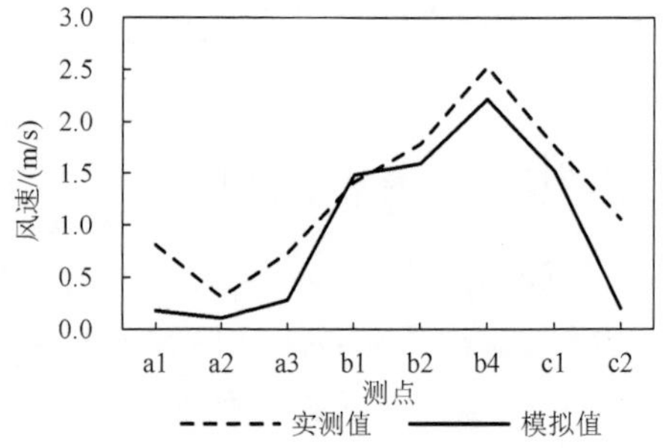
	a2	0.11	0.31	0.20	
	a3	0.28	0.73	0.45	
	b1	1.48	1.41	−0.07	
	b2	1.59	1.78	0.19	
	b4	2.21	2.52	0.31	
	c1	1.52	1.76	0.24	
	c2	0.20	1.06	0.86	

3.2.2　典型住区几何模型建立

虽然对实际的住区模型进行模拟研究更贴近真实情况，但因为实际住区建筑布局太过复杂，很难提炼出单因素对风环境的影响规律。相比之下，采用理想的住区模型找到规律的可能性更大，且研究结果更具有普适性。因此，在本研究中，将采用典型住区的理想模型进行模拟分析。

根据建筑高度，住区可分为低层住区、多层住区、中高层住区、高层住区以及混合式住区。为提高城市土地利用效率和经济收益，近年来高层住区和多高层混合住区更为普遍。通过调研发现，严寒地区城市主要以多层、高层和多高层混合住区为主，因此，本书将针对这三种住区高度展开研究。住区建筑群体平面组合的基本形式有行列式、围合式、点群式和混合式。从前文对调研结果的分析中发现，严寒地区城市住区广泛采用行列式、围合式和混合式三种布局形式，且已有诸多学者运用风洞试验和数值模拟的方法对这三种布局形式进行研究，因此选取行列式、围合式和混合式三种住区布局形式进行讨论。

对于多高层混合住区，由于其相对特殊的空间形态，本书将研究重点集中在住区水平空间中多、高层建筑相对位置变化，以及竖向空间中高层建筑高度和高层建筑比例变化对风环境的影响。为了使研究结果更具有典型性和普适性，综合考虑城市住区规划设计和建筑设计等规范要求，结合严寒地区实际住区的规划设计特点，将典型住区建筑布局进行简化，建立几何模型。

3.2.2.1　多层住区模型

通过对哈尔滨市多层住区进行调研，确定模型地块尺寸为 250m×200m，总面积为 5hm^2。建筑单体进深为 15m，长度为 30m（两单元组合）、45m（三单元组合）以及 60m（四单元组合），建筑层高为 3m，层数为 5 层或 6 层。根据《哈尔滨市城乡规划条例》的要求，将建筑间距设置为 36m。容积率控制在 1.3～1.5 范围内。

1. 行列式布局模型

行列式布局有利于采光和通风，是一种使用较为普遍的居住空间布局形式。整齐的住宅排列在平面构图上有强烈的规律性，为避免建筑空间单调呆板，规划布置时常采用山墙错落、单元错接以及矮墙分隔等方式。

本书将严寒地区多层住区行列式建筑布局归纳为四种主要模式，如图 3-12 所示。模式 A 为典型的并列式布局，在行列式布局中最为普遍；模式 B 为错列式布局，南北向相邻建筑纵墙交错；模式 C、D 的迎风面侧为斜列式布局。

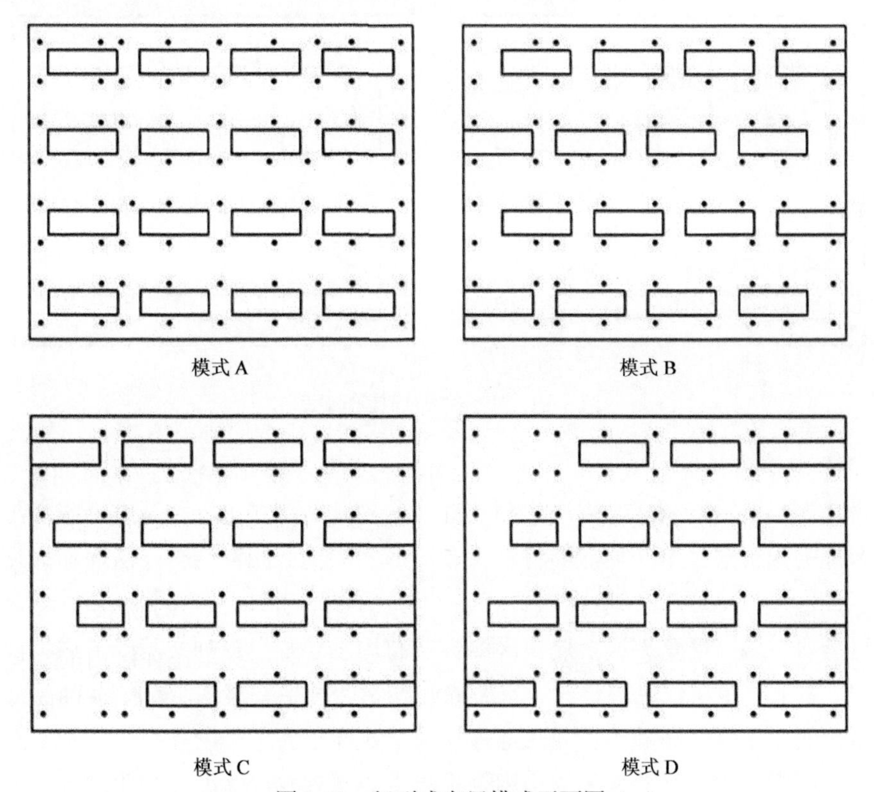

图 3-12　行列式布局模式平面图

2. 围合式布局模型

围合式建筑布局可以在组团内部形成较为封闭、稳定的微气候环境，有利于营造良好的生活环境和社区氛围，但由于空间相对封闭，会出现局部温度偏高、日照不充足、部分区域通风阻塞等情况。

本书将多层住区围合式布局归纳为四种主要模式，如图 3-13 所示。模式 A 为典型全围合式布局，在严寒地区围合式布局中最为普遍；模式 B 为半围合式布局；模式 C 为全围合式布局，且围合空间相对较小；模式 D 为全围合式布局，且围合空间相对较大。此外，围合空间的建筑平面形状变化较多，包括 L 形、U 形、矩形等。

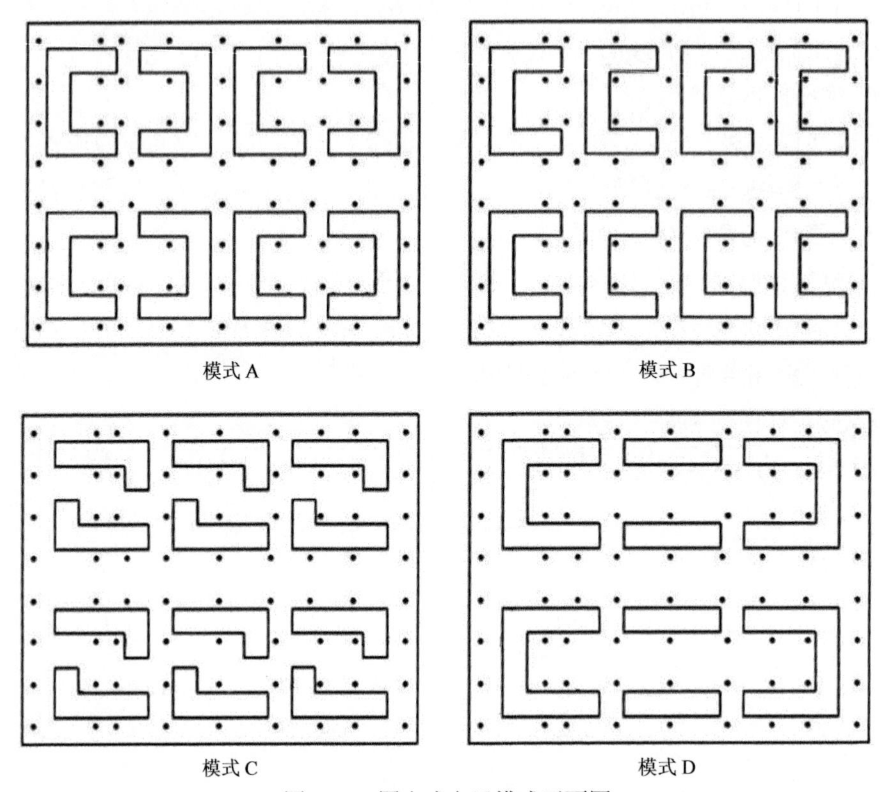

图 3-13　围合式布局模式平面图

3. 混合式布局模型

混合式布局是将行列式、周边式和点群式三种基本形式进行相互结合或变形的布局形式，合理的混合式建筑布局能够将各种布局形式的优点相互结合，从而形成良好的建筑环境。

通过调研发现，严寒地区多层住区混合式布局主要是在行列式基础上进行部分围合变换而来。本书将多层住区混合式建筑布局归纳为四种主要模式，如图 3-14 所示。其中主要变量因素为混合式布局中行列式部分与围合式部分的相对位置变化。模式 A 为周边行列式与中心围合式；模式 B 为周边围合式与中心行列式；模式 C 为北侧行列式与南侧围合式；D 为南侧行列式与北侧围合式。

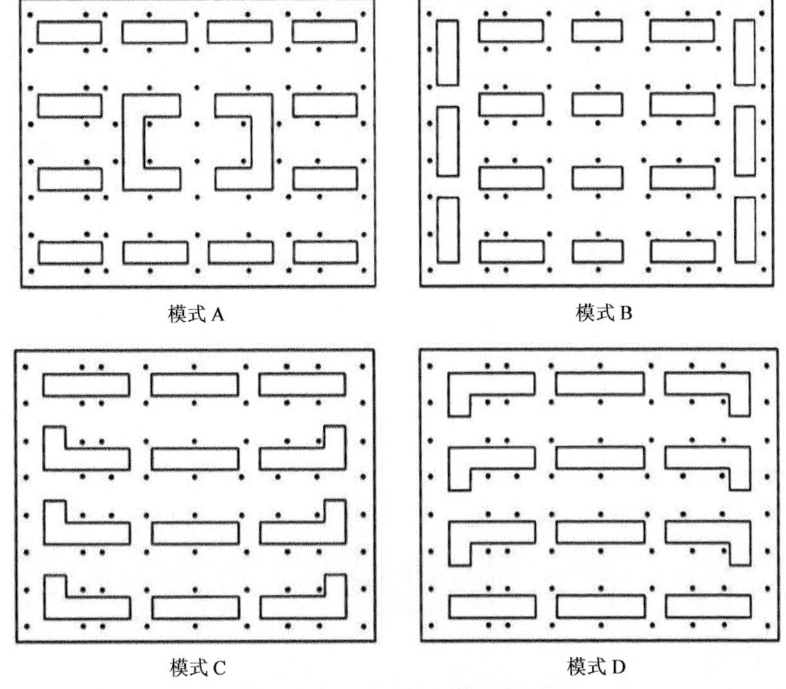

图 3-14　混合式布局模式平面图

3.2.2.2　高层住区模型

通过对哈尔滨市高层住区进行调研，确定模型地块尺寸为 250m×250m，总面积为 6.25hm^2。其中板式建筑长度为 30m、45m 和 60m，进深为 15m；点式建筑平面尺寸为 30m×30m。建筑层高为 3m，层数均为 30 层。根据《哈尔滨市城乡规划条例》的要求，将南北向的建筑间距设置为 60m，山墙间的间距设置为 15m。容积率定为 3.89。

1. 行列式布局模型

本书将严寒地区高层住区行列式布局归纳为三种主要类型，分别为并列式（模式 A）、横向错列式和纵向错列式。其中，横向错列式分为左错列式（模式 B1）和右错列式（模式 B2），纵向错列式分为上错列式（模式 C1）和下错列式（模式 C2），如图 3-15 所示。

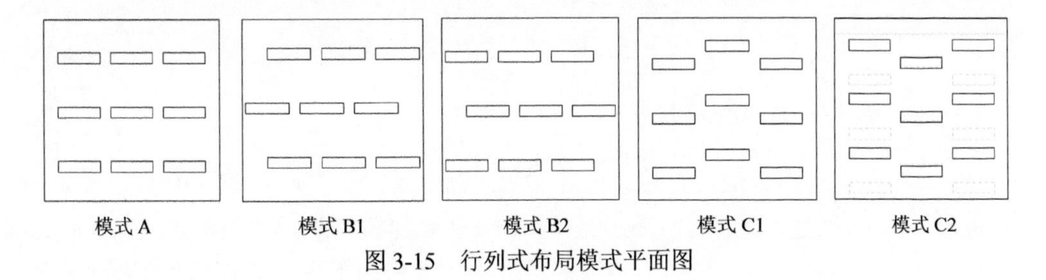

图 3-15　行列式布局模式平面图

2. 围合式布局模型

在严寒地区高层住区围合式布局中，建筑平面形状以矩形和 L 形最为普遍。按照布局内不同平面形状建筑的组合方式将围合式布局分为两类，即由矩形平面建筑围合（模式A1、模式A2），以及由矩形与L形平面建筑围合（模式B1和模式B2）。为了使研究结果更具有普遍性，将布局内建筑位置进行变化，最终得到四种典型围合式布局模式，如图3-16所示。

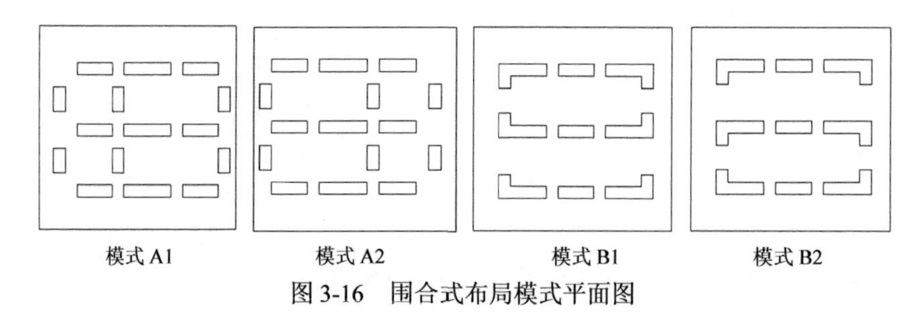

图3-16　围合式布局模式平面图

3. 混合式布局模型

严寒地区高层住区混合式布局主要由行列式与围合式，以及行列式与点群式组合而成。本书结合实际城市住区规划设计，总结出三类典型混合式布局，分别为半围合式+行列式（模式A1和模式A2）、全围合+行列式（模式B1和模式B2）以及行列式+点群式（模式C1和模式C2），如图3-17所示。

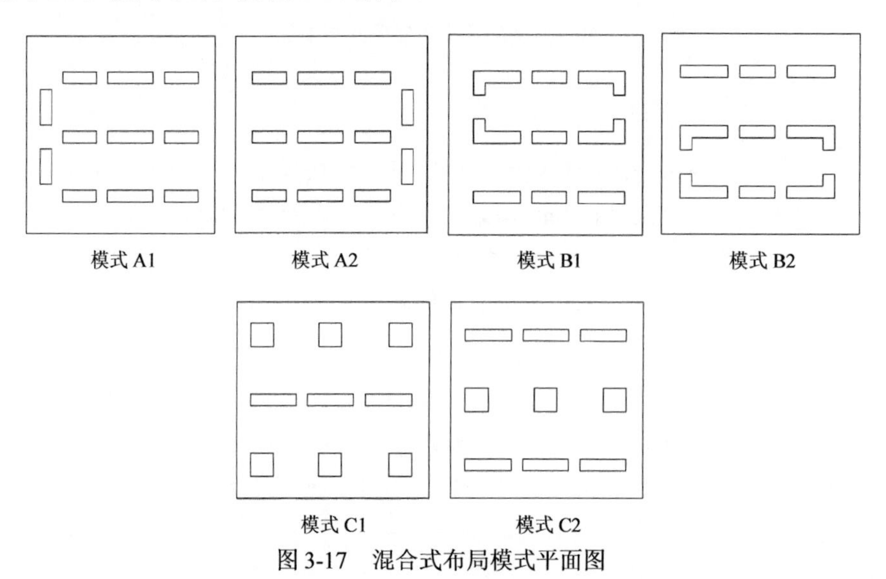

图3-17　混合式布局模式平面图

3.2.2.3　多高层混合住区模型

通过对哈尔滨市多高层混合住区进行调研，确定模型地块尺寸为420m×360m。建筑层高为3m，多层建筑为6层，高层建筑为18层，建筑间距、容积率和建筑密度均满足《哈尔滨市城乡规划条例》的要求。多层住宅的容积率不大于2.0，建筑密度不大于35%；高层住宅的容积率不大于4.5，建筑密度不大于25%。

1. 水平空间布局模型

根据高层建筑群体在住区中所处位置，多高层混合住区水平空间布局分为包围型布局、带型布局、集中型布局和散点型布局四种布局形态。

（1）包围型布局模型

包围型布局可归纳为 6 种类型，其中包围型 A、B 为高层建筑四面包围，包围型 C、D 为三面包围，包围型 E、F 为两面包围。其中，包围型 D、E、F 分别建立了不同相对位置的情况，最终共提出 9 种包围型布局模式，如表 3-12 所示。

表 3-12　包围型布局模型

模式 A	模式 B	模式 C
模式 D1	模式 D2	模式 E1
模式 E2	模式 F1	模式 F2

注：▭ 18m ▨ 54m

（2）带型布局模型

带型布局将高层建筑以带状形态分布于场地一侧，可归纳为 5 种类型。其中，包围型 C、D、E 分别建立了不同相对位置的情况，最终提出 8 种带型布局模式，如表 3-13 所示。

表 3-13　带型布局模型

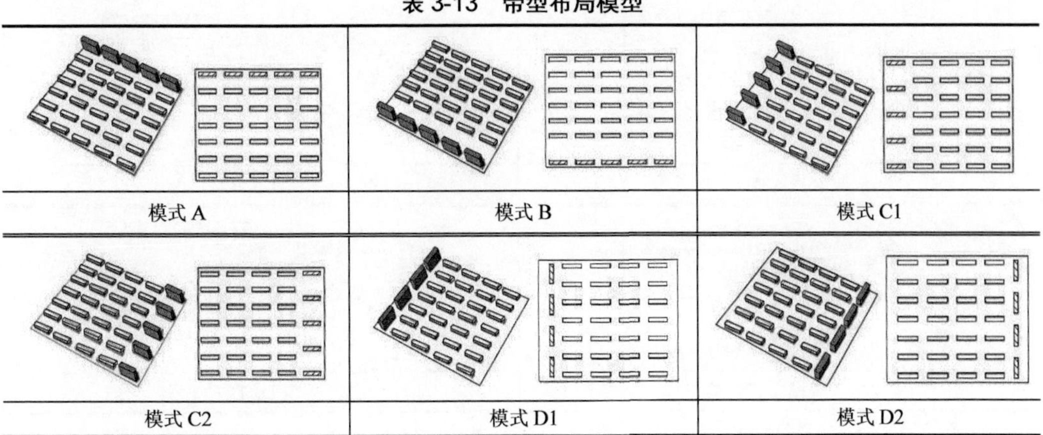

模式 A	模式 B	模式 C1
模式 C2	模式 D1	模式 D2

续表

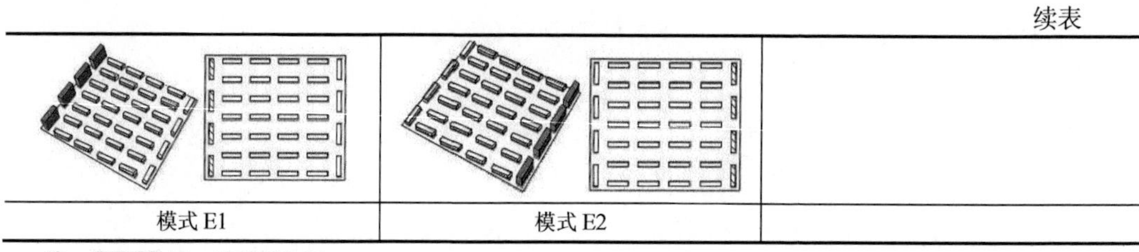

模式 E1	模式 E2	

注：18m　54m

（3）集中型布局模型

集中型布局可归纳为 4 种类型，由于场地大小限制，高层建筑设置两排，分别集中于场地的东、南、西、北侧，具体模型如表 3-14 所示。

表 3-14　集中型布局模型

模式 A	模式 B
模式 C	模式 D

注：18m　54m

（4）散点型布局模型

根据点式高层建筑平面组合形状，将散点型布局归纳为四种类型，分别为 O、X、U、W 形布局，如表 3-15 所示。点式高层建筑平面尺寸为 30m×30m。

表 3-15　散点型布局模型

模式 A	模式 B
模式 C	模式 D

注：18m　54m

2. 竖直空间布局模型

在水平空间布局基础上，针对高层建筑群体在竖直空间上的变化，即高层建筑高度（层数）的变化和高层建筑所占比例的变化两个方面，对多高层混合住区竖直空间布局进行研究。对混合住区竖向空间布局对风环境影响的研究中，选取建筑朝向均为南北向的布局模式。由于建筑均为南北朝向的带型布局可视为集中型布局的一种特殊形式，因此在研究高层建筑高度对风环境影响时，选用集中型布局和部分包围型布局模式。在研究高层建筑比例时，由于带型布局和集中型布局可视为同一布局形式，以及散点型布局形态较为少见，所以选用部分包围型和集中型布局模式作为研究对象。

（1）不同高层建筑高度的模型

包围型共选取四种布局模式，分别为四面包围（模式 A）、三面包围（模式 B）和半包围（模式 C、D），每种布局模式中，多层建筑均为 6 层，高层建筑分别设置为 12 层、18 层、24 层，如表 3-16 所示。

表 3-16　不同高层建筑高度的包围型布局

布局模式	12 层	18 层	24 层
模式 A	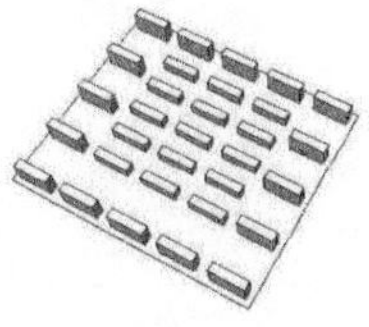	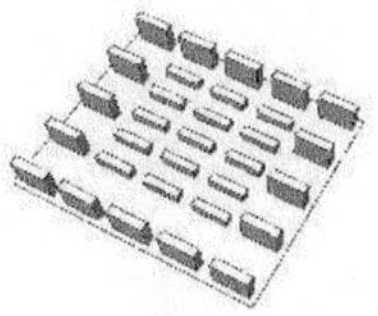	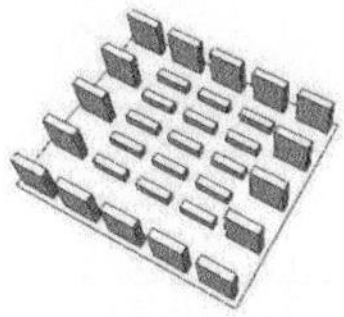
模式 B	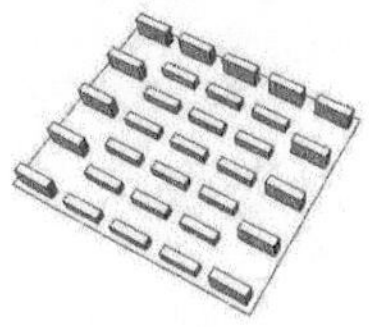	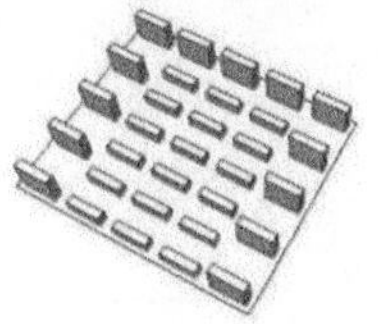	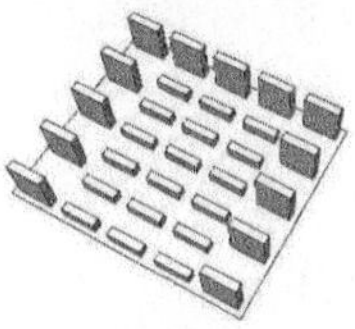
模式 C	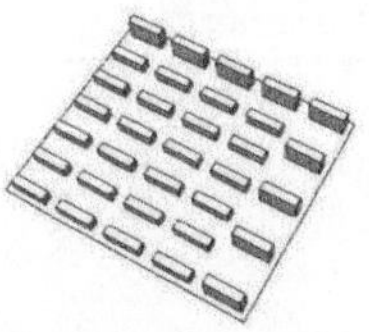	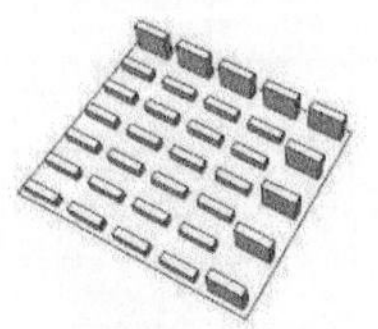	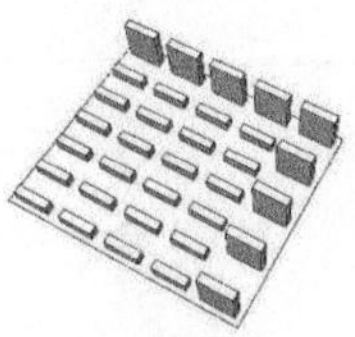
模式 D	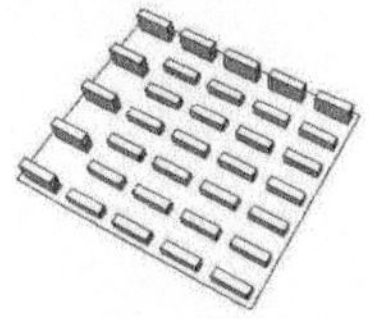	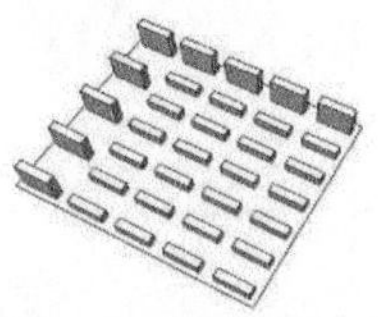	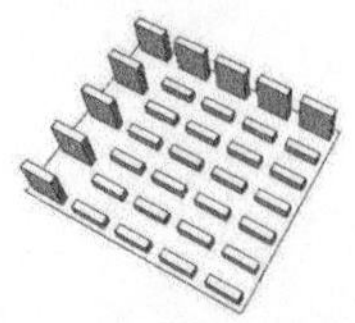

如表 3-17 所示，集中型共选取四种布局模式，高层建筑分别位于场地的北侧（模式 A）、南侧（模式 B）、西侧（模式 C）、东侧（模式 D）。每种布局模式中，多层建筑均为 6 层，高层建筑层数的分别设置为 9 层、12 层、15 层、18 层、21 层、24 层。

表 3-17　不同高层建筑高度的集中型布局

布局模式	12 层	18 层	24 层
模式 A	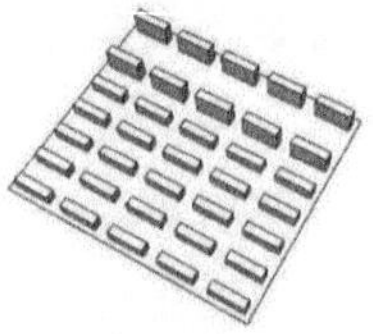	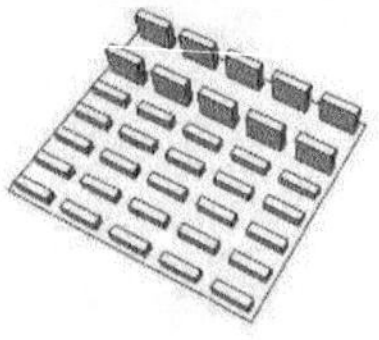	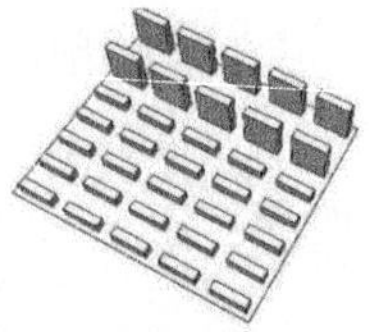
模式 B	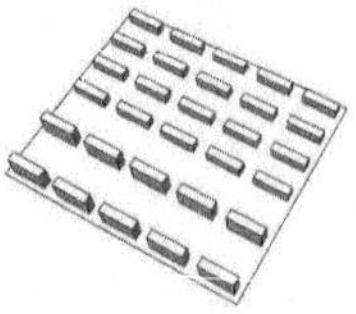	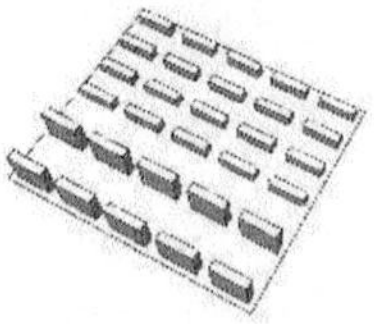	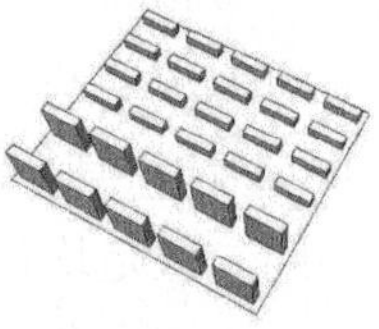
模式 C	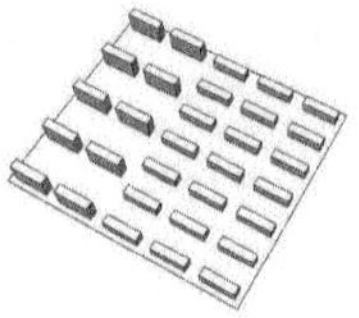	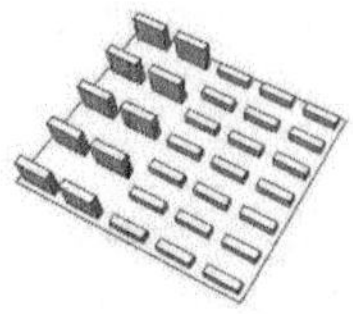	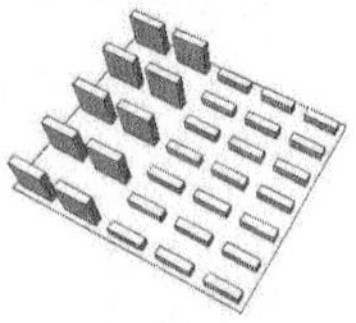
模式 D	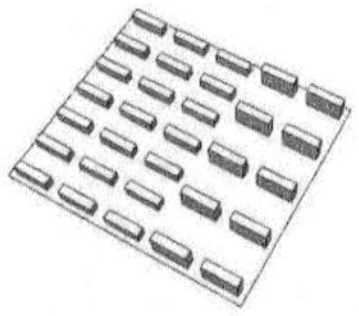	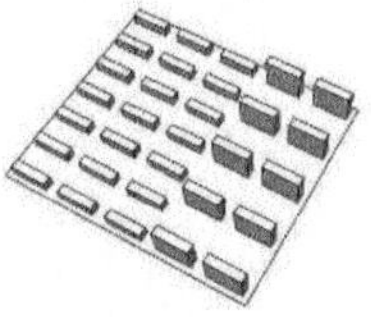	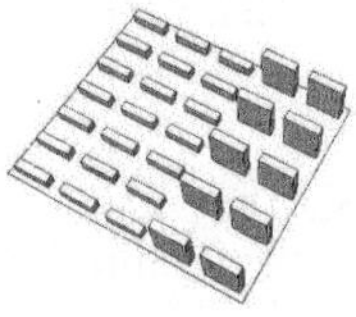

（2）不同高层建筑比例的模型

选取包围型、集中型两种布局形态，在建筑密度、多高层建筑高度不变的情况下，对高层建筑比例进行变化。多层建筑层数为 6 层，高层建筑层数为 18 层，每种工况共 40 栋建筑，建筑密度为 23.8%，如表 3-18、表 3-19 所示。

表 3-18　不同高层建筑比例的包围型布局

模式 A	模式 B	模式 C
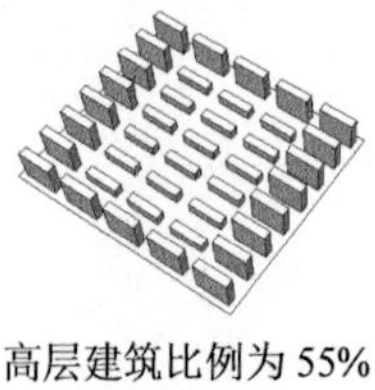 高层建筑比例为 55%	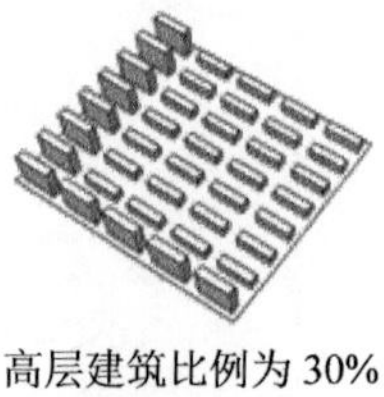 高层建筑比例为 30%	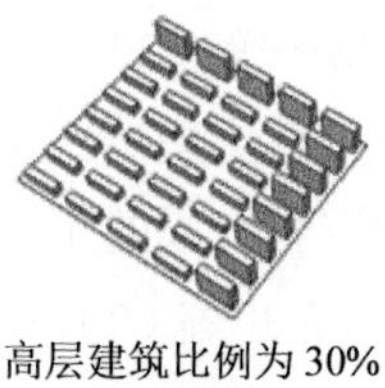 高层建筑比例为 30%
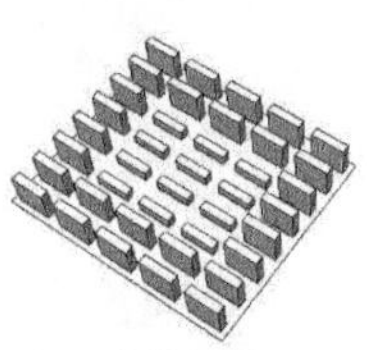 高层建筑比例 70%	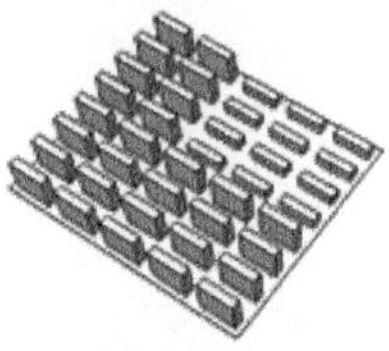 高层建筑比例 70%	 高层建筑比例为 70%

表 3-19　不同高层建筑比例的集中型布局

布局	高层建筑比例为 12.5%	高层建筑比例为 37.5%	高层建筑比例为 75%
模式 A			
模式 B			

3.3　风环境模拟结果分析

3.3.1　多层住区建筑布局与风环境

3.3.1.1　行列式布局与风环境的关系

四种行列式布局模式平面形态各具特点：模式 A 为典型的并列式布局，在行列式布局中最为普遍；模式 B 为错列式布局，南北向相邻建筑纵墙交错；模式 C、D 的迎风面侧为斜列式布局。各行列式布局模式的风速模拟结果如图 3-18 所示。

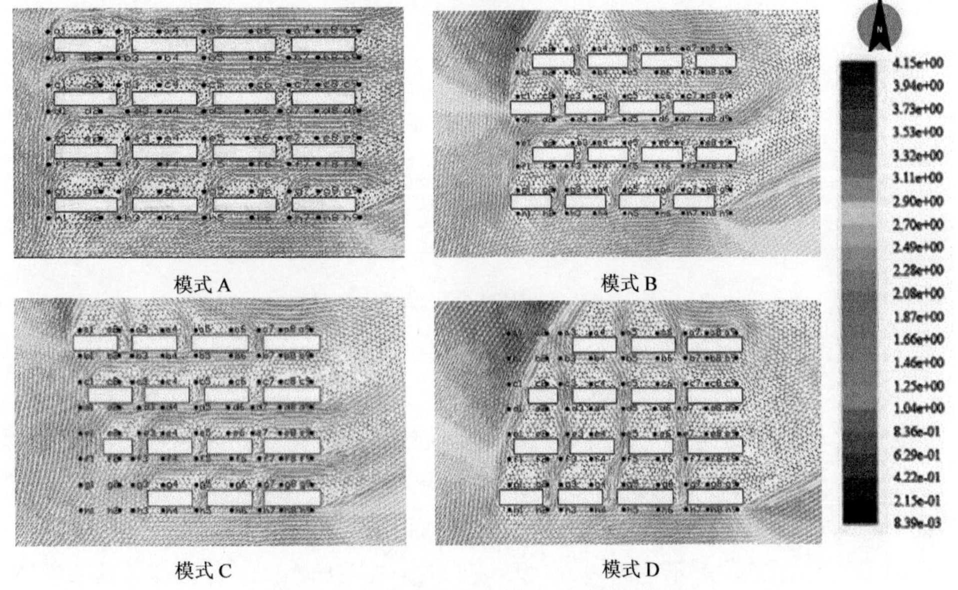

图 3-18　各行列式布局模式风速模拟结果

模式 A 布局中位于西侧的纵列建筑作为主要迎风建筑，其转角处形成角隅风，风速偏高，且在北侧建筑迎风面形成较强气流。布局模式 B 迎风侧建筑间气流入口较大，且由于各排建筑横向交错布置，在场地西北角和北侧第二排建筑迎风面形成高风速区。此外，在南侧建筑纵墙之间会形成气流涡旋，风速较低，这使得该区域夏季通风较差，且容易形成飞尘污染。模式 C 布局由于西侧建筑沿初始风向角度形成斜列式布局，没有出现较强的角隅风，在布局外围西北侧沿来流方向形成较大风场，但在整个布局内部风速适中，变化较小，有助于形成冬季舒适的室外环境。由于在建筑风影区形成较多的涡旋，所以夏季通风情况不够理想。模式 D 布局由于西侧建筑形成的斜列式布局角度与来流风向垂直，使得建筑间气流入口增大，布局内整体风速较大，且在建筑迎风面形成高风速区域。

各行列式布局模式内风速的最大值、最小值和平均值对比如图 3-19 所示。布局模式 A 平均风速最大，为 1.87m/s，布局内整体风速较大，最大风速和最小风速分别为 3.77m/s 和 0.63m/s，风速差值为 3.14m/s。布局模式 B 平均风速最小，为 1.58m/s，整体风速偏低，且由于没有形成明显的高风速区，其最大风速和风速差值均为最小，分别为 2.57m/s 和 2.4m/s，说明布局内风速分布均匀，风环境相对稳定。布局模式 C 平均风速 1.71m/s，但由于西侧斜列式布局建筑对来流风进行遮挡，造成布局外部风速较大，内部风速略小，导致整体风速差值最大，为 3.47m/s。布局模式 D 平均风速为 1.74m/s，由于西侧斜列式布局角度与来流风向垂直，在建筑迎风面形成高风速区，导致其最大风速最高，为 3.87m/s，风速差值为 3.39m/s。综上所述，对于严寒地区冬季气候，模式 B 为多层住区行列式布局中较为理想的布局形态。

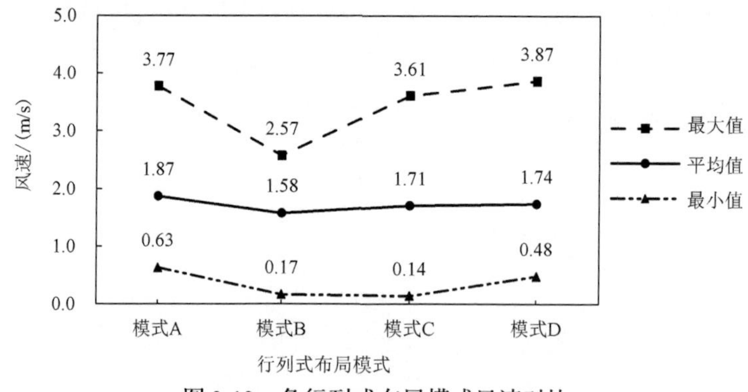

图 3-19　各行列式布局模式风速对比

3.3.1.2　围合式布局与风环境的关系

四种围合式布局模式平面形态各具特点：模式 A 为典型全围合式布局，在严寒地区围合式布局中最为普遍；模式 B 为半围合式布局；模式 C 为全围合式布局，且围合空间相对较小；模式 D 为全围合式布局，且围合空间相对较大。各围合式布局模式的风速模拟结果如图 3-20 所示。对于住区内部风环境，围合式布局不同于行列式，其通过周边的建筑体量围合形成较为封闭，风环境相对较稳定的空间。当气流经过住区时，住区相当于一个整体性较强的体块，对其内部风环境影响较小。四种布局模式的围合组团外部风环境较为相似，由于来流风向为西南向，在布局西北角和东南角处均形成边角大风。组团之间形成巷道风，风速相对较大，且在南侧入口和东西向通道之间更为显著。此外，布局模式 A、B、C 均在围合组团内部形成大面积低速的涡流区，风速较小。布局模式 D 由两个围合空间相对较大的组团组成，南侧组团内风速相对较高，并且在组团南北开口之间形成明显的贯穿气流，这种现象是由来流风向和组团开口位置造成。

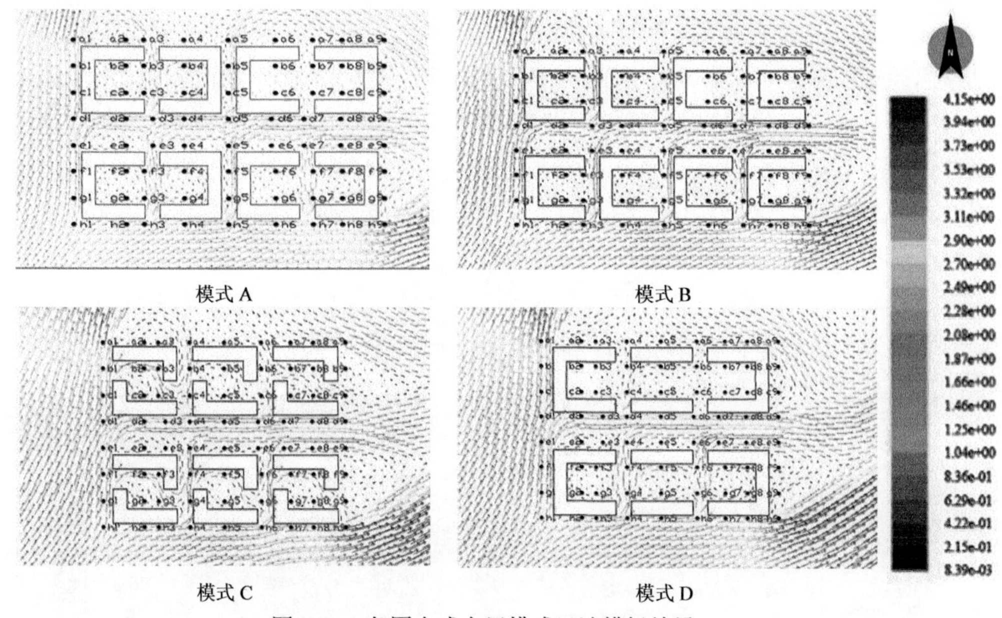

图 3-20　各围合式布局模式风速模拟结果

各围合式布局模式的风速最大值、最小值和平均值对比如图 3-21 所示。布局模式 A 的平均风速、最大风速和风速差值分别为 1.98m/s、4.95m/s 和 4.84m/s，均明显大于其他三种布局模式，说明模式 A 的整体风速相对较大，且风环境较不稳定。布局模式 B 的风环境略优于模式 A，其平均风速、最大风速和风速差值分别为 1.88m/s、4.72m/s 和 4.64m/s。布局模式 C 和模式 D 中围合组团数量和围合空间面积相差较大，但二者风环境状况较为相似，其中，布局模式 D 的平均风速、最大风速和风速差值分别为 1.79m/s、3.48m/s 和 3.22m/s，均小于其他三种布局模式。综上所述，对于严寒地区冬季气候，模式 D 为多层住区围合式布局中较为理想的布局形态，其整体风速相对较小，风环境较为稳定。

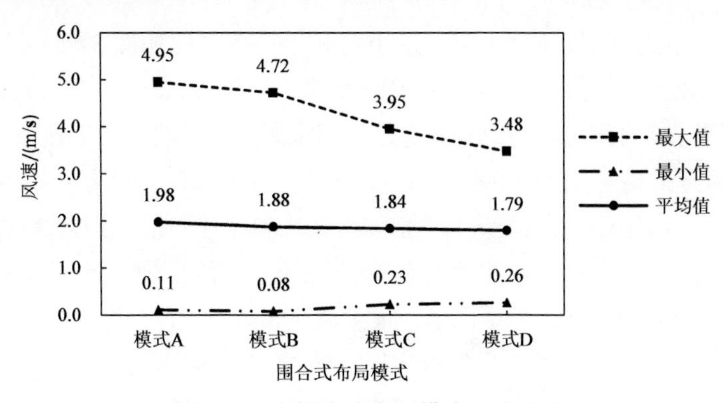

图 3-21　各围合式布局模式风速对比

3.3.1.3　混合式布局与风环境的关系

四种混合式布局模式各具特点：模式 A 为周边行列式与中心围合式；模式 B 为周边围合式与中心行列式；模式 C 为北侧行列式与南侧围合式；模式 D 为南侧行列式与北侧围合式。各混合式布局模式的风速模拟结果如图 3-22 所示。布局模式 A 在中心围合组团内形成大面积低速的涡流区域，而行列式布局内气流自西向东流动性较强，尤其在建筑迎风面风速相对较大。布局模式 B 由于西侧两个东西向建筑与住区内部建筑形成相对较封闭的围合空间，使得从西南向住区入口进入的气流较少。此外，行列式布局建筑纵墙间风速较小，风环境相对稳定；山墙间通道内风速较大，南侧入口处更为显著。布局模式 C 的风环境受住区开口位置影响较大，其 L 形建筑之间开口偏北布置，使得 L 形建筑内侧阴角处形成静风区，建筑纵墙间形成较多低速的漩涡气流，整个住区内风速偏低。布局模式 D 的 L 形建筑之间开口位置偏南向，这种布局模式使得 L 形建筑内侧阴角区域同样具有较大的气流，但建筑纵墙间气流流动性较强。

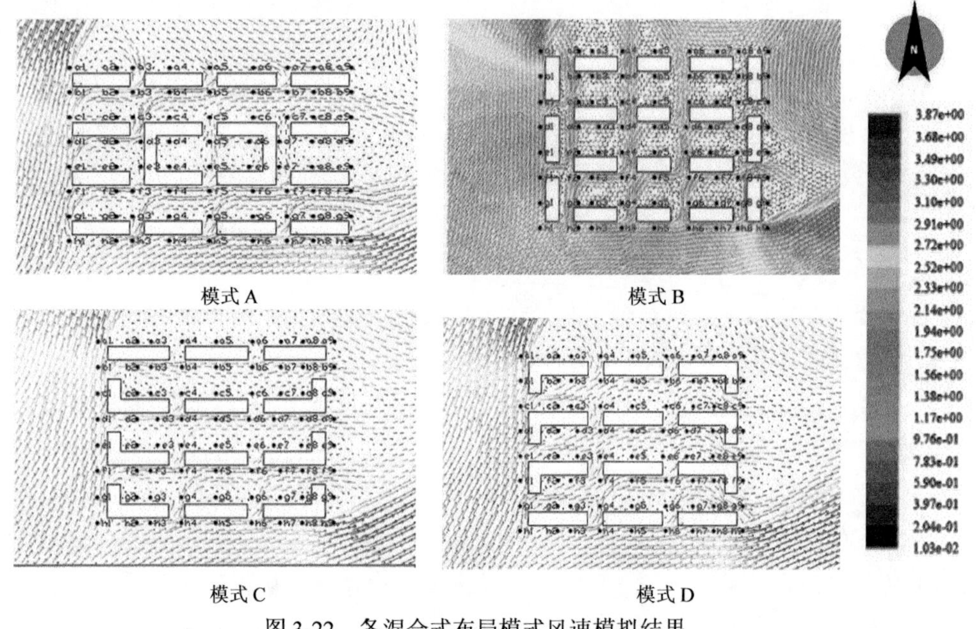

图 3-22　各混合式布局模式风速模拟结果

混合式各布局模式的风速最大值、最小值和平均值对比如图 3-23 所示。布局模式 A 的平均风速和风速差值均大于其他三种布局模式，分别为 1.85m/s 和 3.88m/s，说明模式 A 的整体风速相对较大，且风环境较不稳定。布局模式 B 虽然平均风速较小，为 1.52m/s，但最大风速和风速差值分别为 4.09m/s 和 3.87m/s，住区内风速分布并不均匀。布局模式 C 整体风速适中，平均风速为 1.84m/s，但最大风速和风速差值分别为 3.62m/s 和 3.4m/s，在四种混合式布局模式中最低，说明在住区内无较强气流出现，风环境相对稳定。布局模式 D 与模式 A 风环境相似，平均风速、最大风速和风速差值分别为 1.79m/s、4.01m/s 和 3.62m/s。综上所述，对于严寒地区冬季气候，模式 C 为多层住区混合式布局中较为理想的布局形态，其整体风速适中，无较强气流出现，且风环境相对稳定。

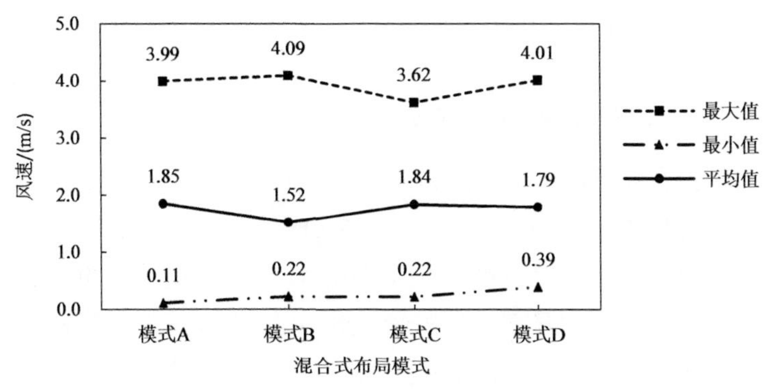

图 3-23　各混合式布局模式风速对比

3.3.1.4　小结

通过对 12 种多层住区建筑布局模式的风环境模拟结果进行对比分析，可以得出以下结论，如图 3-24 所示：

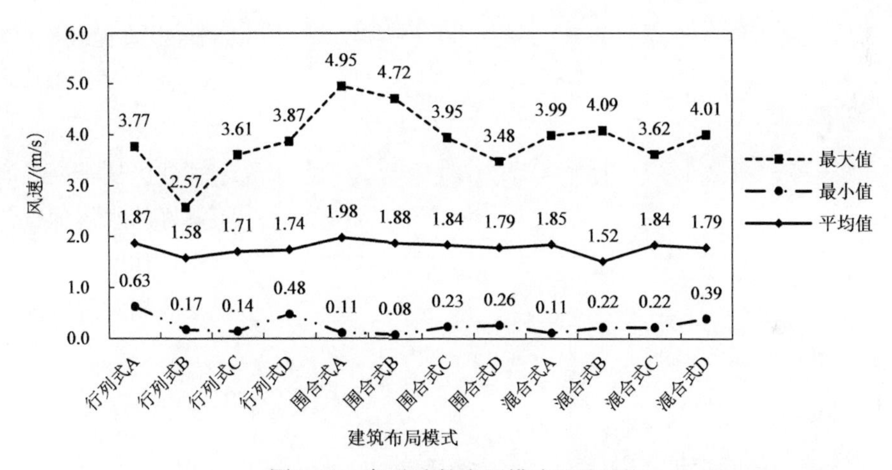

图 3-24　各种建筑布局模式风速对比

（1）围合式布局最大风速偏高，混合式布局次之，行列式布局普遍偏低。这是由于围合式布局和混合式布局中，迎风侧建筑对来流风进行阻挡，在转角处多形成角隅风，风速急剧增大，从而造成最大风速偏高。

（2）围合式布局平均风速略高于行列式和混合式布局，这是由于围合式布局中局部形成的边角大风，导致平均风速偏高。行列式布局和混合式布局的平均风速相近。

（3）行列式布局的最小风速偏高，这是由于其布局形态对来流阻挡较少，且容易在建筑间形成巷道风，除局部建筑风影区风速偏低以外，较少出现静风区。围合式布局对气流形成较强的阻挡效果，布局内部风速普遍偏低。

（4）从各类布局模式风速对比可以看出，行列式和混合式布局模式的平均风速变化较明显，围合式布局模式平均风速和最小风速波动较小。这说明围合式布局形态其围合空间内部风环境相对稳定、舒适性较高，适合严寒地区冬季居民进行户外活动。

3.3.2 高层住区建筑布局与风环境

3.3.2.1 行列式布局与风环境的关系

各行列式布局模式的风速模拟结果如图 3-25 所示。模式 A 为并列式、模式 B1 和 B2 分别为左错列式和右错列式、模式 C1 和 C2 分别为上错列式和下错列式。各种布局模式建筑群体外围均形成明显的角隅风，风速偏高，且在场地西北角和东南角处更加显著。模式 A 中建筑间风速无明显变化，相对稳定。对于模式 B1 和模式 B2，建筑间风环境相似，但在布局外围空间中，模式 B1 在上风向和下风向侧的建筑转角处风速相对较大。对于模式 C1 和模式 C2，布局外围空间风环境相似，但布局内部风速分布极不均匀，由于纵列建筑南北向错列，建筑山墙间形成气流入口，导致此处风速急剧增大，且在建筑背风面形成大面积风影区。

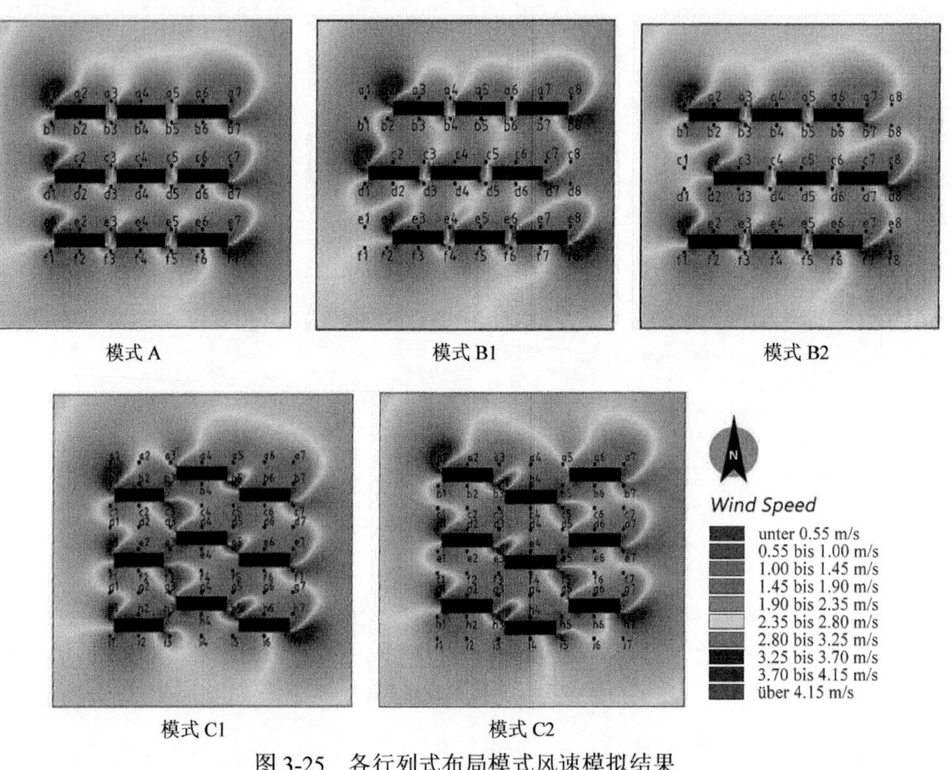

图 3-25 各行列式布局模式风速模拟结果

各行列式布局模式内风速的最大值、最小值和平均值如图 3-26 所示。各布局模式之间平均风速相差较小，其中模式 B1 和模式 B2 整体风速相对较大，分别为 2.62m/s 和 2.50m/s；模式 A 和模式 C1、C2 的平均风速基本相同，约为 2.45m/s。各布局模式最大风速均在 5m/s 左右，其中模式 B1 最大风速最低，为 4.97m/s；模式 B2 最大风速最高，为 5.26m/s，说明横向错列式布局的不同错列方向对最大风速影响显著。各布局模式的最小风速差异明显，其中模式 B1 最小风速最高，为 1.11m/s；模式 A 和模式 B2 次之，分别为 0.77m/s 和 0.70m/s；模式 C1 和 C2 最小风速较低，分别为 0.42m/s 和 0.36m/s。对于场地内风速变化情况，模式 B1 的风环境最为稳定，风速差值为 3.86m/s；模式 C1 和 C2 风速差值较大，分别为 4.67m/s 和 4.83m/s，这是由于建筑错列后山墙间形成极大风速，在建筑背风面形成大面积风影区，因而风速相差较大。综上所述，对于严寒地区冬季气候，模式 B1 为高层住区行列式布局中较为理想的布局形态，其布局内无强风区，且风环境相对稳定。

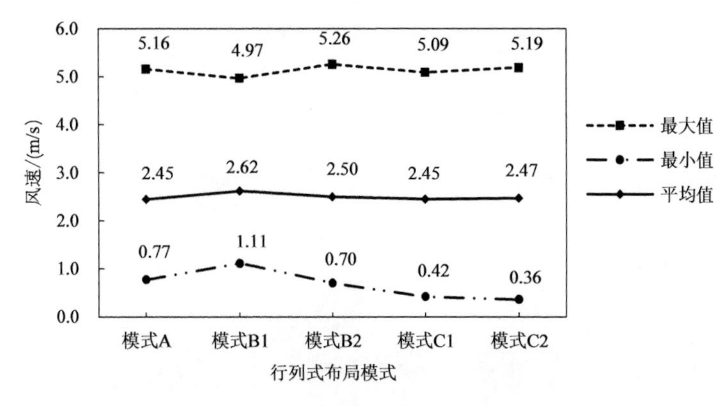

图 3-26　各行列式布局模式风速对比

3.3.2.2　围合式布局与风环境的关系

围合式布局模式 A1 和 A2 由矩形平面建筑围合而成，模式 B1 和 B2 由矩形与 L 形平面建筑围合而成。各围合式布局模式的风速模拟结果如图 3-27 所示。各种布局模式建筑群体外围均在西北角和东南角处形成明显的角隅风，风速偏高。模式 A1 和模式 A2 均在迎风侧开口处形成较强气流，但围合组团内部风速普遍偏低，且在东西向建筑背风面形成大面积风影区。在南侧开口处以及布局内部建筑山墙与纵墙之间均出现风速骤增的现象。模式 B1 和 B2 在迎风侧开口处风速较大，由于围合组团内部空间较大且无建筑对气流进行阻挡，所以气流自西向东流动性较强，建筑风影区面积较小，且仅在 L 形建筑内侧阴角处形成小面积静风区。

各围合式布局模式内风速的最大值、最小值和平均值如图 3-28 所示。模式 A1 和 A2 风环境状况相似，整体风速相对较大，平均风速分别为 2.51m/s 和 2.44m/s，大于布局模式 B1、B2 约 0.40m/s。模式 A1、A2 虽然在迎风侧开口处形成较强气流，但其最大风速分别为 4.84m/s 和 4.91m/s，仍低于模式 B1、B2 约 0.45m/s。对于场地内风速变化情况，模式 A1 和 A2 的风环境相对稳定，风速差值分别为 4.23m/s 和 4.28m/s；模式 B1 和 B2 风速差值较大，分别为 5.25m/s 和 4.95m/s，这是由于 L 形建筑内侧阴角处存在部分静风区，与迎风侧入口和角隅风区域形成较大风速差。综上所述，形态相似的高层住区围合式布局的风环境状况基本相同。造成风环境差异的主要原因为住区围合程度，迎风侧住区入口大小，以及围合组团内部空间大小。以上四种布局模式对于严寒地区风环境营造各有利弊，综合考虑冬季防风、夏季通风以及住区整体风环境的稳定性，认为模式 A1 和 A2 为高层住区围合式布局中较为理想的布局形态。

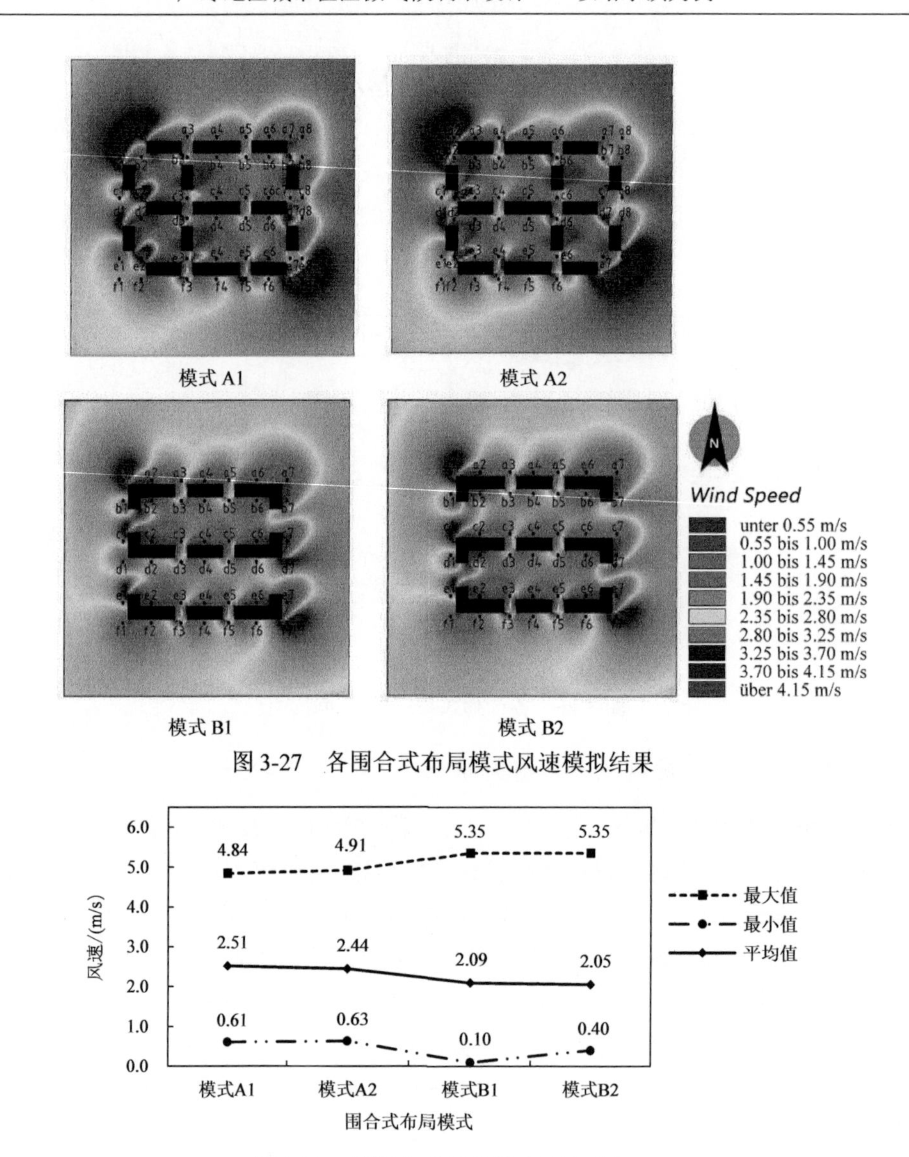

模式 A1　　模式 A2

模式 B1　　模式 B2

图 3-27　各围合式布局模式风速模拟结果

图 3-28　各围合式布局模式风速对比

3.3.2.3　混合式布局与风环境的关系

模式 A1 和 A2 由半围合式与行列式组合而成；模式 B1 和 B2 由全围合式与行列式组合而成；模式 C1 和 C2 由行列式与点群式组合而成。各混合式布局模式的风速模拟结果如图 3-29 所示。模式 A1 西侧建筑对来流起到了有效的阻挡作用，背风面形成大面积风影区，但在开口处形成较强气流，风速骤然增大。模式 A2 由于迎风侧为行列式布局，在建筑转角处形成明显的边角大风，布局内部气流自西向东流动性较强，且在东侧开口处风速增大。模式 B1 和 B2 风环境相似，除在迎风侧开口和建筑转角处形成较强气流，布局内部无高风速区，L 形建筑内侧阴角处形成小面积静风区。模式 C1 和 C2 由于迎风侧无建筑阻挡，布局内部风速较大，且形成多处角隅风，整体风环境极不稳定。

各混合式布局模式的风速最大值、最小值和平均值对比如图 3-30 所示。模式 C1 和 C2 平均风速相对较大，分别为 2.64m/s 和 2.50m/s；模式 A1 和 A2 平均风速次之，分别为 2.42m/s 和 2.39m/s；模式 B1 和 B2 平均风速相对较小，分别为 2.16m/s 和 2.19m/s。由此可见，整体风速大小与布局围合程度成反比关系。模式 B1 和 B2 最大风速相对较高，分别为 5.32m/s 和 5.20m/s，其高风速区主要由 L 形建筑外侧角隅风形成；模式 C1 和 C2 最大风速次之，分别为 4.95m/s 和 5.17m/s。对于场地内风速变化情况，模式 A1 和 A2 的风环境最为稳定，风速差值为 4.51m/s 和 4.68m/s；模式 B1、B2、C1、C2 风速差值相对较大，分别为 5.23m/s、4.80m/s、4.77m/s、4.97m/s。综上所述，对于严寒地区冬季气候，模式 A1 为高层住区混合式布局中较为理想的布局形态，场地内整体风速适中，无较强气流出现，且风环境相对稳定。模式 B1 和 B2 虽然平均风速最低，但存在部分强风区域，且风速分布极不均匀。

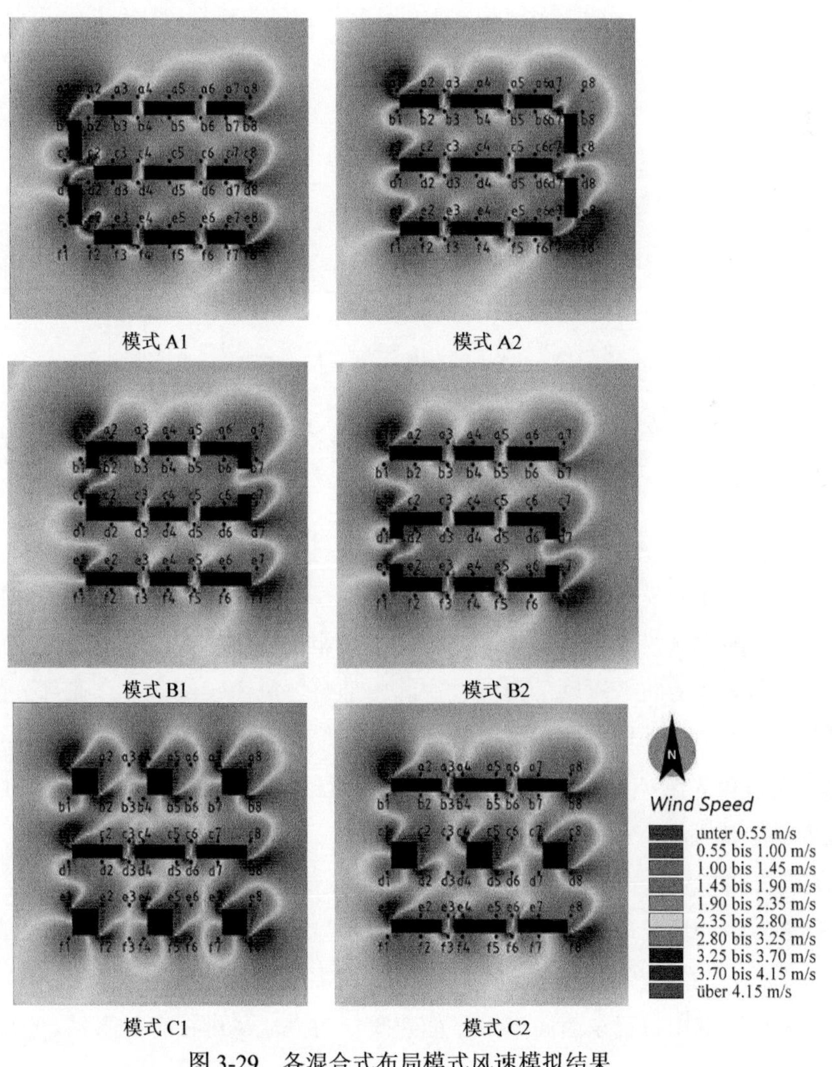

模式 A1　　模式 A2

模式 B1　　模式 B2

模式 C1　　模式 C2

图 3-29　各混合式布局模式风速模拟结果

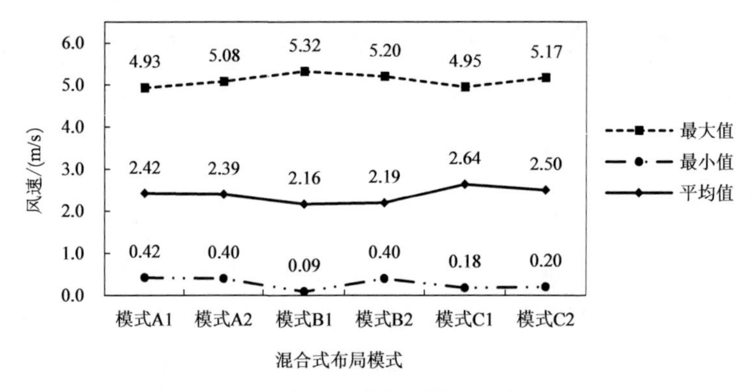

图 3-30　各混合式布局模式风速对比

3.3.2.4　小结

通过对 14 种高层住区建筑布局模式中风环境模拟结果进行对比分析，可以得出以下结论，如图 3-31 所示：

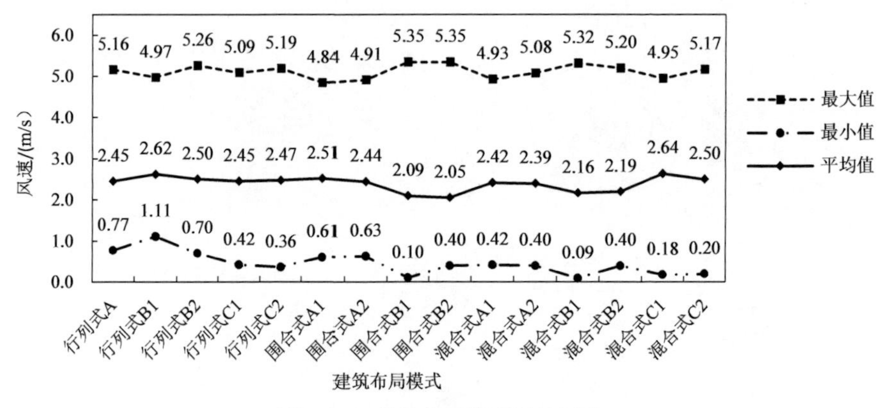

图 3-31　各种布局模式风速对比

（1）围合式布局模式 B1、B2 和混合式布局模式 B1、B2 平均风速明显低于其他布局模式，这是因为这四种布局模式均由 L 形建筑组合形成较大面积的围合空间，该布局形态有效阻挡了西南向来流风，使围合空间内部整体风速较低，并存在部分静风区域。混合式布局模式 C1 平均风速明显大于其他布局模式，这是因为布局内大量点式建筑转角处均形成边角大风，导致整体风速较高。除此之外，其他布局模式平均风速主要在 2.40～2.60m/s 范围内，相差较小。

（2）围合式布局模式 B1、B2 和混合式布局模式 B1、B2 虽然平均风速较低，但在 L 形建筑外侧转角处形成边角大风，其最大风速明显高于其他布局模式。围合式布局模式 A1、A2 和混合式布局模式 A1 与其他布局模式相比，其最大风速和风速差值相对较低，这是由于在迎风侧均布置东西向矩形平面建筑，对来流风进行有效阻挡，同时避免形成高风速的角隅风。

（3）行列式布局的最小风速偏高，这是由于其布局形态对来流阻挡较少，且容易在建筑间形成巷道风，除局部建筑风影区风速偏低以外，较少出现静风区。

（4）从各类高层住区布局模式风速对比可以看出，各行列式布局模式最小风速和平均风速相对较高。利用 L 形建筑构成的围合组团，存在较强的边角大风。由点群式和行列式组合而成的混合式布局，其整体风速较高，且风环境稳定性极差。在迎风侧利用矩形平面建筑对来流风进行有效阻挡的布局形态，其整体风速较低，且风环境相对稳定。

3.3.3　多高层混合住区建筑布局与风环境

3.3.3.1　水平空间布局与风环境的关系

1. 包围型布局

包围型布局为高层建筑呈包围形态分布于场地的周边，分别为四面包围（模式 A、B）、三面包围（模式 C、D1、D2）、两面包围（模式 E1、E2、F1、F2）。各包围型布局模式的风速模拟结果，如图 3-32 所示。

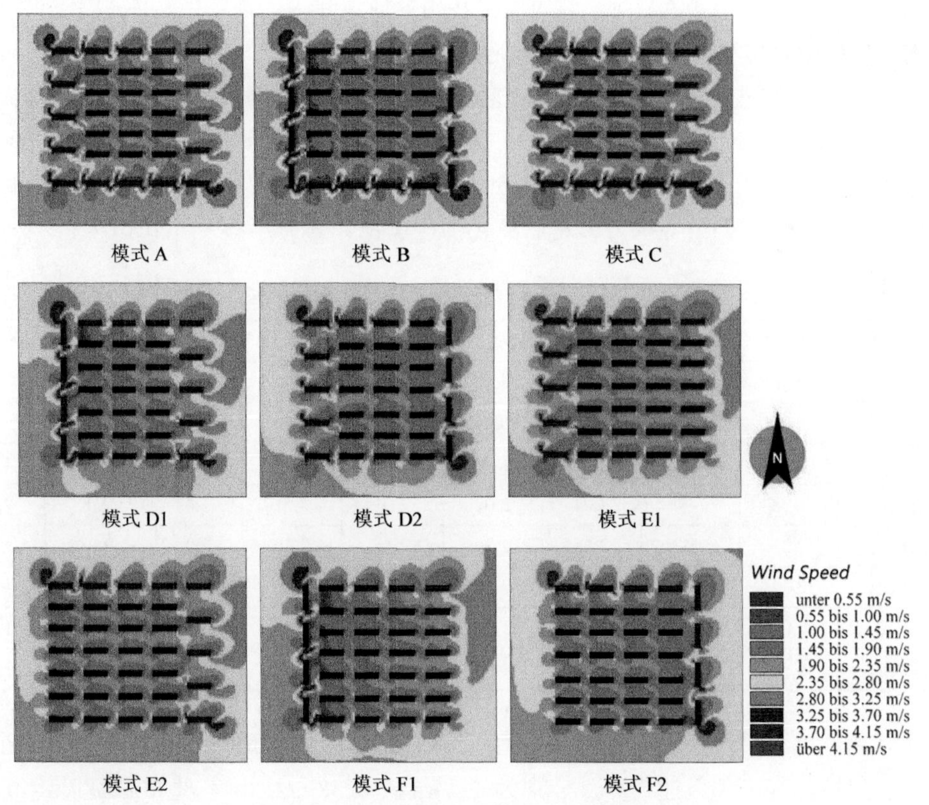

图 3-32　各包围型布局模式风速模拟结果

高层建筑的风环境较为复杂，与多层建筑相比，高层建筑所形成的风影区面积较大，且在入口处形成较强气流，角隅风作用显著。这是由于气流在高空运动时受高层建筑阻碍而转变方向，部分气流加速向上或向下运动，向下加速运动的气流与地面水平方向气流相遇形成涡流，形成较为恶劣的风环境。

模式 A、B 均为四面高层建筑围合的布局形态，前排迎风建筑为高层建筑，背风面形成大面积风影区。模式 B 的东西两侧高层建筑朝向为东西向，西侧高层建筑阻挡了来流风，由于狭道效应，入口处风速骤增，但内部多层建筑区域形成大面积静风区域，因此，布局模式 B 虽有利于冬季防风，但整体风速变化波动过大，整体风环境不佳，而包围型 A 布局的风流动较为通顺，风速变化相对稳定。模式 D1、F1 西侧东西朝向的高层建筑同样阻碍了来流方向的气流，在西侧入口处形成较强气流，多层建筑区域产生低速涡流，形成大面积风影区。因此，东西朝向高层建筑位于上风向，导致风速变化较大，风向紊乱，风环境相对恶劣。模式 D2、F2 东侧为东西朝向高层建筑，阻挡了气流从住区流出，使场地东侧形成涡流区域，但其风环境优于东西朝向高层建筑位于迎风侧的住区。

模式 E1、E2 建筑均为南北朝向，与来流风向呈 45°夹角，该布局有利于气流流通，且不会形成大面积的高风速区和静风区，风环境优于其他布局模式。模式 C、E1 中位于迎风侧的高层建筑，受角隅风影响，建筑左侧转角处风速较大。模式 E2 的高层建筑位于东侧，对风环境影响相对较弱，住区内高风速区和静风区面积最小，风速波动最为稳定。

表 3-20 为包围型 9 种布局模式的风速模拟结果。其中，模式 B 的风速差值最大，为 4.87m/s；包围型 F1 风速差值最小，为 4.41m/s。9 种布局模式的最小风速基本为 0.00m/s，说明场地内部存在无风区。模式 A 平均风速最大，为 2.02m/s，模式 F2 平均风速最小，为 1.89m/s，两者相差 0.13m/s，各布局模式平均风速相差较小。

表 3-20　包围型布局场地内风速模拟结果　（单位：m/s）

布局形态	模式 A	模式 BB	模式 C	模式 D1	模式 D2	模式 E1	模式 E2	模式 F1	模式 F2
最大风速	4.58	4.87	4.56	4.56	4.68	4.55	4.62	4.49	4.66
最小风速	0.00	0.00	0.00	0.09	0.00	0.00	0.00	0.08	0.00
平均风速	2.02	1.95	2.00	1.97	1.93	1.96	1.96	1.94	1.89
北部风速	1.98	1.94	2.04	2.02	2.01	2.01	2.03	2.02	2.03
西部风速	2.21	2.43	2.18	2.30	2.15	2.20	2.06	2.34	2.05
南部风速	2.44	2.38	2.15	2.06	2.04	2.15	2.11	1.99	1.93
东部风速	2.05	1.88	2.00	1.96	1.93	1.88	2.00	1.86	1.89
中部风速	1.76	1.56	1.77	1.69	1.68	1.76	1.77	1.66	1.69

计算局部风速时，将住区分为东、南、西、北、中五个部分。模式 A、B 南侧迎风侧为高层建筑，其南部风速最高，分别为 2.44m/s、2.38m/s，比其他布局模式高 0.51～0.23m/s。由于各布局模式北侧均为高层建筑，因此北部风速差异较小。对于西部风速，西侧（迎风侧）高层建筑为东西朝向的平均风速高于南北朝向的 0.1～0.28m/s；当建筑均为南北朝向时，西侧为高层建筑的平均风速高于多层建筑的 0.09～0.15m/s。对于东部

风速，东侧高层建筑为南北朝向的平均风速高于东西朝向的 0.03～0.17m/s；当建筑均为南北朝向时，东侧为高层建筑的平均风速高于多层建筑的 0.08～0.19m/s。由此可见，当高层建筑位于西侧（迎风侧）时，东西朝向风速较高，高层建筑对风速影响较为明显；当高层建筑位于东侧时，东西朝向风速较低，高层建筑对风速影响相对较弱。各布局模式平均风速在 1.89～2.02m/s 之间，中部风速在 1.56～1.77m/s 之间，其中，模式 A、F1 各部分风速差值最大，为 0.68m/s，模式 E2 各部分风速差值最小，为 0.34m/s，内部风环境最为稳定。

2. 带型布局

带型布局高层建筑呈带状分布于住区一侧，与包围型布局相比，带型布局的高层建筑比例较低，因此整体风环境变化波动较小。如图 3-33 所示为各带型布局模式的风速模拟结果。

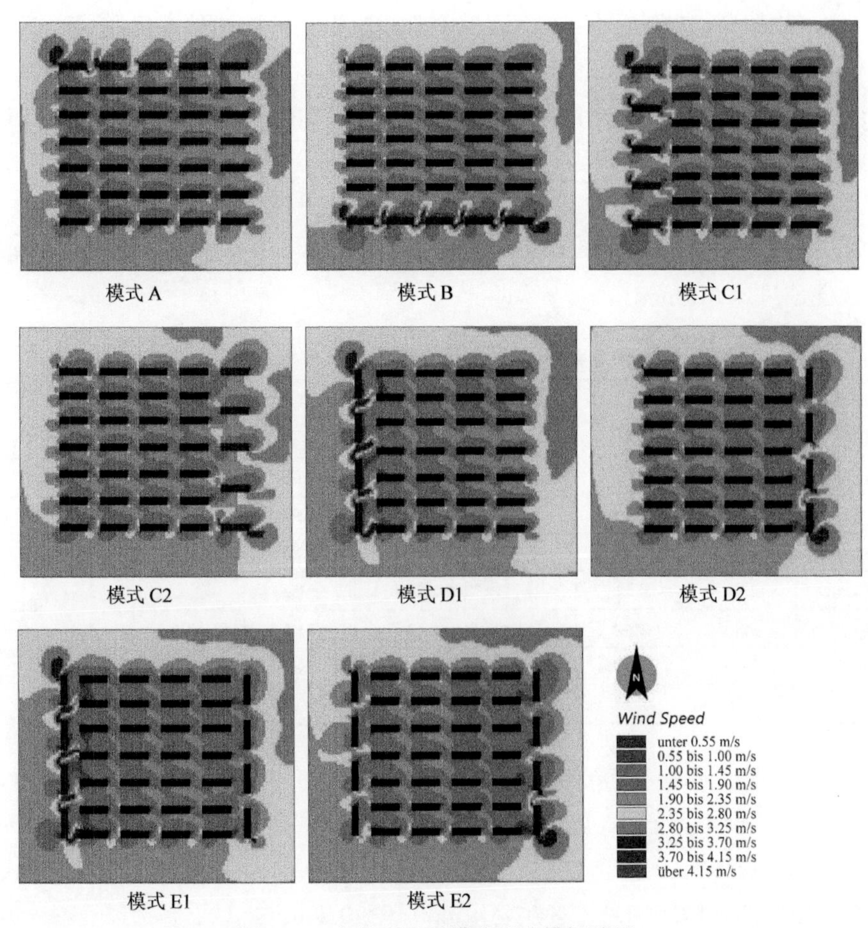

图 3-33　各带型布局模式风速模拟结果

模式 A、B、C 建筑均为南北朝向，其中模式 A 和模式 B 高层建筑分别位于住区北侧和南侧（迎风侧）。当高层建筑位于迎风侧时，形成大面积的风影区，风速低于 0.55m/s；并且因受到狭道效应和角隅风共同影响，迎风侧入口处形成高风速区，风速在 4.15m/s

以上。此外，由于高层建筑对气流的遮挡作用，模式B住区内部风速低于布局模式A。模式C1和C2的高层建筑分别位于住区西侧（迎风侧）和东侧。当高层建筑位于西侧时，其迎风侧形成边角大风且背风面形成大面积风影区，在高层建筑与多层建筑错列的山墙间局部风速较高。当高层建筑位于东侧时，高层建筑区域风速略高于多层区域，但住区内无明显高风速区和大面积风影区出现，整体风速分布较为均匀。

模式D1、D2的高层建筑为东西朝向排列，分别位于住区的西侧（迎风侧）和东侧。当高层建筑位于西侧时，对来流起到有效阻挡作用，场地西侧形成大面积静风区域，但在高层建筑山墙间风速骤增，高达4.15m/s以上，在东侧多层建筑区域风场逐渐趋于平稳。当高层建筑位于东侧时，住区内整体风环境较为稳定，气流流至东侧遇高层建筑受阻，在多层建筑山墙与高层建筑纵墙间形成涡旋气流，风速相对较低。模式E1、E2东、西两侧均为东西朝向建筑。模式E1西侧为高层建筑，东侧为多层建筑；模式E2西侧为多层建筑，东侧为高层建筑。由于气流受两侧建筑阻挡，这两种布局模式内部风速整体低于其他布局模式。

表3-21为各带型布局模式的风速模拟结果。模式B平均风速最大，为1.95m/s，模式E2平均风速最小，为1.80m/s，两者相差0.15m/s。各种工况中，模式B南部风速明显偏高，高于其他布局模式0.32～0.52m/s，这是因为其南侧为高层建筑，其余工况均为多层建筑。布局模式A和模式B北侧分别为高层建筑和多层建筑，模式A北部风速高于模式B北部风速0.13m/s。

表3-21　带型布局场地内风速模拟结果　　（单位：m/s）

布局形态	模式A	模式B	模式C1	模式C2	模式D1	模式D2	模式E1	模式E2
最大风速	4.61	4.40	4.34	3.93	4.59	4.62	4.48	4.62
最小风速	0.18	0.22	0.09	0.19	0.09	0.04	0.07	0.03
平均风速	1.91	1.95	1.93	1.92	1.91	1.86	1.86	1.80
北部风速	2.02	1.89	1.95	1.89	1.85	1.83	1.81	1.81
西部风速	2.06	2.11	2.11	2.01	2.23	2.02	2.21	2.02
南部风速	2.03	2.40	2.08	2.07	2.01	1.96	1.94	1.88
东部风速	1.85	1.87	1.88	1.93	1.86	1.86	1.77	1.72
中部风速	1.76	1.74	1.78	1.79	1.71	1.70	1.68	1.67

对于西部风速，西侧（迎风侧）高层建筑为东西朝向的平均风速高于南北朝向的0.1～0.13m/s；西侧为多层建筑时，东西朝向和南北朝向的风速基本一致；当建筑均为南北朝向时，西侧为高层建筑的平均风速高于多层建筑的约0.10m/s；当建筑均为东西朝向时，西侧为高层建筑的平均风速高于多层建筑的0.19～0.22m/s。对于东部风速，东侧高层建筑为南北朝向的平均风速高于东西朝向的约0.21m/s，东侧多层建筑东西朝向的平均风速低于南北朝向的约0.11m/s。

各布局模式平均风速在1.80～1.95m/s之间，中部风速在1.64～1.79m/s之间。相比于包围型布局，带型布局平均风速相对较低，中部风速相对稳定。带型布局中各部差值相对于包围型较小，其中，带型布局模式B各部分风速差值最大，为0.66m/s，模式C2各部分风速差值最小，为0.28m/s。这是由于带型布局中高层所占比例较小，因此高层建筑对住区风环境的影响相对较小，风环境相对较好。

3. 集中型布局

在集中型布局中，建筑均为南北朝向，高层建筑集中布置于场地的一侧。这种布局高层建筑所占比例较高，且多层与高层建筑分区较为明确。如图3-34所示为各集中型布局模式的风速模拟结果。

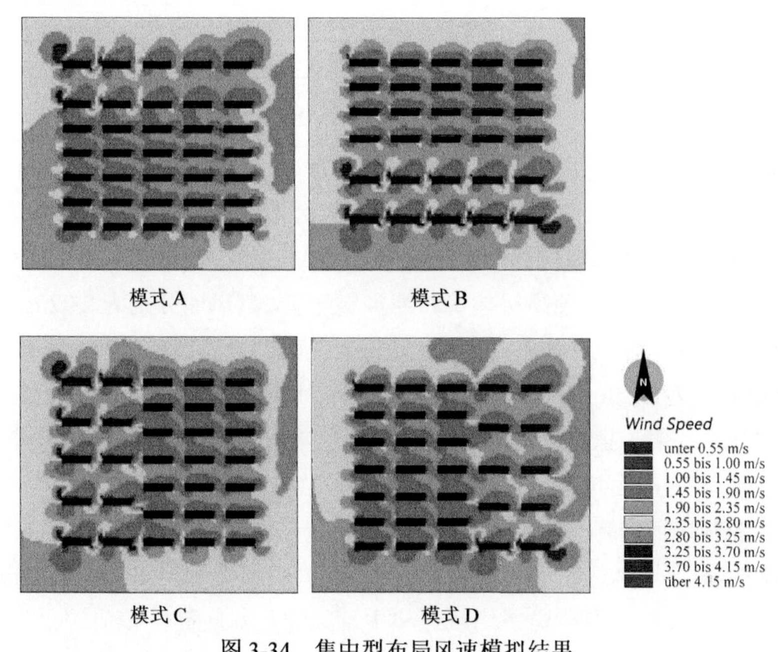

图3-34 集中型布局风速模拟结果

布局模式A高层建筑位于北侧，在场地西北角处形成边角大风，风速高达4m/s以上，高层建筑纵墙间风速约为2.0m/s。多层建筑集中布置，内部气流畅通，风速由西向东呈增大趋势，约为1.7～2.0m/s。布局模式B高层建筑集中于场地南侧，迎风侧高层建筑山墙间气流加速通过，风速约为2.6～3.0m/s，背风面形成大面积风影区。该区域风速变化显著，风环境较为恶劣。由于来流受南侧高层建筑阻挡，北侧多层建筑区域风速稳定，与模式A相比较低，约为1.2～1.5m/s。布局模式C和模式D高层建筑分别位于场地西侧（迎风侧）和东侧。当高层建筑位于西侧时，该区域风环境较差，西北角处形成高速角隅风，背风面形成大面积风影区，风速变化较大。高层建筑位于东侧时，对风环境影响相对较小，只有场地东南角处受角隅风影响风速较高，多层建筑间风速较为稳定。

表3-22为各集中型布局模式的风速模拟结果。其中，模式B平均风速最大，为2.01m/s，模式A平均风速最小，为1.90m/s，二者差值为0.11m/s，可见四种布局模式的平均风速相差很小。各布局模式的最大风速在4.17～4.63m/s之间，最大差值为0.46m/s；最小风

速在 0.12～0.21m/s 之间，相比于包围型和带型布局，最小风速较大。

表 3-22　集中型布局场地内风速模拟结果　（单位：m/s）

布局形态	模式 A	模式 B	模式 C	模式 D
最大风速	4.63	4.42	4.51	4.17
最小风速	0.21	0.19	0.12	0.19
平均风速	1.90	2.01	1.98	1.96
北部风速	2.02	1.87	1.95	1.97
西部风速	2.07	2.19	2.29	2.03
南部风速	2.03	2.34	2.16	2.08
东部风速	1.81	1.88	1.81	1.99
中部风速	1.78	1.88	1.83	1.82

对于场地南部风速，模式 B 的南侧为纯高层建筑，其风速最高，为 2.34m/s，模式 A 的南侧为纯多层建筑，其风速最低，为 2.03m/s，两者相差 0.31m/s。当南部为多、高层混合时，高层建筑位于西侧时的整体风速略高于高层建筑位于东侧。对于场地北部风速，模式 A 和模式 B 北侧分别为纯高层建筑和纯多层建筑，其风速分别为 2.02m/s 和 1.87m/s，二者差值为 0.15m/s。对于场地西部风速，模式 C 西侧为纯高层建筑，东侧为纯多层建筑，其风速最高，为 2.29m/s；模式 D 西侧为纯多层建筑，东侧为纯高层建筑，其风速最低，为 2.03m/s，二者差值为 0.26m/s。对于场地东部风速，模式 D 风速最高，为 1.99m/s；模式 A、C 风速最低，为 1.81m/s，二者差值为 0.18m/s。由此可知，当高层建筑位于南侧时，高层间整体风速最高，其次为西侧，当高层建筑位于东侧时，高层间整体风速最低。

四种布局模式平均风速在 1.90～2.01m/s 之间，中部风速在 1.78～1.88m/s 之间。相比于包围型和带型，集中型布局平均风速和中部风速相对较高，差值较小，风环境较为稳定。集中型布局中各部分差值小于包围型和带型布局，其中，模式 C 各部分差值最大，最大差值为 0.48m/s，模式 D 各部分风速差值最小，最大差值为 0.26m/s。这是由于集中型布局中，高层建筑所占比例较大，住区中部也存在高层建筑，因此整体风速较高，住区内部风环境差异较小。

4. 散点型布局

不同于以上三种布局形态，散点型布局的高层建筑为点式建筑，其平面尺寸为 30m×30m。模式 A、B、C 中高层建筑组合方式分别为 O 形、X 形、U 形，模式 D 中高层建筑为周边式布置。点式高层迎风面积相对较小，气流流动性较强，易在点式高层形成边角大风和大面积风影区，风速变化明显，住区整体风环境较不稳定。如图 3-35 所示为各散点型布局模式的风速模拟结果。

布局模式 A、B、C 较为灵活的布置方式，使混合住区中，高层建筑对多层建筑产生的影响较小，空气流通顺畅。当点式高层间形成西南向开口时，气流加速通过，风速骤增；与大面积风影区形成高、低风速交替出现的现象。多层建筑区域风环境相对稳定。模式 D 的周边式布置方式，对内部多层建筑风环境的影响较大，在多层区域形成大面积风影区和涡流区域，整体风环境极差。因此散点型布局中，高层建筑的相对位置和相对距离会对风环境产生较大影响，为保持气流流通，建筑应向来流方向错列，并保持一定间距以免形成高风速区。

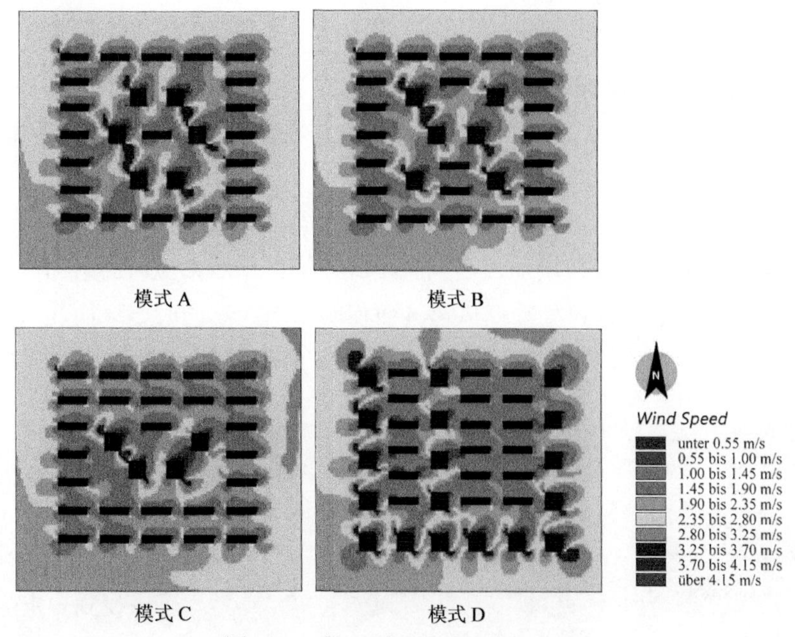

图 3-35　散点型布局风速模拟结果

表 3-23 为各散点型布局模式的风速对比。其中，模式 D 最大风速和最小风速分别为 4.56m/s 和 0.08m/s，整体风速差值较大，为 4.48m/s。模式 D 南、西部风速明显高于其他三种布局模式 0.18～0.35m/s，但中部风速明显偏低，低于其他工况 0.26～0.45m/s，因此散点型 D 各部分风速差异最大，风速变化极不稳定。布局模式 A、B、C 相比，各部分风速差异较小，各部分差值在 0.04～0.19m/s 之间。这三种布局内部风速也较为接近，最大差值分别为 0.12m/s、0.13m/s、0.13m/s。

表 3-23　散点型布局场地内风速　　（单位：m/s）

布局形态	散点型 A	散点型 B	散点型 C	散点型 D
最大风速	4.00	4.35	4.41	4.56
最小风速	0.16	0.17	0.16	0.08
平均风速	2.03	1.99	1.92	1.92
北部风速	1.95	1.94	1.88	1.73
西部风速	2.04	2.03	1.99	2.21
南部风速	2.07	2.07	2.01	2.36
东部风速	1.98	1.96	1.85	1.84
中部风速	2.11	1.97	1.92	1.66

四种布局模式平均风速在 1.92～2.02m/s 之间，除模式 D 中部风速最低，为 1.66m/s，其余布局模式中部风速在 1.92～2.11m/s 之间，相比于包围型、带型、集中型，散点型布

局内部风速较大。

3.3.3.2　竖向空间布局与风环境的关系

1. 不同高层建筑分布及其高度

（1）包围型布局

包围型共选取四种布局模式，分别为四面包围（模式 A）、三面包围（模式 B）和半包围（模式 C、D），每种布局模式的多层建筑均为 6 层，高层建筑分别设置为 12 层、18 层、24 层。

包围型布局模式 A 四面为高层建筑，随着高层建筑高度变化的风速模拟结果如图 3-36 所示。随着高层建筑层数增加，迎风面积逐渐增大，对来流风的阻挡作用使迎风侧高层建筑转角处和山墙间开口处的高风速区面积明显增大，同时背风面的风影区面积也相应增大，因此，高层建筑区域出现风速变化较大，风环境极为不稳定的现象。

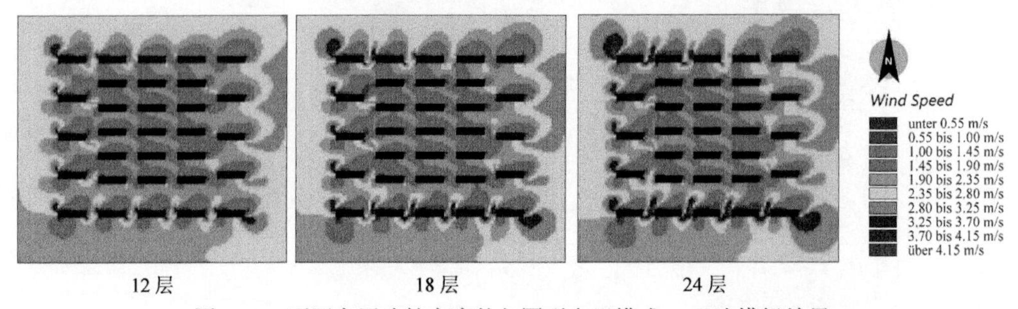

图 3-36　不同高层建筑高度的包围型布局模式 A 风速模拟结果

布局模式 A 风速模拟结果对比如图 3-37 所示。最大风速和平均风速以及东、西、南、北部风速均与建筑高度呈正相关。高层建筑高度为 24 层的最大风速比 12 层和 18 层的分别高 0.93m/s 和 0.48m/s，平均风速分别高 0.17m/s 和 0.1m/s。由此可知，四面均为高层建筑包围的多高层混合住区形态中，随着高层建筑高度增加，住区内最大风速和平均风速增大。布局内不同区域风速的最大差值，高层建筑为 12 层的为 0.50m/s，高层建筑为 18 层的为 0.68m/s，高层建筑为 24 层的为 0.97m/s。可见，高层建筑的高度越高，住区内部各部分风速差异越大，整体风环境越不稳定。

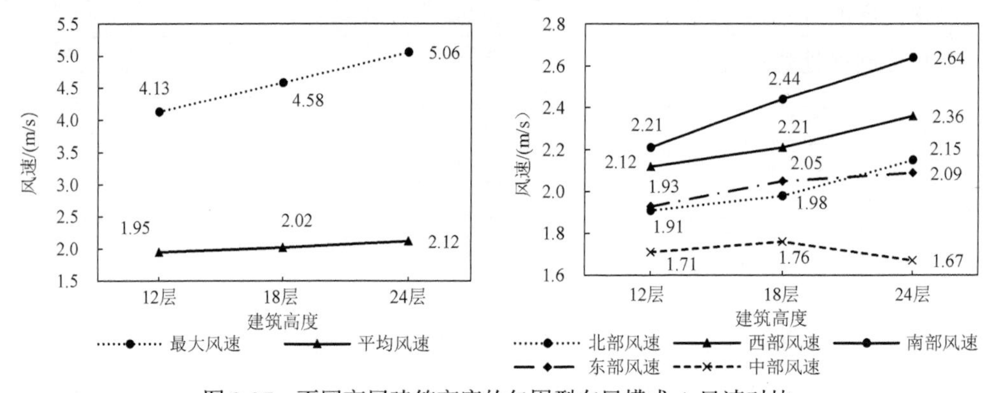

图 3-37　不同高层建筑高度的包围型布局模式 A 风速对比

包围型布局模式 B 三面为高层建筑，随着高层建筑高度变化的风速模拟结果如图 3-38 所示。高层建筑高度越高，迎风侧高层建筑转角处高风速区域面积相应增大，但布局内部风速变化较小。

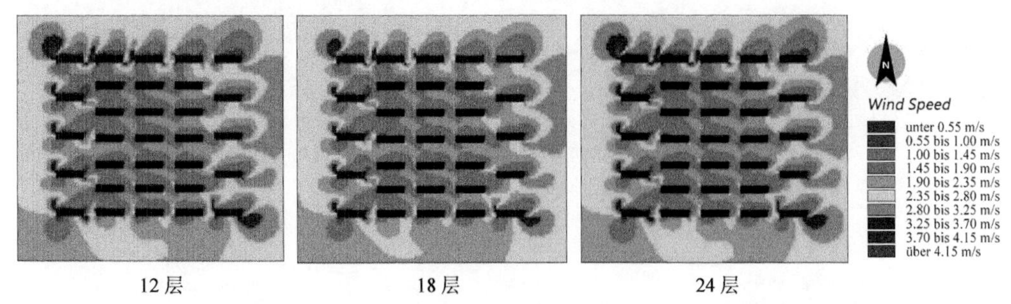

图 3-38　不同高层建筑高度的包围型布局模式 B 风速模拟结果

布局模式 B 风速模拟结果对比如图 3-39 所示。最大风速和平均风速以及东、西、南、北部风速均与建筑高度呈正相关。高层建筑高度为 24 层的最大风速比 12 层和 18 层的分别高 0.82m/s 和 0.38m/s，平均风速分别高 0.1m/s 和 0.03m/s。由此可知，住区中的最大风速和平均风速随高层建筑高度的增加而增大，但三面高层建筑包围的布局模式由于南侧无高层建筑，风速增大的幅度小于布局模式 A。布局内不同区域风速的最大差值，高层为 12 层的为 0.35m/s，高层建筑为 18 层的为 0.41m/s，高层建筑为 24 层的为 0.49m/s。由此可知，随着高层建筑高度的增高，住区内部风速波动变大，但相比于四面高层包围的情况，三面高层建筑包围的布局模式内风环境变化相对较小。

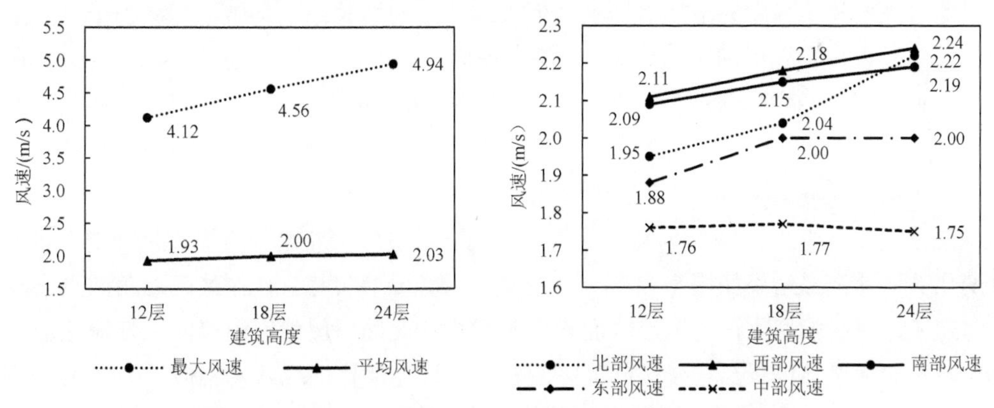

图 3-39　不同高层建筑高度的包围型布局模式 B 风速对比

包围型布局模式 C 两面为高层建筑，且高层建筑位于北侧和东侧，随着高层建筑高度变化的风速模拟结果如图 3-40 所示。北侧和东侧的高层建筑区域风环境存在较大差异，随着高度增加，住区西北角和东南角的高层建筑受角隅风作用影响变大，高风速区面积显著增大。但西北角高层建筑与多层建筑之间的风滞留区面积也随着建筑高度增加而变大，风影区风速随高度增加而降低。

布局模式 C 风速模拟结果对比如图 3-41 所示。最大风速和平均风速以及东、西、南、北部风速均与高层建筑高度呈正相关。高层建筑高度为 24 层的最大风速比 12 层和 18 层

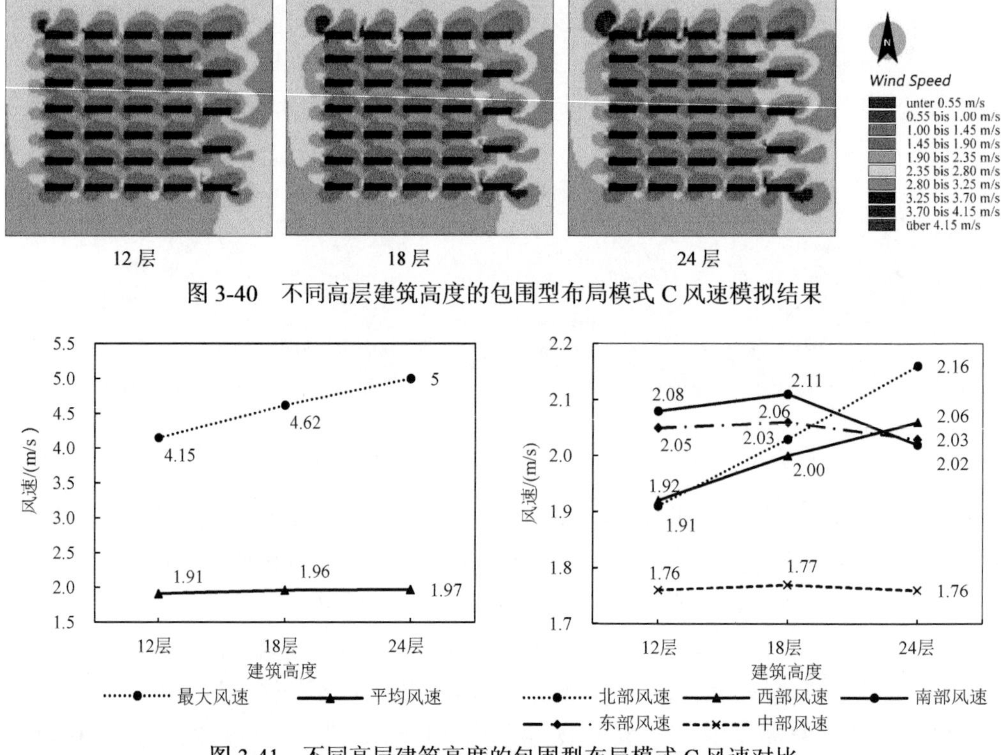

图 3-40　不同高层建筑高度的包围型布局模式 C 风速模拟结果

图 3-41　不同高层建筑高度的包围型布局模式 C 风速对比

的分别高 0.85m/s 和 0.38m/s，平均风速分别高 0.06m/s 和 0.01m/s。平均风速和最大风速依然随着高层建筑高度的增加而增大，但平均风速的增长幅度甚微，明显小于包围型布局模式 A、B。布局内不同区域风速的最大差值，高层建筑为 12 层的为 0.32m/s，高层建筑为 18 层的为 0.34m/s，高层建筑为 24 层的为 0.40m/s。当高层建筑位于住区北侧和西侧构成半包围形态时，随着高层建筑高度的增加，住区内部风速变化差异也略微增大，相比于布局模式 A、B，模式 C 的风速变化幅度最小。

包围型布局模式 D 两面为高层建筑，且高层建筑位于北侧和西侧，随着高层建筑高度变化的风速模拟结果如图 3-42 所示。随着高层建筑高度增加，住区西北角的高层建筑受角隅风作用影响变大，高风速区面积显著增大；北侧高层建筑山墙间空气流速加快。多层建筑区域风环境受高层建筑高度影响较小，风速变化情况基本相似。

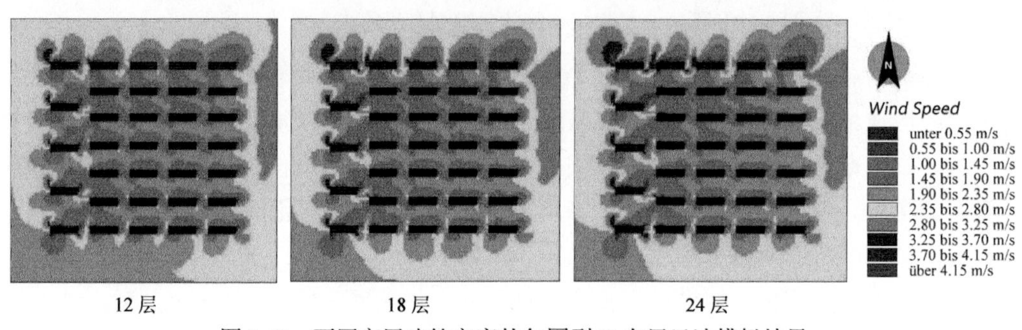

图 3-42　不同高层建筑高度的包围型 D 布局风速模拟结果

布局模式 D 风速模拟结果对比如图 3-43 所示。最大风速和平均风速以及东、西、南、北部风速均与高层建筑高度呈正相关。高层建筑高度为 24 层的最大风速比 12 层和 18 层的分别高 0.79m/s 和 0.36m/s，平均风速分别高 0.09m/s 和 0.03m/s，与布局模式 C 相比，高层建筑位于迎风侧的模式 D 整体平均风速受高层建筑高度影响较大。布局内不同区域风速的最大差值，高层建筑为 12 层的为 0.35m/s，高层建筑为 18 层的为 0.44m/s，高层建筑为 24 层的为 0.55m/s。由此可知，随着高层建筑的高度增加，住区内部风速波动变大，相比于同为由两面高层建筑包围布局模式 C，模式 D 内部风速变化幅度更大。

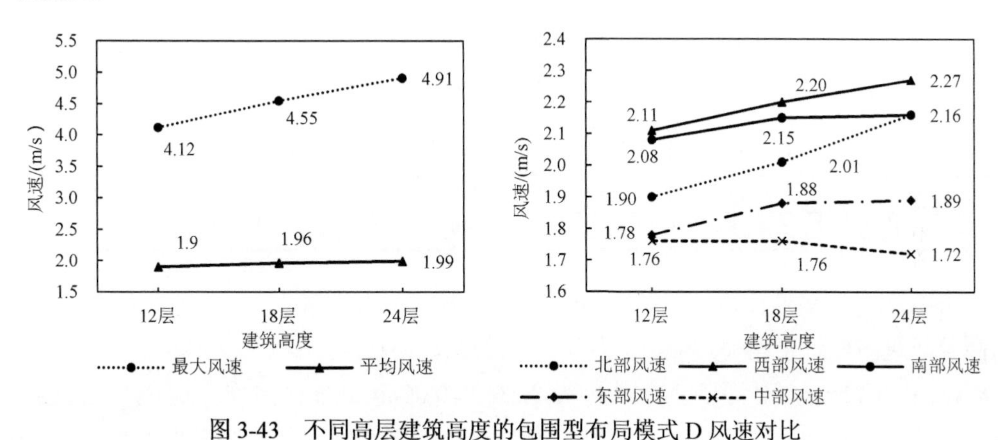

图 3-43　不同高层建筑高度的包围型布局模式 D 风速对比

通过对四种包围型布局模式的模拟结果分析可知，住区内整体的平均风速随高层建筑高度增加而变大。布局模式 A 南部平均风速受高层建筑高度影响最大，东部平均风速受影响最小，高层建筑为 24 层时中部风速最低，高层建筑为 18 层时中部风速最大。布局模式 B 高层建筑高度增加对风环境的影响较模式 A 减弱，中部风速变化较小，可知南侧高层建筑是影响中部风速的重要因素。布局模式 C 平均风速的增大幅度受高层建筑高度影响甚微，明显小于模式 A、B。模式 C 中高层建筑位于东侧和北侧，高层建筑高度过高导致气流滞留区面积过大，因此当高层建筑达到一定高度时，多层建筑区域风速反而降低。布局模式 D 高层建筑位于西侧和北侧，高层建筑达到一定高度时，多层建筑区域风速才会明显增大。四种包围型布局平均风速以及各部分平均风速受高层建筑高度影响程度为模式 A＞模式 B＞模式 D＞模式 C。

（2）集中型布局

集中型共选取四种布局模式，高层建筑分别位于场地的北侧（模式 A）、南侧（模式 B）、西侧（模式 C）、东侧（模式 D）。每种布局模式的多层建筑均为 6 层，高层建筑层数的分别设置为 9 层、12 层、15 层、18 层、21 层、24 层。

集中型布局模式 A 高层建筑位于住区北侧，随着高层建筑高度变化的风速模拟结果如图 3-44 所示。随高层建筑高度增加，西北角的高风速区面积和东北角的风影区面积明显增大，且场地内风速分布较不均匀。

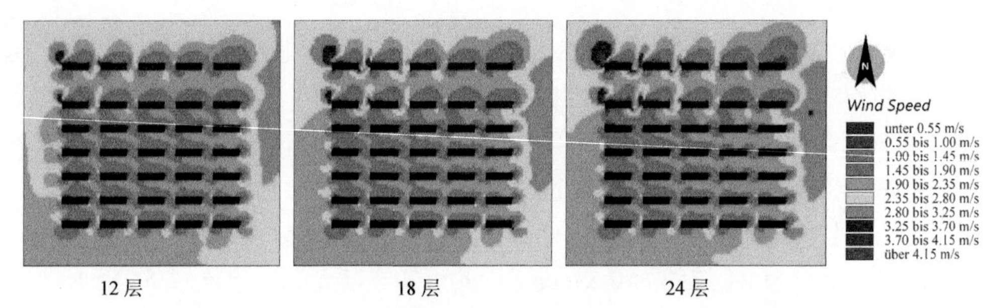

图 3-44　不同高层建筑高度的集中型布局模式 A 风速模拟结果

不同高层建筑高度影响下布局模式 A 平均风速如表 3-24 所示。当高层建筑小于 18 层时，每增加 3 层，场地内平均风速增加 0.01m/s；当高层建筑高度为 18 层以上时，平均风速的增大幅度随高层建筑高度的增加而逐渐增大。

表 3-24　不同高层建筑高度的集中型布局模式 A 平均风速

层数	9 层	12 层	15 层	18 层	21 层	24 层
平均风速/（m/s）	1.87	1.88	1.89	1.90	1.92	1.95

布局模式 A 风速模拟结果对比如图 3-45 所示。最大风速、平均风速和各部分风速均与高层建筑高度呈正相关。高层建筑为 24 层的场地内最大风速比 12 层和 18 层的分别高 0.90m/s 和 0.42m/s，平均风速分别高 0.07m/s 和 0.05m/s。北部区域受高层建筑高度影响最大，其次为西部的迎风侧。布局内不同区域风速的最大差值，高层建筑为 12 层的为 0.28m/s，高层建筑为 18 层的为 0.29m/s，高层建筑为 24 层的为 0.32m/s。由此可见，高层建筑的高度越高，住区内部各部分风速差异越大，整体风环境越不稳定，但波动变化幅度小于包围型。

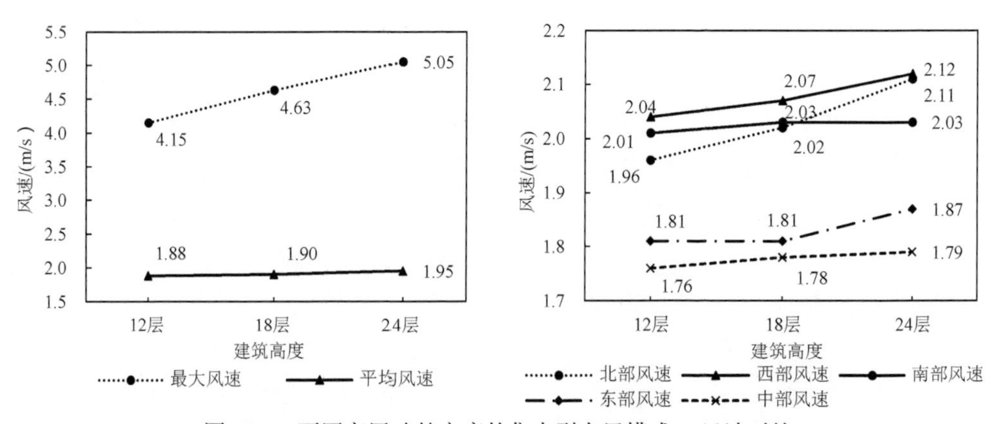

图 3-45　不同高层建筑高度的集中型布局模式 A 风速对比

集中型布局模式 B 高层建筑位于住区南侧，随着高层建筑高度变化的风速模拟结果如图 3-46 所示。高层建筑区域变化非常明显，随高层建筑高度增加，建筑转角处高风速区面积和风速、建筑山墙间开口处风速明显增大，高层建筑形成的风影区面积也随之增大，且场地内风速分布不均。

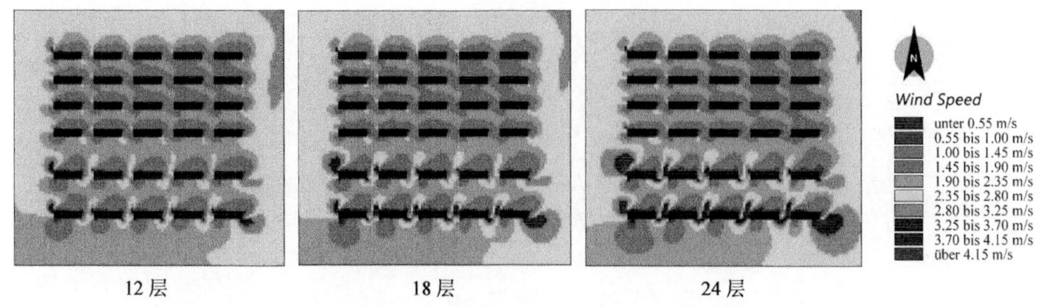

图 3-46　不同高层建筑高度的集中型布局模式 B 风速模拟结果

不同高层建筑高度影响下布局模式 B 的平均风速如表 3-25 所示，当高层建筑集中于住区南侧时，平均风速明显增大。高层建筑层数分别为 9 层和 12 层时，平均风速变化甚微，当高层建筑达到 15 层时，平均风速骤然升高 0.04m/s，随后建筑每增加 3 层，平均风速增加 0.03m/s。

表 3-25　不同高层建筑高度的集中型布局模式 B 平均风速

层数	9 层	12 层	15 层	18 层	21 层	24 层
平均风速/（m/s）	1.96	1.96	2.00	2.01	2.04	2.07

布局模式 B 风速模拟结果对比如图 3-47 所示。最大风速、平均风速均与高层建筑高度呈正相关。高层建筑为 24 层的场地内最大风速比 12 层和 18 层的分别高 0.91m/s 和 0.42m/s，平均风速分别高 0.11m/s 和 0.06m/s。布局内不同区域风速的最大差值，高层建筑为 12 层的为 0.35m/s，高层建筑为 18 层的为 0.47m/s，高层建筑为 24 层的为 0.65m/s。由此可见，高层建筑的高度越高，住区内部各部分风速波动越大，布局模式 B 的波动幅度大于模式 A。

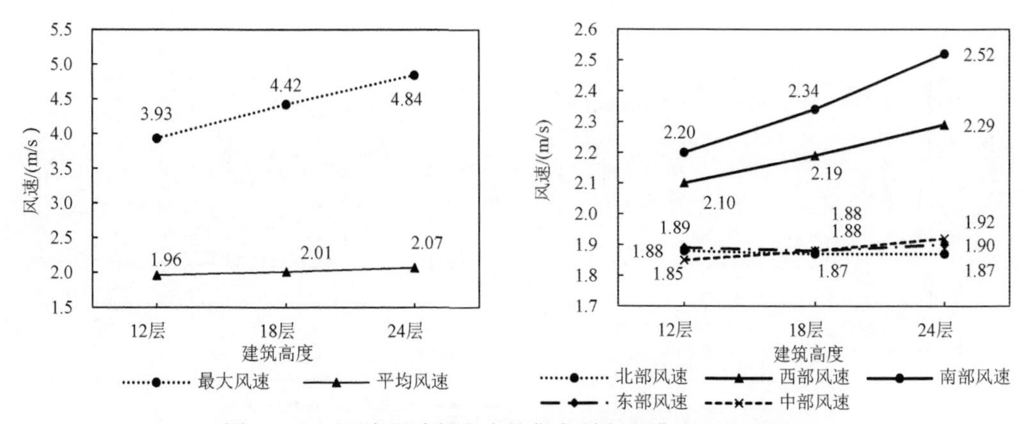

图 3-47　不同高层建筑高度的集中型布局模式 B 风速对比

集中型布局模式 C 高层建筑位于住区西侧，随着高层建筑高度变化的风速模拟结果如图 3-48 所示。随着高层建筑高度增加，高层建筑受角隅风作用影响变大，高风速区面积显著增大；多层建筑区域风环境受高层建筑高度影响较小，风速变化情况基本相似。

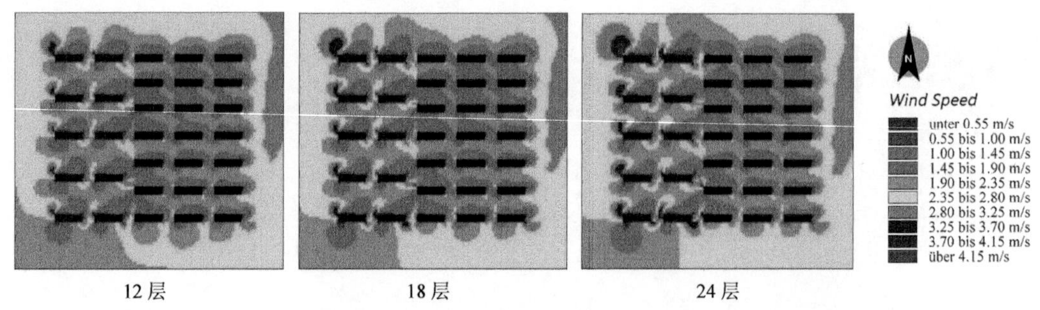

图 3-48　不同高层建筑高度的集中型布局模式 C 风速模拟结果

不同高层建筑高度影响下布局模式 C 的平均风速如表 3-26 所示，布局模式 C 平均风速整体低于模式 B，但随建筑高度增加平均风速变化最为显著。18 层以下时，每增加 3 层，平均风速增大 0.02m/s；18 层以上时，平均风速增大幅度随高度增加而增大，21 层和 24 层的增大幅度分别为 0.03m/s 和 0.05m/s。

表 3-26　不同高层建筑高度的集中型布局模式 C 平均风速

层数	9 层	12 层	15 层	18 层	21 层	24 层
平均风速/（m/s）	1.92	1.94	1.96	1.98	2.01	2.06

布局模式 C 风速模拟结果对比如图 3-49 所示。最大风速、平均风速和各部分风速均与高层建筑高度呈正相关。高层建筑为 24 层的场地内最大风速比 12 层和 18 层的分别高 0.76m/s 和 0.34m/s，平均风速分别高 0.11m/s 和 0.08m/s。此外，相对于布局模式 A、B，模式 C 中高层建筑高度变化对场地内各部分的风环境影响较小。布局内不同区域风速的最大差值，高层建筑为 12 层的为 0.40m/s，高层建筑为 18 层的为 0.48m/s，高层建筑为 24 层的为 0.62m/s。高层建筑高度的增加使住区内各部分风环境差异变大。

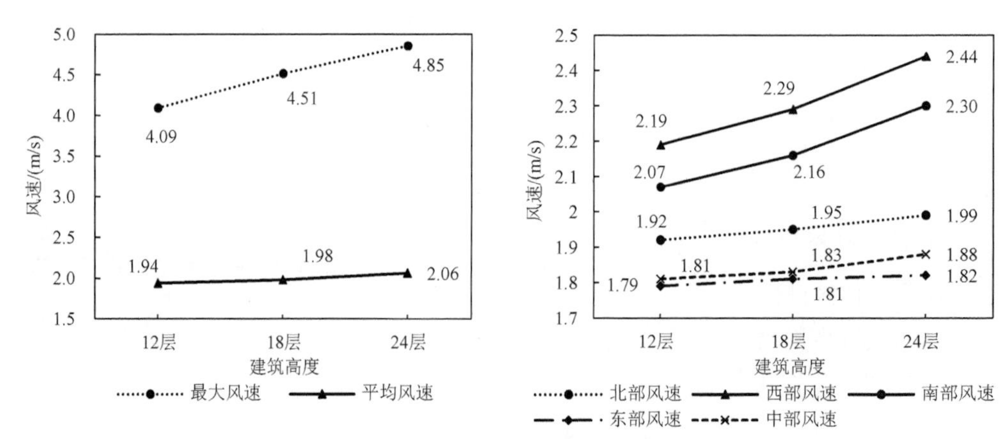

图 3-49　不同高层建筑高度的集中型布局模式 C 风速对比

集中型布局模式 D 高层建筑位于住区东侧，随着高层建筑高度变化的风速模拟结果如图 3-50 所示。由于高层建筑位于住区下风向，对场地内风环境影响相对较小。随高层建筑高度的增加，多层建筑区域风环境基本相同；高层建筑区域整体风速略微增大；南侧高层建筑受角隅风作用影响变大，高风速区面积增大。

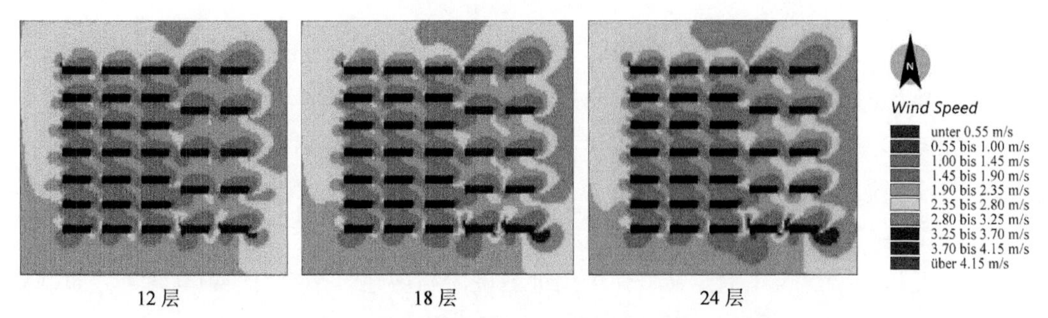

图3-50　不同高层建筑高度的集中型布局模式D风速模拟结果

不同高层建筑高度影响下布局模式D的平均风速如表3-27所示，平均风速整体略高于模式A，低于模式C，并且随高层建筑高度增加，平均风速增大幅度最小。

表3-27　不同高层建筑高度的集中型布局模式D平均风速

层数	9层	12层	15层	18层	21层	24层
平均风速/（m/s）	1.93	1.93	1.95	1.95	1.98	1.99

布局模式D风速模拟结果对比如图3-51所示。最大风速、平均风速均与高层建筑高度呈正相关。高层建筑为24层的场地内最大风速比12层和18层的分别高0.72m/s和0.23m/s，平均风速分别高0.06m/s和0.03m/s。此外，当高层建筑位于场地东部，住区内各部分的风环境受高层建筑高度变化影响较小。布局内不同区域风速的最大差值，高层建筑为12层的为0.25m/s，高层建筑为18层的为0.26m/s，高层建筑为24层的为0.20m/s。由此可知，高层建筑位于东侧，场地内各部分的风环境变化幅度较小，风速分布均匀，风环境相对最为稳定。

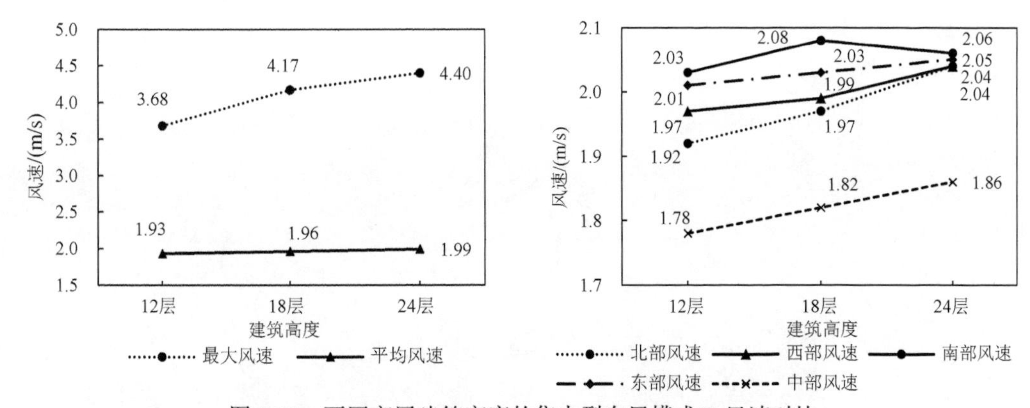

图3-51　不同高层建筑高度的集中型布局模式D风速对比

通过分析四种集中型布局模式的模拟结果发现，不同于包围型，集中型的中部风速随高层建筑的增加而增大。集中型布局模式A中18层以下平均风速随高层建筑高度稳定增长，18层以上随高度增加涨幅增大。布局模式B整体风速高于模式A，15层以下风速无明显变化，15层以上风速骤增。布局模式C高层建筑区域变化没有模式A、B明显，平均风速整体低于模式B，但平均风速增大的幅度最大。布局模式D风速的增大幅度最小，场地内风环境相对较为均匀稳定。四种建筑布局的平均风速排序为模式B>模式C>模式D>模式A。各部分平均风速受高层建筑高度影响程度排序为模式C>模式B>模式A>模式D。

2. 不同高层建筑比例

本研究将高层建筑比例定义为住区用地范围内高层建筑基底总面积与各类建筑基底总面积的比率（%）。通过前期调研发现，多高层混合住区中高层建筑所占比例范围为10%～90%。以下对包围型布局和集中型布局中不同高层建筑比例对多高层混合住区风环境的影响进行研究。

（1）包围型布局

包围型布局模式A为四面高层建筑包围、模式B为西南侧高层建筑包围、模式C为东北侧高层建筑包围。依据建筑水平布局形态不变，改变高层建筑比例进行模拟，受场地限制，每种布局有两种高层建筑比例变化，分别为：布局模式A为55%、70%；布局模式B、C均为30%、70%。

不同高层建筑比例影响下，各包围型布局模式风速模拟结果如图3-52～图3-54所示。当迎风侧为高层建筑时（模式A、B），随着高层建筑比例增大，高层建筑区域风速降低，且高层建筑山墙间开口处风速变化最为显著。当迎风侧为多层建筑时（模式C），随着高层建筑比例增大，多层建筑区域风速变化较小，高层建筑区域风速明显降低。

不同高层建筑比例影响下三种包围型布局模式的平均风速如表3-28所示。水平布局形态相同时，平均风速与高层建筑比例呈负相关，当水平布局形态不一致时，平均风速与高层建筑比例无显著的相关性。

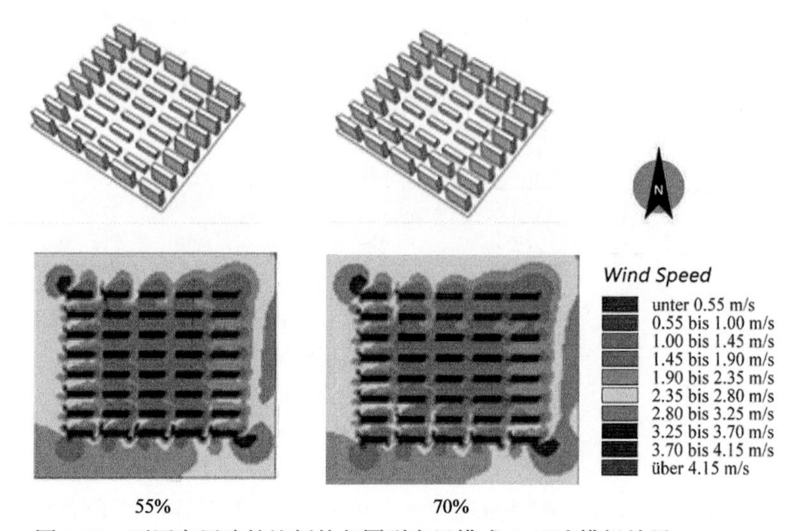

图3-52　不同高层建筑比例的包围型布局模式A风速模拟结果

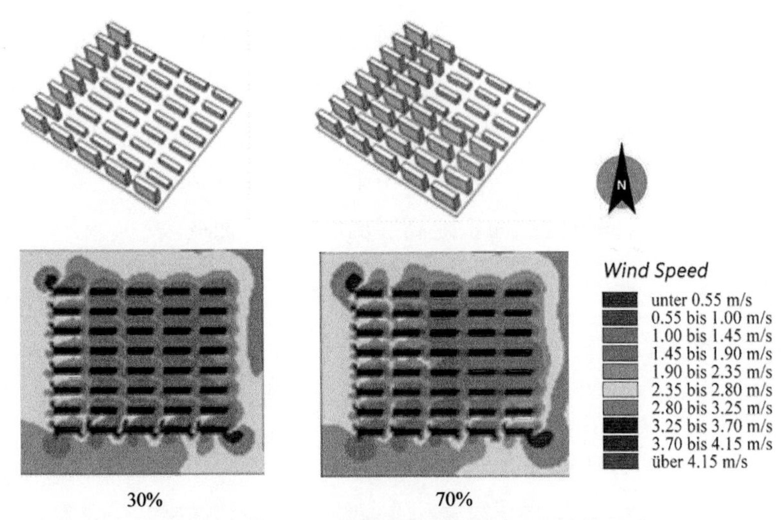

图 3-53　不同高层建筑比例的包围型布局模式 B 风速模拟结果

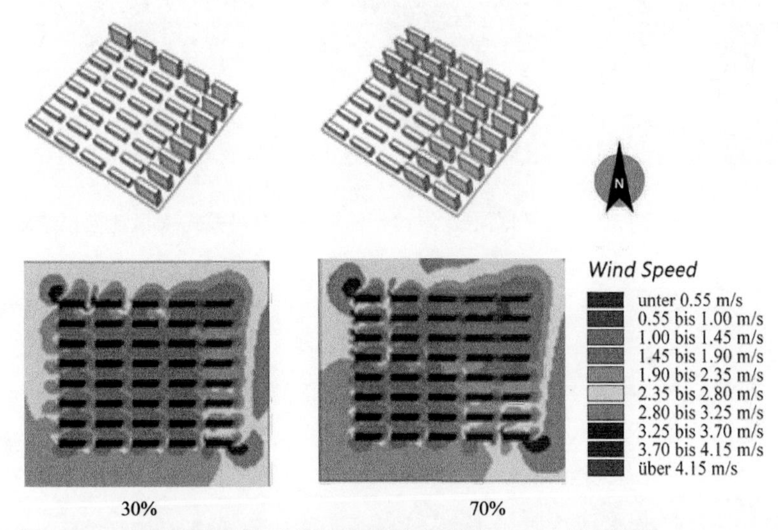

图 3-54　不同高层建筑比例的包围型布局模式 C 风速模拟结果

表 3-28　不同高层建筑比例的各包围型布局模式平均风速

布局形态	模式 A		模式 B		模式 C	
高层建筑比例	55%	70%	30%	70%	30%	70%
平均风速/（m/s）	1.89	1.88	1.91	1.87	1.80	1.73

（2）集中型布局

集中型布局模式 A 为高层建筑位于场地北侧，模式 B 为高层建筑位于场地南侧。每种布局模式有三种比例变化，分别为 12.5%、37.5%、75%。

不同高层建筑比例影响下，各集中型布局模式风速模拟结果如图 3-55、图 3-56 所示。住区内低风速区面积随着高层建筑比例的增加而变大，高层建筑区域风速有降低的趋势。当高层建筑位于场地南侧（上风向）时，高层建筑比例增加，迎风侧高层建筑山墙间开口处风速显著减小，且高层建筑区域低风速区面积明显增大。当高层建筑位于场地北侧（下风向）时，多层区域风速变化较小，高层区域风速减小趋势显著，当高层建筑比例增加至 75%时，下风向处出现较大面积的静风区域。可以看出，高层建筑比例对风速的影响受高层建筑分布的干扰，高层建筑集中于下风向时气流流动受到高层建筑阻碍，易形成大面积的静风区，静风区的面积随高层比例的增加而变大。

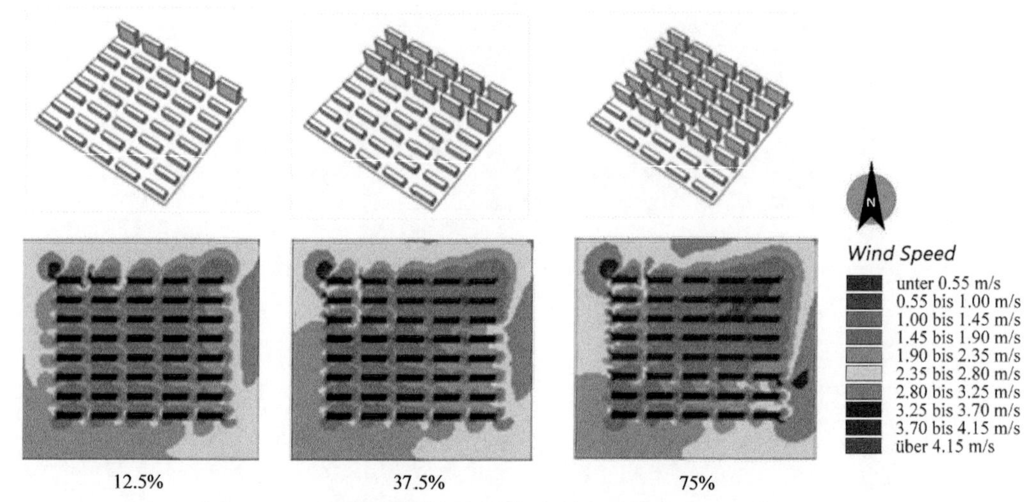

图 3-55　不同高层建筑比例的集中型布局模式 A 风速模拟结果

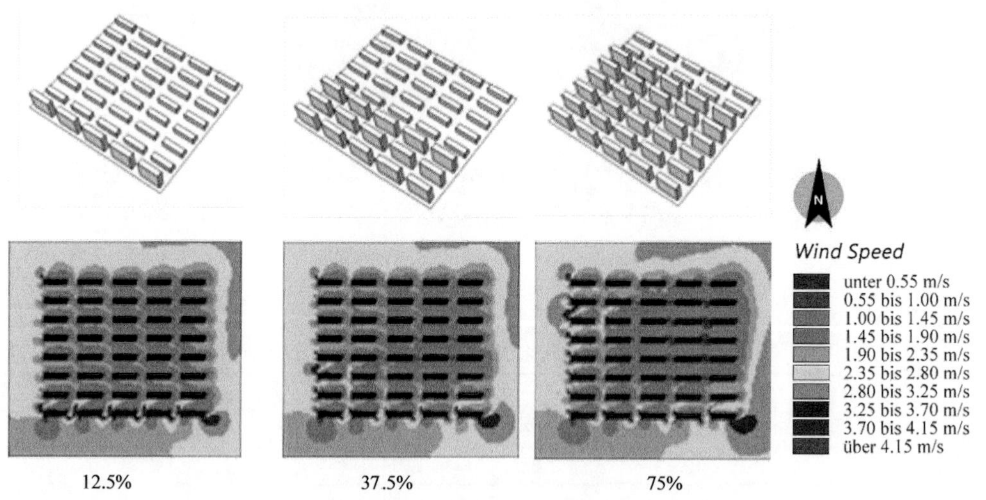

图 3-56　不同高层建筑比例的集中型布局模式 B 风速模拟结果

不同高层建筑比例影响下两种集中型布局模式的平均风速如表 3-29 所示。当布局模式 A 的高层建筑比率为 12.5%和 37.5%时，平均风速几乎一致，仅相差 0.01m/s，高层建筑比率为 75%的平均风速则明显变小。布局模式 B 的平均风速与高层建筑比例呈负相关。当水平布局形态不一致时，平均风速与高层建筑比例无显著的相关性，如表 4-21 所示。

表 3-29 不同高层建筑比例的各集中型布局模式平均风速

布局形态	模式 A			模式 B		
高层建筑比例/%	12.5	37.5	75	12.5	37.5	75
平均风速/（m/s）	1.87	1.88	1.78	1.82	1.75	1.67

3.3.3.3 小结

1. 水平空间布局

包围型各布局模式平均风速在 1.89～2.02m/s 之间，中部风速在 1.56～1.77m/s 之间。其中，模式 E2（住区北侧和东侧由南北朝向高层建筑包围）平均风速适中，各部分风速差值最小，且住区内部无强风和静风区出现，因此该布局模式风环境最为稳定。

带型各布局模式平均风速在 1.80～1.95m/s 之间，中部风速在 1.64～1.79m/s 之间。相比于包围型布局，带型布局平均风速相对较低，中部风速相对稳定。带型布局中各部分差值相对包围型较小，其中，模式 C2（南北朝向高层建筑位于住区东侧）平均风速适中，最大风速和各部分风速差值均为最小，因此该布局模式风环境相对较好。

集中型各布局模式平均风速在 1.90～2.01m/s 之间，中部风速在 1.78～1.88m/s 之间。相比于包围型和带型布局，集中型布局平均风速和中部风速相对较高，但各部分风速差值相对较小。由此可见，虽然集中型布局住区内风环境相对稳定，但整体风速较大。集中型布局中，模式 D（高层建筑集中在住区东侧）平均风速适中，最大风速和各部分风速差值均为最小，因此该布局模式风环境相对较好。

散点式各布局模式平均风速在 1.92～2.02m/s 之间，中部风速在 1.66～2.11m/s 之间。相比于包围型、带型、集中型布局，散点型布局内部风速较大，且风速变化极不稳定，点式高层建筑受角隅风影响，住区内多处形成强风区域。

综上所述，对于严寒地区冬季气候，带型布局为多高层混合住区中较为理想的水平布局形态。此外，当来流风向为西南向时，带型布局中高层建筑宜采用南北朝向并布置于场地东侧。

2. 竖直空间布局

（1）不同高层建筑分布及其高度

包围型布局住区内整体的平均风速随高层建筑高度增加而变大。四种包围型布局模式平均风速以及各部分平均风速受高层建筑高度影响程度为：模式 A（四面包围）＞模式 B（三面包围）＞模式 D（西、北两侧包围）＞模式 C（东、北两侧包围）。

集中型布局不同于包围型，集中型布局的中部风速随高层建筑的增加而增大。四种集中型布局模式的平均风速大小为：模式 B（高层建筑集中于南侧）＞模式 C（高层建筑集中于西侧）＞模式 D（高层建筑集中于东侧）＞模式 A（高层建筑集中于北侧）。各部分平均风速受高层建筑高度影响程度大小为：模式 C＞模式 B＞模式 A＞模式 D。

（2）不同高层建筑比例

对于包围型布局，随高层建筑比例增大，高层建筑区域风速呈减小趋势，当高层建筑位于住区下风向时，趋势更为显著。此外，水平布局形态相同时，平均风速与高层建筑比例呈负相关，当水平布局形态不一致时，平均风速与高层建筑比例无显著的相关性。

对于集中型布局，当高层建筑集中在场地北侧（下风向）时，高层建筑比率为 12.5% 和 37.5%时，平均风速几乎一致，仅相差 0.01m/s，高层建筑比率为 75%的平均风速则明显变小。当高层建筑集中在南侧（上风向）时，平均风速与高层建筑比例呈负相关。当水平布局形态不一致时，平均风速与高层建筑比例无显著的相关性。

3.4　住区建筑布局策略

3.4.1　多层住区建筑布局策略

1. 合理选择主导建筑布局类型

针对应对冬季风环境的建筑布局来说，在寒地多层住区建筑布局模式的规划设计上，应更加倾向于选择以行列式建筑布局模式为主导的综合性布局模式，不应做成纯行列式模式。研究结果表明，如行列式中的 A 模式，其前后建筑体之间相互对应，建筑山墙之间的空隙同样前后对应。这就造成气流通过建筑体块间的空间时阻碍较小，风速较高，如图 3-57 所示。因此在建筑布局模式的选择上，应该尽量避免这种纯行列式布局，适当地在建筑体相对位置上采取相应变化。

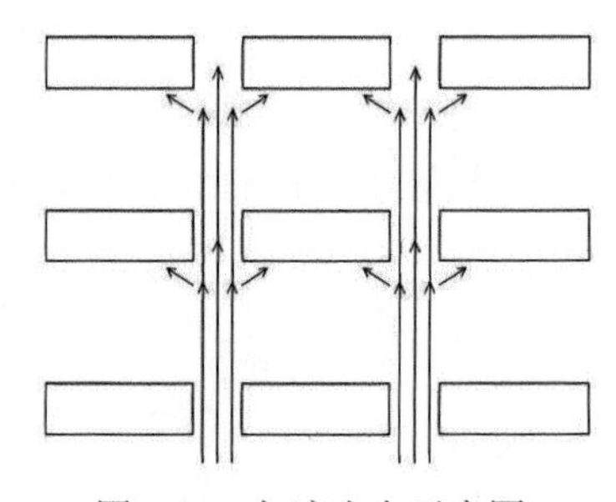

图 3-57　气流走向示意图

2. 择优选择建筑布局类型

从各类模式的风环境整体对比中可以看出，围合式及混合式布局模式 C、D（图 3-58）的最大风速与最小风速均在较低的水平，冬季整体风环境较好。不过由于其内部气流场的整体均匀度较低，其总体风环境水平低于行列式布局模式。因此，在行列式建筑布局模式受限的条件下，可以考虑采取这两种布局模式，以使得住区内部空间达到相对较好的风环境水平。

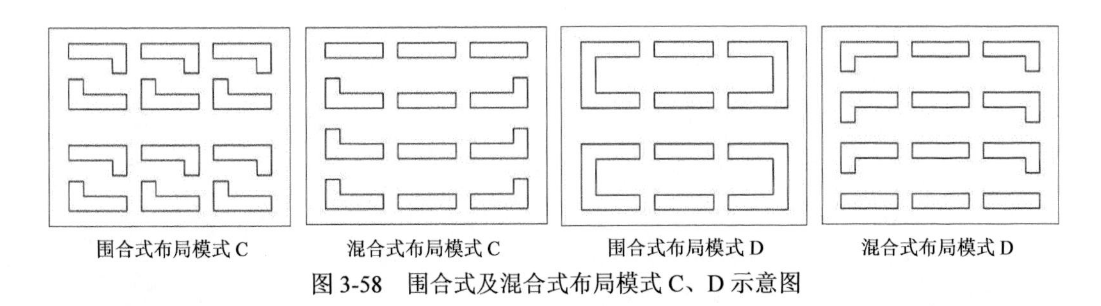

图 3-58　围合式及混合式布局模式 C、D 示意图

在建筑布局模式中，混合式布局模式 B 平均风速最低，为 1.52m/s，且远远低于其他布局模式的平均风速。混合式布局模式 B 内部整体呈行列式布局，但在西侧有东西向布置的住宅，这些东西向布置的建筑体量在冬季能对住区内部形成较强的遮挡，从而减弱冬季寒风对内部的侵扰（图 3-59）。因此，在对多层住区进行建筑布局时，尤其以行列式建筑布局模式为主的情况下，可以在住区西侧设置建筑体量对冬季寒风进行遮挡，使住区内部空间保持较低的风速。

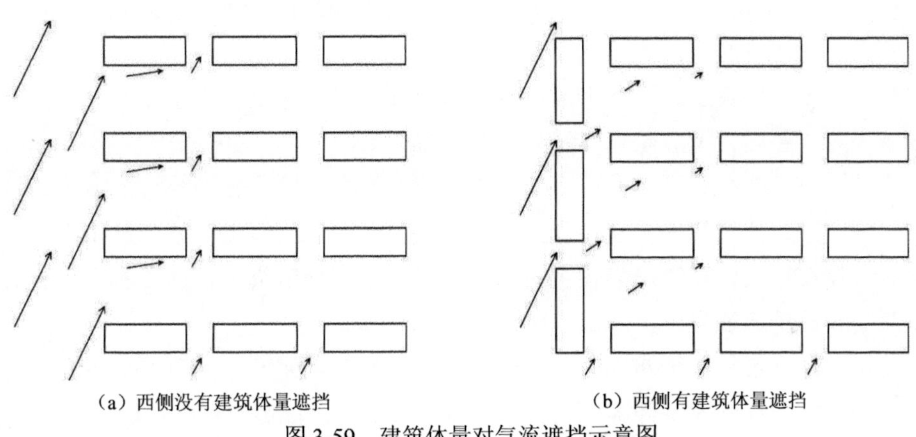

图 3-59　建筑体量对气流遮挡示意图

3. 避免不利的建筑布局类型

通过各种布局模式的对比可以发现，围合式布局中的模式 A、B 总体风环境较差，在建筑布局模式的选择时应该避免采取类似的布局模式。围合式布局模式 A、B 均采用了较多的 U 形建筑，通过 U 形建筑与周围建筑体量的组合，形成了围合感较强的局部空间，这种局部空间较多的时候，会形成较多的风环境缺陷。图 3-60 为 U 形建筑的风环境模拟图。U 形建筑四周形成较多狭窄的通道，这种情况造成一定的狭管效应，使得通道之间风速较大。另外 U 形建筑对气流的阻挡也较为严重，建筑角落附近形成较多的角隅风，提高了多层住区的整体风速，其角隅风的较高风速对附近行人构成较大不舒适。因此在建筑布局时，应尽量减少 U 形建筑体量的选择，避免造成显著风缺陷，不利于冬季良好风环境的营造。

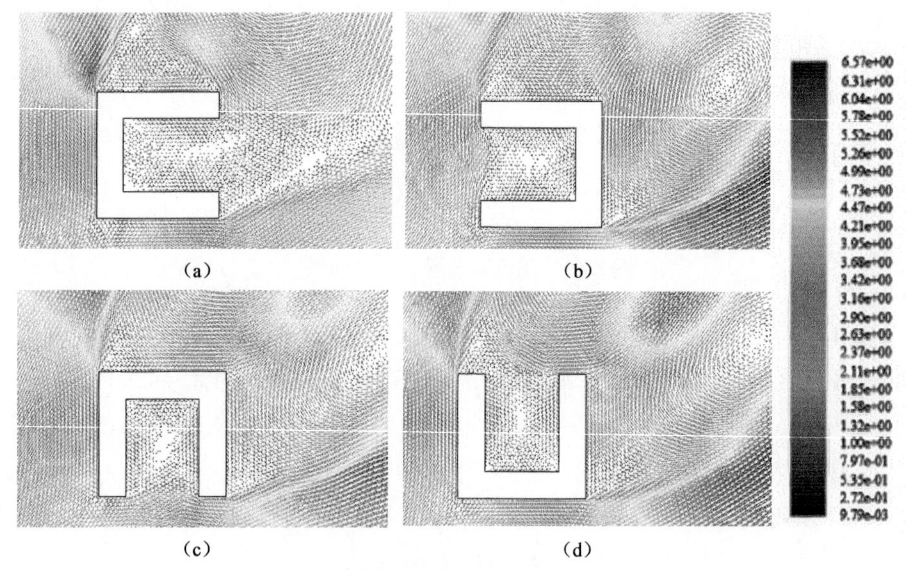

图 3-60　U 形建筑风环境模拟

4. 合理设置建筑的相对位置关系

建筑物的相对位置及距离的不同可以使得内部微气候环境变化差异较大。在进行住区建筑布局时，要充分考虑建筑体量的相对位置关系。

由建筑布局模拟结果可以发现，行列式建筑布局中的模式 B 总体微气候环境较好，其原因主要是建筑体块间的相互错列关系。从布局图中可以看出，第一排和第三排建筑相对于第二排和第四排建筑形成较大的东西向错位，这种错位组合使得通过建筑山墙之间的气流受到后排建筑阻碍，降低了住区内部整体风速。

由此可知，在进行建筑布局时，应充分考虑到前后排建筑错位布置所形成的良好气流组织状态，以有利于建筑外部空间的微气候环境调节。如图 3-61 所示，图（a）为前后排建筑体块位置相互对齐，图（b）前后排建筑体块相互错位。图（b）中建筑的布局方式能够对气流起到更好的遮挡作用，内部能够维持较好的风环境。

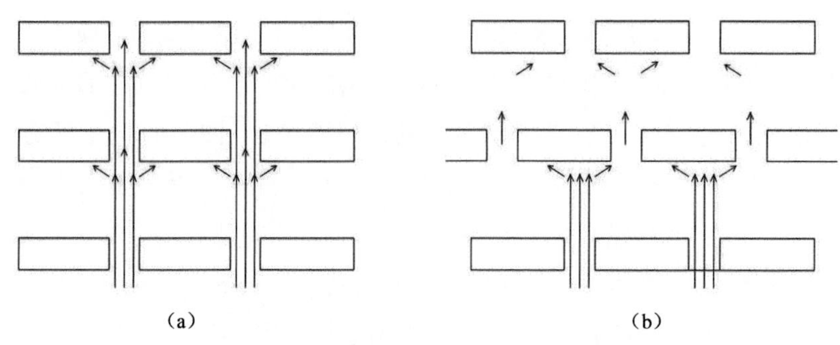

图 3-61　建筑体块位置对气流走向的影响示意

5. 协调冬夏两季微气候环境

在哈尔滨地区多层住区建筑布局模式的选择上，会遇到应对冬夏两季微气候环境所采取的布局模式相矛盾的情况。这就需要在建筑规划布局初期充分分析影响布局模式的各项客观因素，在平衡各项基础矛盾的情况下再进行多层住区的建筑布局，从而达到权衡各项影响因素，创造各个季节均能够具有较好微气候环境水平的建筑布局模式。

在哈尔滨地区微气候环境营造方面，应考虑以冬季微气候环境为主，夏季微气候环境为辅。从哈尔滨地区的建筑布局现状可知，围合式布局模式分布较广，数量较多。导致这种布局模式大量存在的主要原因是，城市形成之初，城市总体建筑密度较低，低矮的多层建筑较多，城市外围空间寒冷空气对城市的侵袭比较严重，住区采用围合式可以更好地抵御冬季寒风侵扰。

同时，寒地住区节能保温建筑技术的发展使得建筑具有较强的抗寒能力，综合冬夏两季住区微气候环境营造的利弊来看，围合式建筑布局对于寒地住区建筑整体布局的重要程度在慢慢下降。随着人们对生活环境品质要求的逐渐提升，严寒地区人们对夏季微气候环境品质关注程度进一步提升。

从前文对各种布局模式的微气候环境对比可知，从冬季风环境来说，行列式建筑布局模式 A 和混合式建筑布局模式 A 风环境水平较差。这是由于建筑体量位置的相对关系，在前后建筑相应的情况下，气流运动过程中受到的阻碍较小，致使住区内部整体风速较高，风环境较差。围合式建筑布局模式 B 和围合式建筑布局模式 D 由于建筑住区内部形成的围合空间较多，尤其 U 形建筑体量内部形成大面积静风区域，造成空气流通受阻，组团内外空气交换较少，导致夏季风环境较差。由于哈尔滨地区冬季主导风向为西南和西，且全年最冷月（1 月）主导风向为西，夏季主导风向为西南和南，因此，在进行建筑布局时，宜在住区西侧布置东西朝向建筑，以阻挡冬季寒风侵袭，有效降低住区内部整体风速；住区东侧宜采用行列式布局，以避免形成大面积风影区及涡旋气流，从而有效提升夏季住区风环境质量。此外，可根据住区公共空间不同使用功能，对行列式布局进行灵活调整，通过横向错列和纵向错列的方式，在局部形成广场、花园等功能空间，在满足当今人们开放性、多样化的生活方式需要的同时，改善冬夏两季室外微气候环境。

3.4.2　高层住区建筑布局策略

图 3-62 为典型行列式布局示意图。行列式不同布局模式的风速平均值十分接近，模式 A1 的住区内部角隅风最不明显，说明其内部风环境最为稳定；模式 B1、B2 内部角隅风较不明显，其中 B1 风速差值最小，住区内部风速较为稳定，风速突变较少且无强风区，风环境较好；模式 C1、C2 内部风速分布极不均匀，建筑山墙间风速增加明显，严重影响行人舒适度。因此，当风向为西南风时，高层住区若选择行列式布局，建议首选布局模式 A，即建筑并列布局前后左右均无错列，其次选择模式 B1 或模式 B2，不建议

选择模式 C1、C2。若因场地原因需要采用模式 C1、C2 布局，建议在住区内部风速激增区采取种植高大乔木等防风措施。

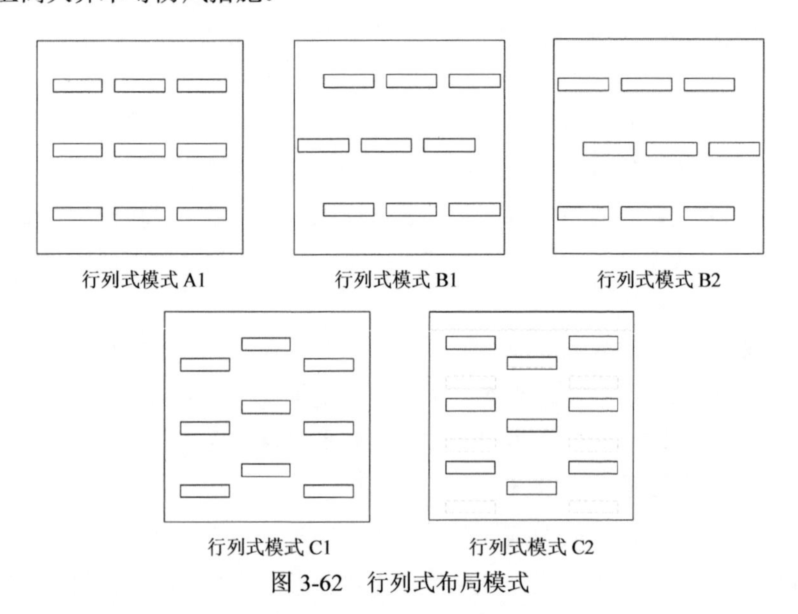

图 3-62　行列式布局模式

图 3-63 为典型围合式布局示意图。在围合式布局的模拟中，模式 A1、A2 的平均风速大于模式 B1、B2，但 A1、A2 风速差值却明显小于 B1、B2，说明模式 A1、A2 的风环境相对稳定，风影区面积较大，有利于严寒地区冬季防风，针对严寒地区建议选择模式 A1、A2（即由矩形平面建筑围合而成，在组团内部对气流形成阻挡，从而降低组团内部风速）作为围合式高层住区的布局方式。

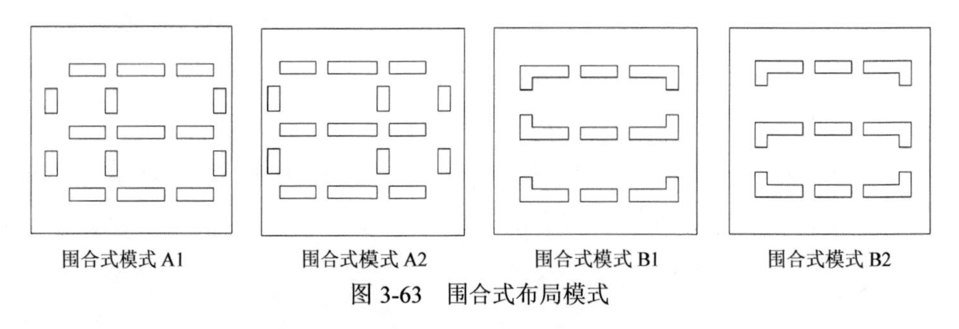

图 3-63　围合式布局模式

图 3-64 为典型混合式布局示意图。在混合式布局中，各种模式的平均风速较为接近，其中模式 A1、A2 的风速差值最小，从模拟图中也能看出其内部没有风速陡增区域，风环境较为稳定，有利于增加居民的室外舒适度。模式 B1、B2 虽然平均风速最低，但部分存在着强风区域，且风速分布不均匀，布局模式 C1 和 C2 由于迎风侧无建筑阻挡，布局内部风速较大，且形成多处角隅风，整体风环境极不稳定，对营造舒适的室外物理环境不利。因此，在混合式布局中，建议采用模式 A1、A2 作为布局模式，从而营造稳定的室外风环境，提升居民的室外舒适度。

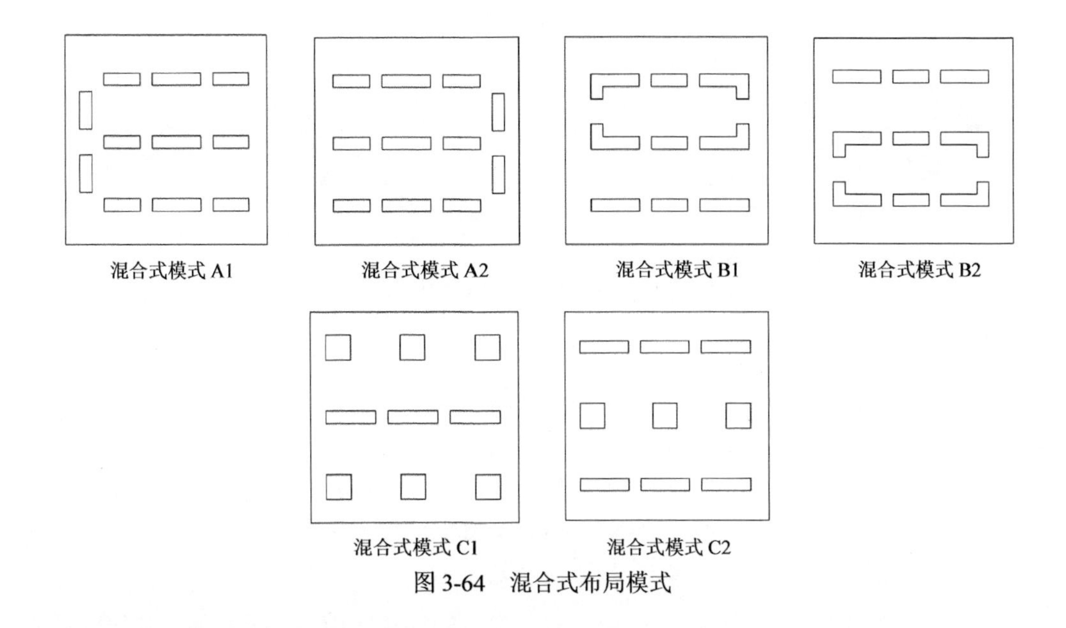

图 3-64　混合式布局模式

3.4.3　多高层混合住区建筑布局策略

1. 水平形态设计策略

对哈尔滨混合住区水平形态设计策略主要从建筑平面形式、建筑群体布局、多高层相对位置等三个方面进行研究。

（1）合理选择建筑平面形式

在本研究的模拟分析中，东西朝向的高层建筑虽能够适当起到冬季防风作用，但位于迎风侧的高层建筑后方形成较大的风影区，位于东侧的高层建筑前易产生滞留区，对整体室外的风环境产生了较为不利的影响。因此，混合住区中的高层建筑宜采用南北朝向为宜。

对于建筑平面形式，应更倾向于行列式布局主导。采取行列式布局时，住区外侧建筑山墙间距过小易形成狭管效应，使气流进入住区时流速过快，因此应适当调整山墙间距，防止山墙间距过小。当建筑采取围合式或半围合式时可以形成封闭的内院，有效防止冬季气流入侵，但组团之间易形成风道，整体风环境不稳定。

（2）合理控制建筑群体布局

综合比较本研究模拟的四大类混合住区的布局形态，南北朝向的带型布局和集中型布局的高风速区和静风区面积相对较小，整体风环境较为通畅，风速分布较为均匀。但考虑到带型布置的容积率较低，无法满足有些地块的容积率要求，因此可以选用集中型布局。

如图 3-65，在带型布局和集中型布局中，带型布局模式 C2 和集中型布局模式 D 风环境最佳，均为高层建筑位于场地东部，对整体风环境影响最小，因此混合住区中高层建筑应优先集中布置于场地东侧。散点型布局较为少见，选用这种布局形式时，应注意点式高层建筑的错列布置，高层建筑之间应保留合理的间距。

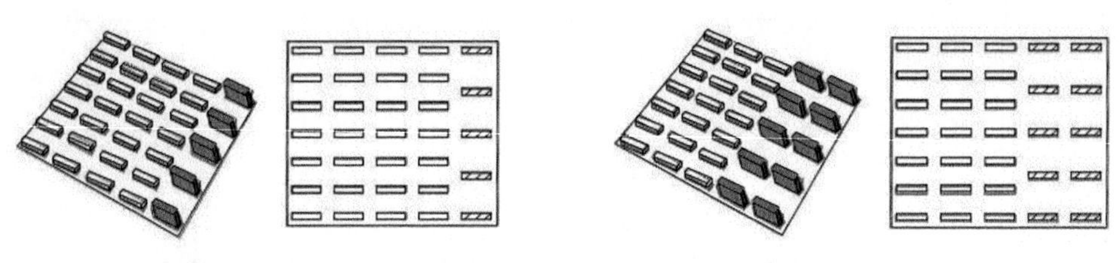

图 3-65　带型布局模式 C2 和集中型布局模式 D 布局示意图

（3）合理确定多高层建筑相对位置关系

在多高层混合住区中，高层建筑与多层建筑的相对位置关系，对风环境也将产生一定的影响。当高层建筑位于多层建筑南侧时，高层建筑区域会产生较强烈的狭道风和角隅风，并对部分流入住区的气流起阻挡作用，因此位于高层建筑北侧的多层建筑区域风速会减弱，虽对冬季防风起到一定作用，但整体风环境较为不稳定。当高层建筑位于西侧时，东西方向形成风道，居住区整体风速较高。当高层建筑位于多层建筑北侧和东侧时，其对多层建筑的影响相对减弱，由于多层建筑的遮挡作用，背风侧高层建筑区域的高风速区和静风区适当减小。

由此可知，高层建筑分布对风环境影响的程度关系为南侧＞西侧＞北侧＞东侧，因此对多高层混合住区进行布局时，应尽量避免将高层建筑布置于迎风侧即南侧或西侧，而尽量多布置于东侧或北侧。

2. 竖向形态设计策略

（1）合理控制高层建筑高度

根据前文的研究结果可知，高层建筑周边的风环境较差，整体风速偏高，风速变化波动大，局部出现风不利点，对整体风环境产生不良影响。居住区内部的高层建筑高度的增加，会使高层建筑转角处受角隅风作用影响变大，使高风速区的面积增大、高风速区内风速变高。在建筑物宽度和长度一定的情况下，建筑物高度的改变会影响建筑背风区的涡流长度，高层建筑背风处的风影区面积会随之变大，所形成的低风速区内风速随之降低。高层建筑山墙间通道也会出现强风口的现象，风环境较为不稳定。

根据前文研究结果可知，当高层建筑在 18 层以下时，场地内平均风速涨幅较小，当高层建筑层数大于 18 层时，场地内的平均风速涨幅增大。因此在多高层混合住区的规划设计中，应尽量将高层建筑的高度控制在 18 层以下。

（2）合理控制高层建筑比例

多高层混合住区中，高层建筑所占比例对风环境产生一定影响，但这种影响受水平布局形态的限制。只有当水平布局形态一致时，平均风速与高层建筑的比例呈负相关。高层建筑大量布置于东、北部时，随着高层建筑比例的增大，易形成较大面积的静风区，风环境较差。高层建筑大量布置于西、南部时，随着高层建筑比例的增大，狭管效应随之减弱，气流流通较为顺畅。

因此对于哈尔滨冬季的气候情况，高层建筑比例较高时，为使场地内风环境更加畅通稳定，宜采用集中型布置。当场地东、北部布置高层建筑时，为防止场地内产生大面积静风区，高层建筑比例不宜高于30%，西、南侧布置高层建筑时，为了避免入口处风环境波动过大，宜在西南两侧布置两排以上高层建筑，不宜布置单排高层建筑。

3.5　本章小结

本章对严寒地区城市住区建筑布局对微气候的影响进行研究，通过现场实测分析冬季住区内微气候现状，以及不同建筑布局对微气候的影响；通过 ENVI-met 软件分别对多层住区建筑布局、高层住区建筑布局以及多高层混合住区建筑布局对风环境的影响进行模拟分析；根据实测与模拟分析结果提出城市住区建筑布局策略。

通过对12种多层住区建筑布局模式的风环境模拟结果进行对比分析，得出以下结论：

（1）围合式布局最大风速偏高，混合式布局次之，行列式布局普遍偏低；

（2）围合式布局平均风速略高于行列式和混合式布局，但围合式布局对气流形成较强的阻挡效果，布局内部风速普遍偏低；

（3）行列式布局的最小风速偏高；

（4）各行列式和混合式布局模式的平均风速大小变化较明显，而围合式布局模式平均风速和最小风速波动较小。

通过对14种高层住区建筑布局模式中风环境模拟结果进行对比分析，得出以下结论：

（1）围合式布局模式 B1、B2 和混合式布局模式 B1、B2 平均风速明显低于其他布局模式，混合式布局模式 C1 平均风速明显大于其他布局模式，其他布局模式平均风速主要在2.40～2.60m/s范围内，相差较小；

（2）围合式布局模式 B1、B2 和混合式布局模式 B1、B2 虽然平均风速较低，但在 L 形建筑外侧转角处形成边角大风，其最大风速明显高于其他布局模式。围合式布局模式 A1、A2 和混合式布局模式 A1 与其他布局模式相比，最大风速和风速差值相对较低；

（3）行列式布局的最小风速偏高，这是由于其布局形态对来流阻挡较少，且容易在建筑间形成巷道风，除局部建筑风影区风速偏低以外，较少出现静风区；

（4）各行列式布局模式最小风速和平均风速相对较高，利用 L 形建筑构成的围合组团存在较强的边角大风，由点群式和行列式组合而成的混合式布局整体风速较高且风环境稳定性极差，在迎风侧利用矩形平面建筑对来流风进行有效阻挡的布局形态，其整体风速较低，且风环境相对稳定。

通过对61种多高层混合住区建筑布局模式的风环境模拟结果进行分析，得出以下结论：

1. 水平空间布局

包围型各布局模式平均风速在1.89～2.02m/s之间，中部风速在1.56～1.77m/s之间。其中，布局模式 E2（住区北侧和东侧由南北朝向高层建筑包围）平均风速适中，各部分风速差值最小，且住区内部无强风和静风区出现，因此该布局模式风环境最为稳定。

带型各布局模式平均风速在 1.80～1.95m/s 之间，中部风速在 1.64～1.79m/s 之间。相比于包围型布局，带型布局平均风速相对较低，中部风速相对稳定。带型布局中各部分差值相对包围型较小，其中，模式 C2（南北朝向高层建筑位于住区东侧）平均风速适中，最大风速和各部分风速差值均为最小，因此该布局模式风环境相对较好。

集中型各布局模式平均风速在 1.90～2.01m/s 之间，中部风速在 1.78～1.88m/s 之间。相比于包围型和带型布局，集中型布局平均风速和中部风速相对较高，但各部分风速差值相对较小。其中，模式 D（高层建筑集中在住区东侧）平均风速适中，最大风速和各部分风速差值均为最小，因此该布局模式风环境相对较好。

散点式各布局模式平均风速在 1.92～2.02m/s 之间，中部风速在 1.66～2.11m/s 之间。相比于包围型、带型、集中型布局，散点型布局内部风速较大，且风速变化极不稳定，点式高层建筑受角隅风影响，住区内多处形成强风区域。

综上所述，对于严寒地区冬季气候，带型布局为多高层混合住区中较为理想的水平布局形态。此外，当来流风向为西南向时，带型布局中高层建筑宜采用南北朝向并布置于场地东侧。

2. 竖直空间布局

（1）不同高层建筑分布及其高度

包围型布局住区内整体的平均风速随高层建筑高度增加而变大。四种包围型布局模式平均风速以及各部分平均风速受高层建筑高度影响程度为：模式 A（四面包围）＞模式 B（三面包围）＞模式 D（西、北两侧包围）＞模式 C（东、北两侧包围）。

集中型布局不同于包围型，集中型布局的中部风速随高层建筑的增加而增大。四种集中型布局模式的平均风速大小为：模式 B（高层建筑集中于南侧）＞模式 C（高层建筑集中于西侧）＞模式 D（高层建筑集中于东侧）＞模式 A（高层建筑集中于北侧）。各部分平均风速受高层建筑高度影响程度大小为：模式 C＞模式 B＞模式 A＞模式 D。

（2）不同高层建筑比例

对于包围型布局，随高层建筑比例增大，高层建筑区域风速呈减小趋势，当高层建筑位于住区下风向时，趋势更为显著。此外，水平布局形态相同时，平均风速与高层建筑比例呈负相关，当水平布局形态不一致时，平均风速与高层建筑比例无显著的相关性。

对于集中型布局，当高层建筑集中在场地北侧（下风向）时，高层建筑比率为 12.5%和 37.5%时，平均风速几乎一致，仅相差 0.01m/s，高层建筑比率为 75%的平均风速则明显变小。当高层建筑集中在南侧（上风向）时，平均风速与高层建筑比例呈负相关。当水平布局形态不一致时，平均风速与高层建筑比例无显著的相关性。

第 4 章　住区绿化配置与微气候

4.1　绿化对微气候影响的实测研究

4.1.1　实测方案

4.1.1.1　测试地点及测点布置

为比较在不同绿化配置条件下旧城区街道空间的微气候差异，测试地点选择在芦家街附近的三条街道中进行（图 4-1），在街道内分别布置 6 个固定测点。如图 4-2 所示，为尽可能避免冬季采暖期建筑热辐射对测试的影响，将测点置于人行道内。测点 1、2 位于人和街内同侧，测点 3、4、5 位于中和街内同侧，测点 6 位于中和街测点 3 的对侧；其中，测点 1、5 位于没有绿化的空地，其余测点均有不同程度的绿化。各街道空间形态特征如表 4-1 所示，各测点绿化情况如表 4-2 所示。测试在冬季和春季进行，测试日期分别为 2016 年 12 月 29 日和 2017 年 4 月 28 日。冬季测试当日气温−22～−14℃，西南风 3 级，测试时段天气晴好；春季测试当日气温 6～23℃，西南风 5～6 级，11：00～13：00 时间段内出现晴转多云及少量降水。

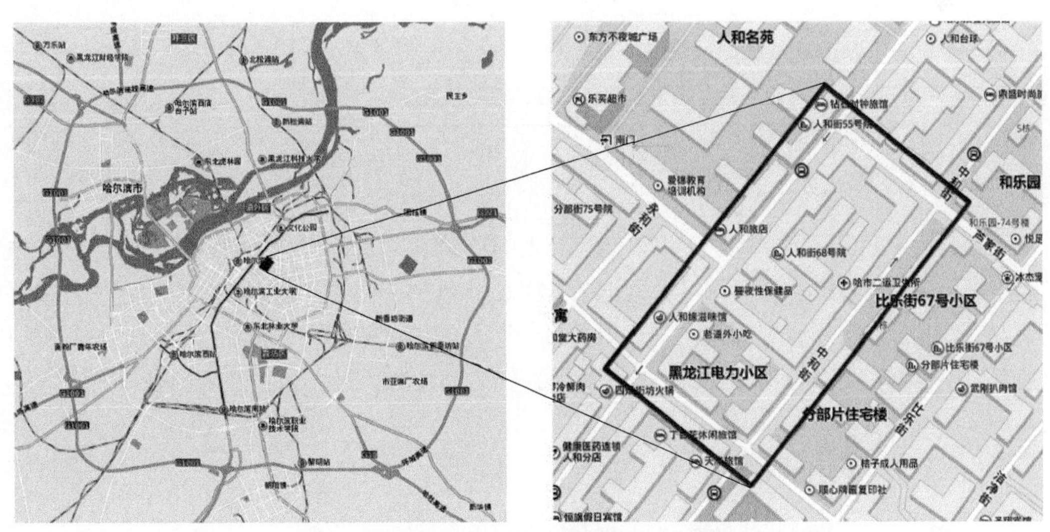

图 4-1　测试区域区位图（来源：百度地图）

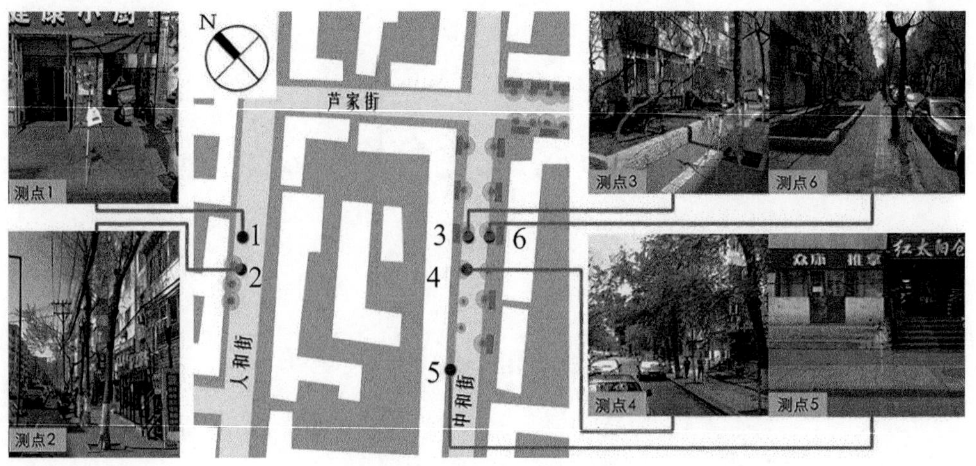

图 4-2　测点分布示意图

表 4-1　街道空间形态特征

项目	人和街	中和街
走向	东北－西南走向	东北－西南走向
宽度/m	21	18～21
高度/m	21～24	21～24
高宽比	1.0～1.2	1.1～1.2
绿化情况	局部有乔木绿化	乔木+灌木

表 4-2　测点绿化情况

测点	所属街道	阴影情况	绿化情况
1	人和街	阳光下	空地
2	人和街	阳光下	乔木
3	中和街	阳光下	乔木+灌木
4	中和街	阳光下	乔木
5	中和街	阳光下	空地
6	中和街	阴影中	乔木+灌木

4.1.1.2　测试方法及仪器设备

综合考虑空气温度、相对湿度、风速和太阳辐射等对街道热环境的影响，采用 BES-01 温度采集记录器、BES-02 温湿度采集记录器和 Kestrel 5500 小型气象站监测并记录微气候环境数据。测试时，将仪器固定在三角架上并将仪器高度设置在距离地面 1.5m 处，每个测点放置一组设备，每分钟自动记录一次数据，连续监测 9∶00～17∶00 的微气候环境数据。

4.1.2　实测结果分析

4.1.2.1　有无绿化对微气候的影响

图 4-3、图 4-4 分别为冬季测试中有无绿化的两个测点空气温度及黑球温度的变化对

比，测点 1 没有绿化，测点 2 有少量乔木，两测点的空气温度变化趋势一致，但相同时刻无绿化测点比有绿化测点的空气温度高，测点 1 平均空气温度为−13.31℃，测点 2 平均空气温度为−14.65℃，测点 1 比测点 2 平均空气温度高 1.34℃。测点 1 和测点 2 的黑球温度在 9∶00～12∶30 以及 14∶30～17∶00 时间段内变化趋势相同且数值十分接近，温差在 0.02～0.20℃之间，在 12∶30～14∶30 期间，随着太阳升高，测点 1 黑球温度高于测点 2，绿化对太阳辐射的遮挡作用变得明显，两测点的温差逐渐增大，最大时可达 2.29℃（13∶30）。在中午时间段内（12∶30～14∶30），测点 2 温度变化幅度明显小于测点 1。

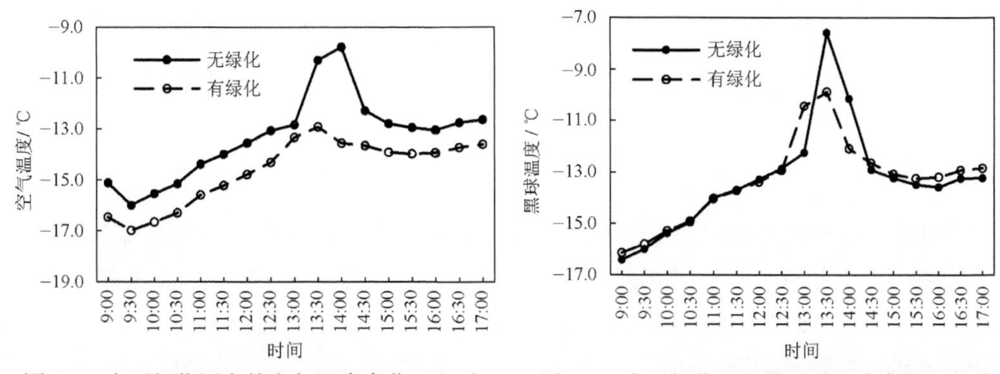

图 4-3　有无绿化测点的空气温度变化（冬季）　　图 4-4　有无绿化测点的黑球温度变化（冬季）

图 4-5、图 4-6 分别为春季测试中有无绿化测点的空气温度及黑球温度的变化对比，两测点的空气温度变化趋势较为一致，测点 1 的平均空气温度为 18.95℃，测点 2 平均空气温度为 18.29℃，测点 1 比测点 2 平均空气温度高出 0.65℃。黑球温度在 10∶00～11∶30 区间内，绿化对太阳辐射的遮挡作用变得明显，两测点的温差增大，最大值可达 1.31℃（11∶00）。

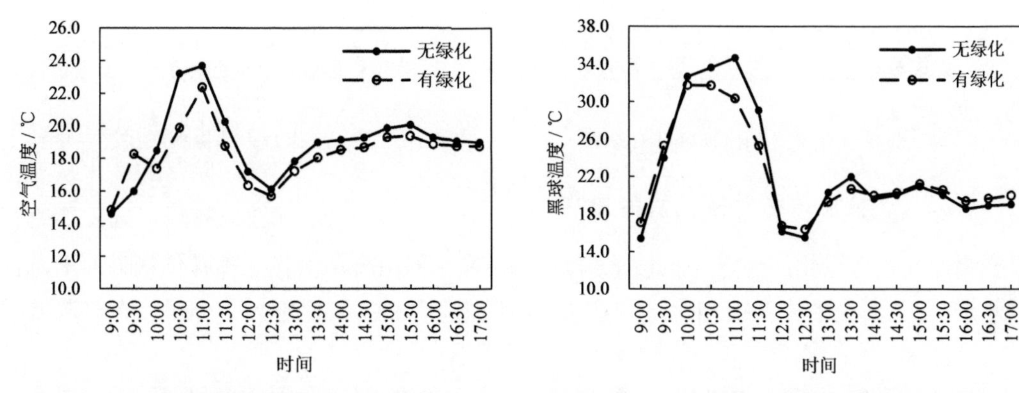

图 4-5　有无绿化测点的空气温度变化（春季）　　图 4-6　有无绿化测点的黑球温度变化（春季）

图 4-7、图 4-8 分别为有无绿化测点在冬季和春季的相对湿度变化。冬季测点 1 平均相对湿度为 55.79%，测点 2 平均相对湿度 59.86%，测点 2 比测点 1 平均相对湿度高 4.06%。春季测点 1 平均相对湿度为 26.45%，测点 2 平均相对湿度 26.83%，测点 2 比测点 1 平均相对湿度高 0.38%，由于春季测试当天中午出现晴转多云并有短时降水的情况，两测

点的湿度最小值出现在了 11∶00，与温度最大值出现时间对应，且两测点的湿度差最大值为 5.72%。

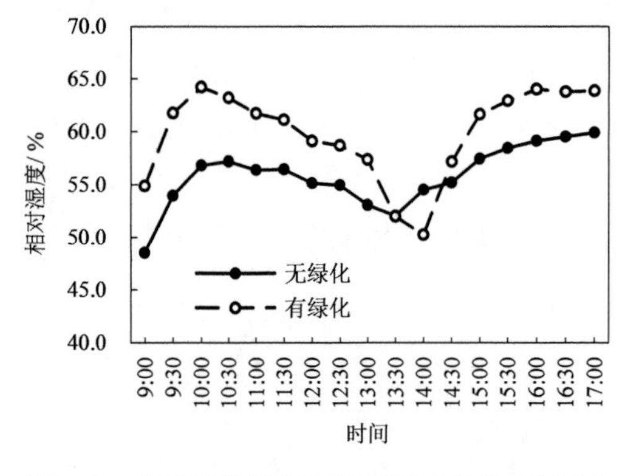

图 4-7　有无绿化测点的相对湿度变化（冬季）

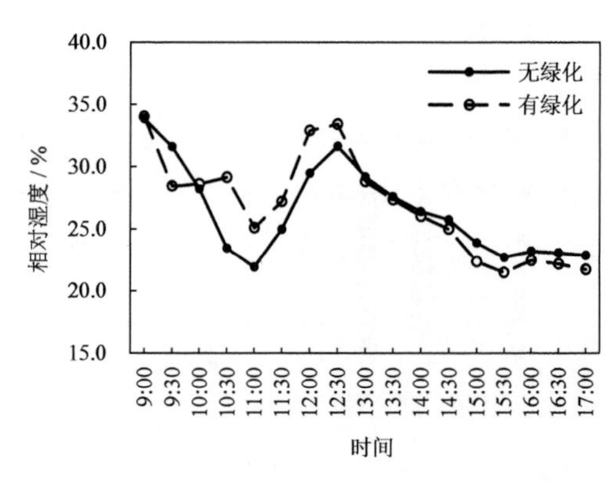

图 4-8　有无绿化测点的相对湿度变化（春季）

图 4-9、图 4-10 分别为有无绿化测点在冬季和春季的风速变化，两测点的风速变化趋势接近，冬季测点 1 平均风速为 0.76m/s，测点 2 平均风速 0.66m/s；春季测点 1 平均风速为 0.58m/s，测点 2 平均风速 0.60m/s。由此可见，在绿化量较少的人和街上，有无绿化的测点风速较为接近。

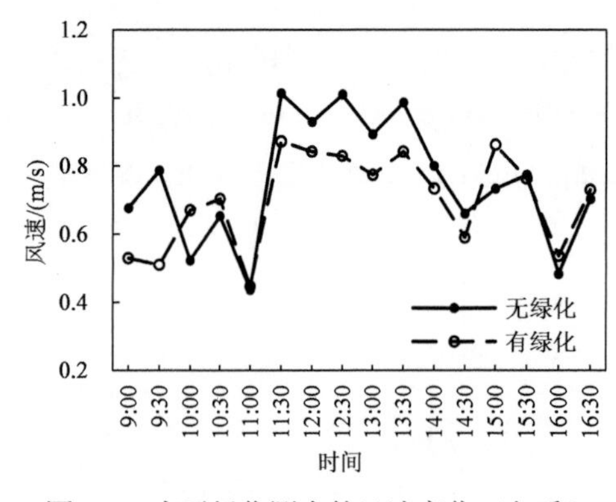

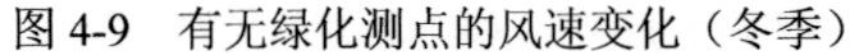

图 4-9　有无绿化测点的风速变化（冬季）

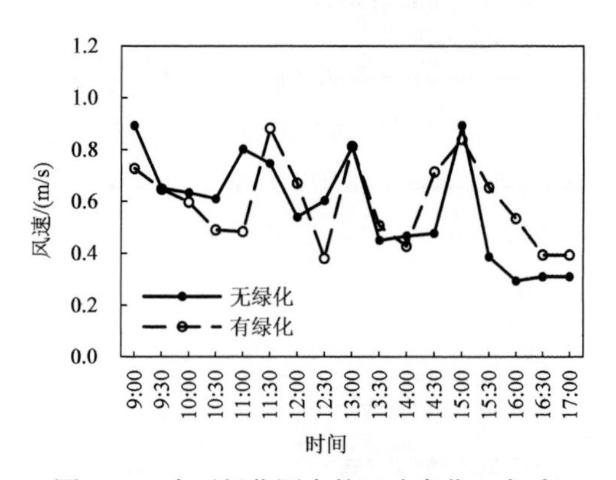

图 4-10　有无绿化测点的风速变化（春季）

4.1.2.2　植被结构对微气候的影响

测点 5 没有绿化，测点 3 植被结构为乔木+灌木的组合，测点 4 植被结构为乔木，且与测点 1、2 所在的人和街相比，测点 3、4 所在的中和街绿化更为充分，分布着茂盛的乔木及灌木。

图 4-11、图 4-12 分别为冬季测试不同植被结构测点的空气温度及黑球温度对比。冬季，测点 3、4 温度变化趋势一致。测点 3（乔木+灌木）平均空气温度为−14.47℃，测点 4（乔木）平均空气温度为−14.34℃，由植被结构不同（是否有灌木绿化）带来的平均空气温度差异为 0.13℃，两测点空气温度差异较小。测点 3、4 的平均黑球温度分别为−13.65℃、−13.70℃，由植被结构不同（是否有灌木绿化）带来的平均黑球温度差异为

0.05℃，说明在冬季有无灌木绿化对街道辐射温度的影响很小。

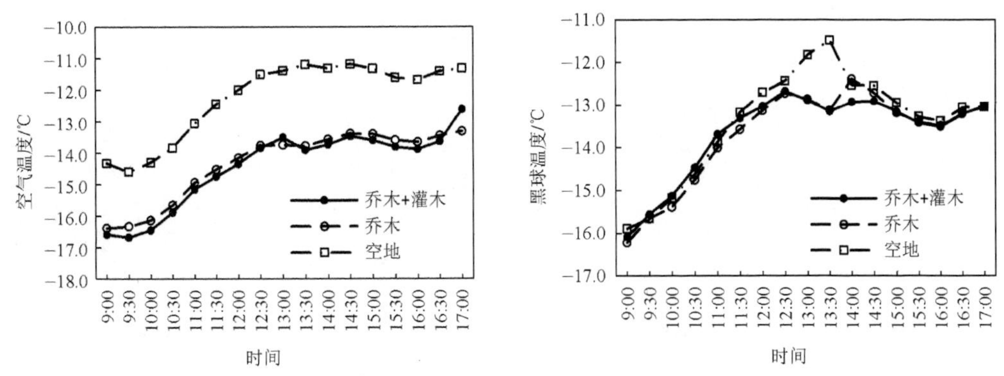

图 4-11　不同植被结构测点的空气温度变化（冬季）　图 4-12　不同植被结构测点的黑球温度变化（冬季）

图 4-13、图 4-14 分别为春季测试中不同植被结构测点的空气温度及黑球温度对比。由于测试当天中午有短暂降水现象，12∶00 前后温度有所降低。测点 3 平均空气温度为 17.82℃，测点 4 平均空气温度为 18.40℃，测点 3 比测点 4 平均空气温度低 0.58℃，温度差异较为明显。测点 3、4 平均黑球温度分别为 18.59℃、20.79℃，测点 3 比测点 4 黑球温度低 2.20℃，黑球温度差异明显。与冬季实测数据相比，春季由植被结构带来的空气温度和黑球温度差异更大。

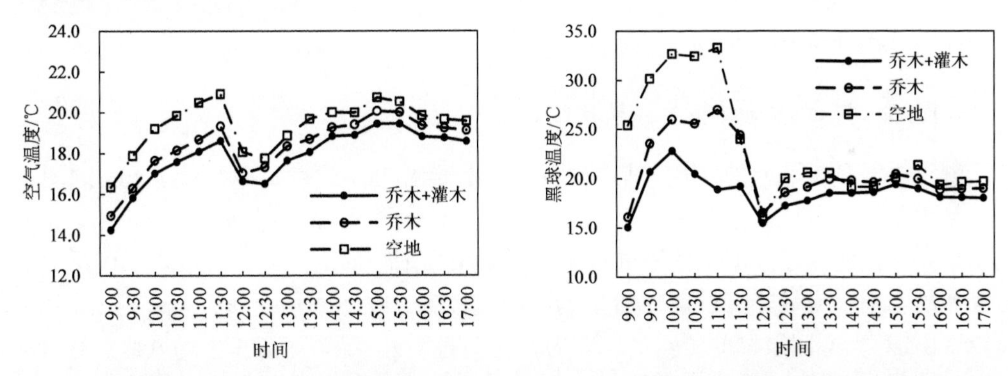

图 4-13　不同植被结构测点的空气温度变化（春季）　图 4-14　不同植被结构测点的黑球温度变化（春季）

图 4-15、图 4-16 分别为不同植被结构的测点在冬季和春季的相对湿度变化。冬季测点 3 平均相对湿度为 57.98%，测点 4 平均相对湿度 54.02%，测点 3 比测点 4 平均相对湿度高 3.96%。春季测点 3 平均相对湿度为 29.02%，测点 4 平均相对湿度 27.93%，测点 3 比测点 4 的平均相对湿度高 1.09%，两测点湿度较为接近。

图 4-17、图 4-18 分别为不同植被结构的测点在冬季和春季的风速变化，冬季测点 3 平均风速为 0.71m/s，测点 4 平均风速 0.69m/s，测点 3 比测点 4 平均风速高 0.02m/s，风速十分接近。春季测点 3 平均风速 0.60m/s，测点 4 平均风速 0.84m/s，测点 3 比测点 4 的平均风速低 0.24m/s，风速差异较为明显。

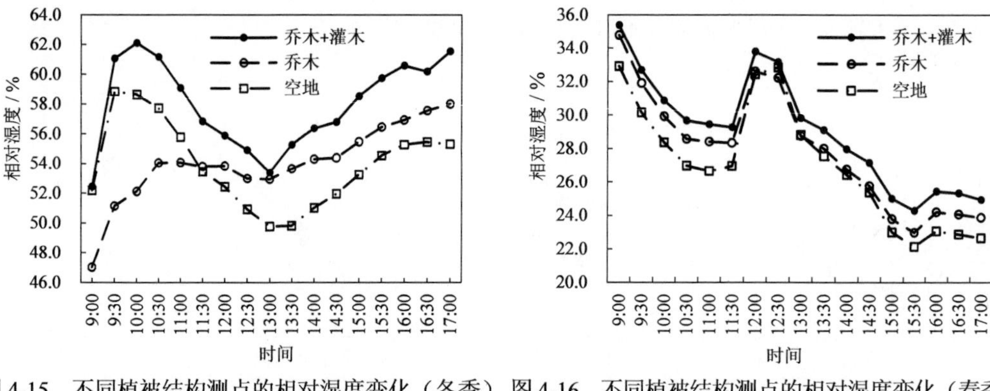

图 4-15　不同植被结构测点的相对湿度变化（冬季）　图 4-16　不同植被结构测点的相对湿度变化（春季）

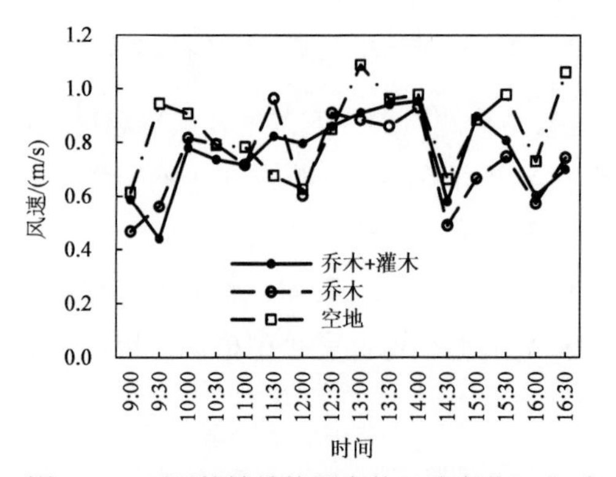

图 4-17　不同植被结构测点的风速变化（冬季）

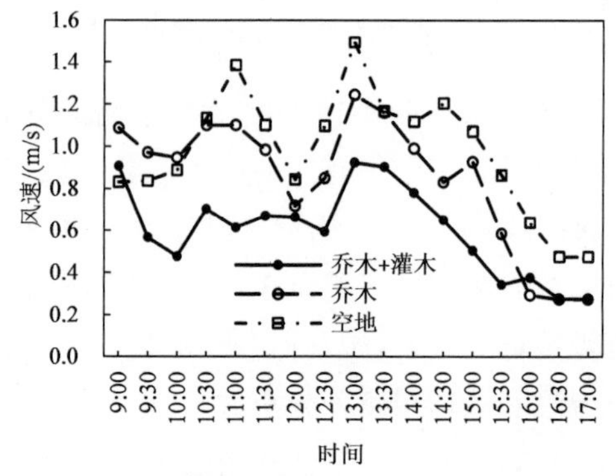

图 4-18　不同植被结构测点的风速变化（春季）

4.1.2.3　冠幅差异对微气候的影响

测点 3、6 的乔木冠幅不同，其中测点 3 乔木冠幅 7m，测点 6 乔木冠幅 4m，如图 4-19 所示。由于两测点位于东北—西南走向的街道两侧，测点 6 长时间位于阴影中，测点 3 位于阳光下，两测点温湿度的不同很大程度源于太阳辐射的差异，所以本书仅讨论冠幅对风速的影响。图 4-20、图 4-21 分别为不同冠幅测点在冬季与春季的风速变化。从图中可以看出，对于不同冠幅的测点的风速的变化趋势相近，冬季测点 3 平均风速为 0.71m/s，测点 6 平均风速为 0.74m/s，平均风速差值为 0.03m/s，两测点风速差异很小；春季测点 3 平均风速为 0.60m/s，测点 6 的平均风速为 0.81m/s，日间平均风速差值为 0.21m/s，两测点日间风速差值的最大值为 0.60m/s（冠幅 7m＜冠幅 4m）出现在 11：00，两测点风速差异较为明显。由此可见，由于乔木在冬季没有叶片，对风速的影响很小，在春季乔木叶片生长完整后，乔木对风速的影响作用较为明显。

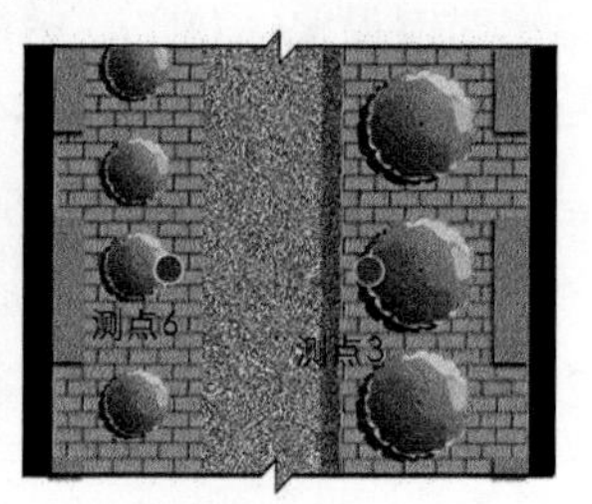

图 4-19　测点 3 与测点 6 乔木冠幅对比

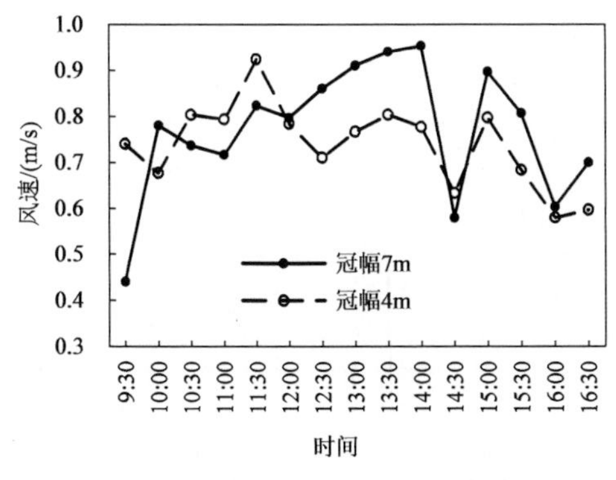

图 4-20　不同乔木冠幅测点的风速变化（冬季）

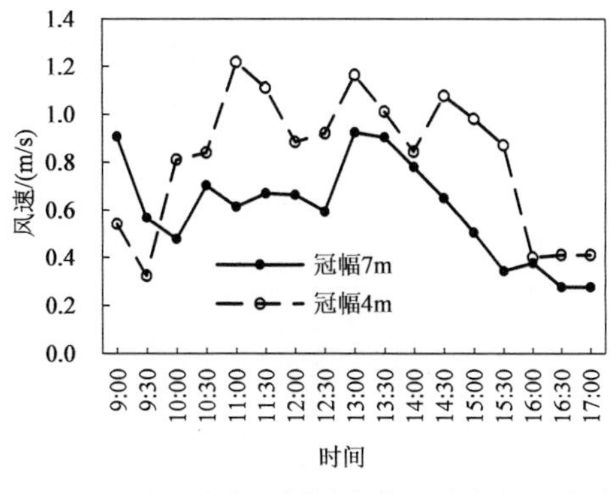

图 4-21　不同乔木冠幅测点的风速变化（春季）

4.2　绿化对微气候影响的模拟研究

4.2.1　模拟软件的可靠性验证

为验证 ENVI-met 软件对街区尺度的城市室外微气候环境模拟的准确性，选取上文街道实测数据中的温度、湿度、风速与模拟值进行比较。模拟采用的版本是 ENVI-met V4.1.3。按照 ENVI-met 官方网站建议，为获取比较稳定的模拟结果，软件提前运行至少 6 个小时。

图 4-22 为验证软件有效性的实测空间简化模型及测点示意图，根据实测区域的空间尺度，确定了模拟区域的网格数量为 250×250×25，其中水平方向采用 1m 的单元网格；由于 ENVI-met 在垂直方向要求模拟区域的高度应不小于模拟（包括建筑和植被）最大高度的 2 倍，因此垂直方向采用 2m 的单元网格。同时，在模拟区域周围采用了 5 个嵌套网格，以保证模拟结果的准确性。

图 4-22　ENVI-met 模拟区域模型

模拟前输入模拟日期、模拟起止时间，实测当日的空气温度、风向、相对湿度、风速等气象参数，土壤各层相对温湿度、边界条件，以及太阳辐射系数、绿化植物参数等。环境及气象参数设置如表 4-3 所示。

表 4-3　ENVI-met 模拟参数设置

设置参数	冬季	春季
模拟日期	2016.12.29	2017.04.28
模拟开始的时间	00:00:00	00:00:00
模拟时长	19	19
地面 10m 高度处风速/（m/s）	2.7	2.0
风向	225°（西南风）	225°（西南风）
地面粗糙程度	0.1	0.1
初始空气温度/℃	−14.79	18.48
距地面 2m 高度处的相对湿度/%	43	50

通过对比图 4-23 中各测点的模拟结果与实测结果可以发现，在春季和冬季模拟中，模拟结果均比实测结果大，春季空气温度的模拟值比实测值大 0.81℃，相对湿度的模拟值比实测值大 6.02%，风速的模拟值比实测值大 0.22m/s，冬季空气温度的模拟值比实测值大 2.10℃，相对湿度的模拟值比实测值大 11.75%，风速的模拟值比实测值大 0.46m/s，但各测点之间的数值变化趋势相同，这说明 ENVI-met 软件对旧城区街道的微气候环境模拟是较为可靠的。

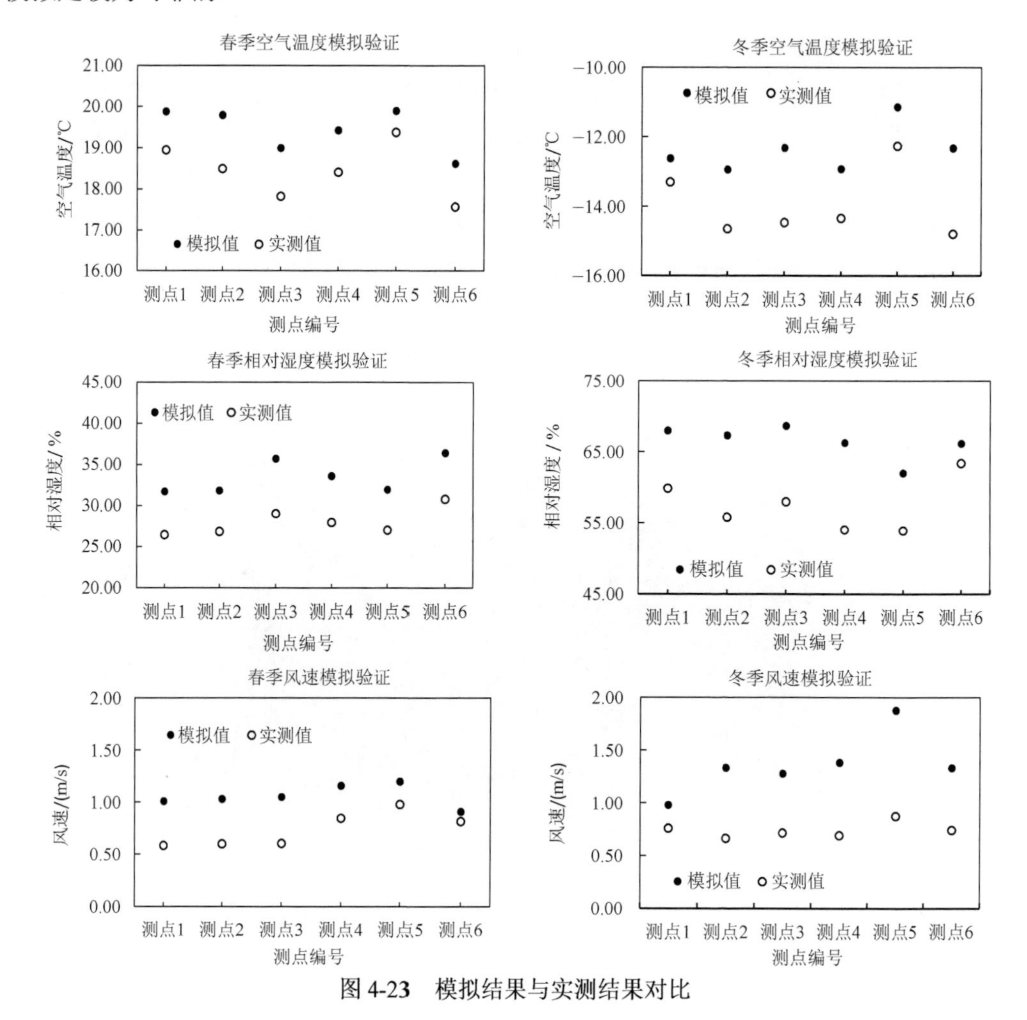

图 4-23　模拟结果与实测结果对比

4.2.2　绿化模型构建

在模拟研究街道绿化对街道空间微气候的影响作用时，水平方向采用 1m 的单元网格，垂直方向采用 2m 的单元网格，模拟区域的网格数量为 150×150×30，其他气象参数均采用前文软件有效性验证时的参数值。建模时提取旧城区围合式住区街道空间作为原型，街道宽度 24m，建筑高度 22m。街道内人行道采用红砖铺地（宽度 8m），机动车道材质采用沥青（宽度 8m），围合住区内地面采用混凝土铺地（图 4-24）。

图 4-24　绿化对街道空间微气候影响模拟的 ENVI-met 模型

选取植被结构、乔木种植间距以及冠层差异作为影响街道微气候的绿化要素。其中，植被结构指乔木、灌木、草地的组合方式差异；种植间距指相邻乔木树干中心点的直线距离；叶面积密度（leaf area density，LAD）指单位群落体积的总植物叶面积，以 m^2/m^3 表示，可以反映该植物单位面积上绿量的高低，冠幅指乔木树冠的大小，是植物冠层的南北及东西方向宽度的平均值，LAD 与冠幅共同表征冠层差异。

在严寒地区冬季空气温度极低的情况下，街道行人对空气温度和相对湿度的个体感觉并不敏感，但对风速的变化较为敏感，因此在街道空间微气候的模拟研究中，选取植被结构、种植间距、冠层差异作为影响街道微气候的绿化要素，冬季微气候的模拟研究侧重于对风环境的分析，春季则对空气温度、相对湿度和风速进行了综合地分析。各绿化要素中植物模型的参数如表 4-4～表 4-6 所示。

表 4-4　植被结构要素植物模型参数表

植被类型	草地	灌木	乔木	乔木+灌木+草地
尺寸	高度=20cm，4m×6m	高度=3m，冠幅=5m	高度=12m，冠幅=9m	
LAD	0.3	1.0	0.7	
模型	建筑 车行道 建筑 人行道 人行道	建筑 车行道 建筑 人行道 人行道	建筑 车行道 建筑 人行道 人行道	建筑 车行道 建筑 人行道 人行道

表 4-5　种植间距选用的乔木参数表

参数类型	具体参数
乔木模型参数	高度=12m，冠幅=9m，LAD=0.7
种植间距	5m，7m，9m，11m，13m

表 4-6　冠层差异选用的植物模型参数表

乔木模型编号	高度/m	冠幅/m	LAD
P1	12	9	2.1
P2	12	9	1.4
P3	12	9	0.7
P4	12	9	0.35
P5	16	12	0.7
P6	8	6	0.7
P7	4	3	0.7

4.2.3　绿化对温湿度影响的模拟分析

4.2.3.1　植被结构

不同植被结构下 1.5m 高度处中午 12∶00 的空气温度分布如图 4-25 所示。从图中可以看出，在正午时分，植被结构的不同给空气温度带来的变化效果比较明显，此刻空气温度空间均值的大小依次为草地＞灌木＞乔木=乔木+草地＞乔木+灌木=乔木+灌木+草地。空地和植被结构为草地的街道内部的空气温度明显偏高，阳光下的区域最高温度可达 21.52℃以上；从图 4-25（c）可以看出，植被结构为灌木的街道空气温度明显降低，平均空气温度为 20.81℃；图 4-25（d）为街道内部植被结构为乔木的空气温度分布，布置乔木的街道内空气温度有明显的降低，平均空气温度为 20.35℃，温度低于植被结构为灌木的街道；从图 4-25（e）可以看出，当植被结构为乔木+灌木+草地时，空气温度有进一步的降低，空气温度平均值为 20.28℃，说明灌木和草地的存在有利于降低街道人行空间的空气温度。

不同植被结构下 1.5m 高度处中午 12∶00 的相对湿度分布如图 4-26 所示。同在中午 12∶00，植被结构的不同给空气温度带来的变化效果十分明显，相对湿度的空间均值的大小依次为草地＜灌木＜乔木＜乔木+草地＜乔木+灌木＜乔木+灌木+草地。在街道内部，空地的相对湿度最低，植被结构为草地的街道相对湿度比空地有所提高，平均相对湿度为 28.26%；从图 4-26（c）可以看出，植被结构为灌木的街道内相对湿度升高，平均相对湿度为 29.12%；图 4-26（d）为街道内部植被结构为乔木情况下的相对湿度分布，布置乔木的街道内相对湿度有着显著的升高，平均相对湿度为 30.31%；从图 4-26（e）

可以看出，当街道内部植被结构为乔木+灌木+草地时，街道内部相对湿度最高，街道人行空间的相对湿度平均值为31.35%。

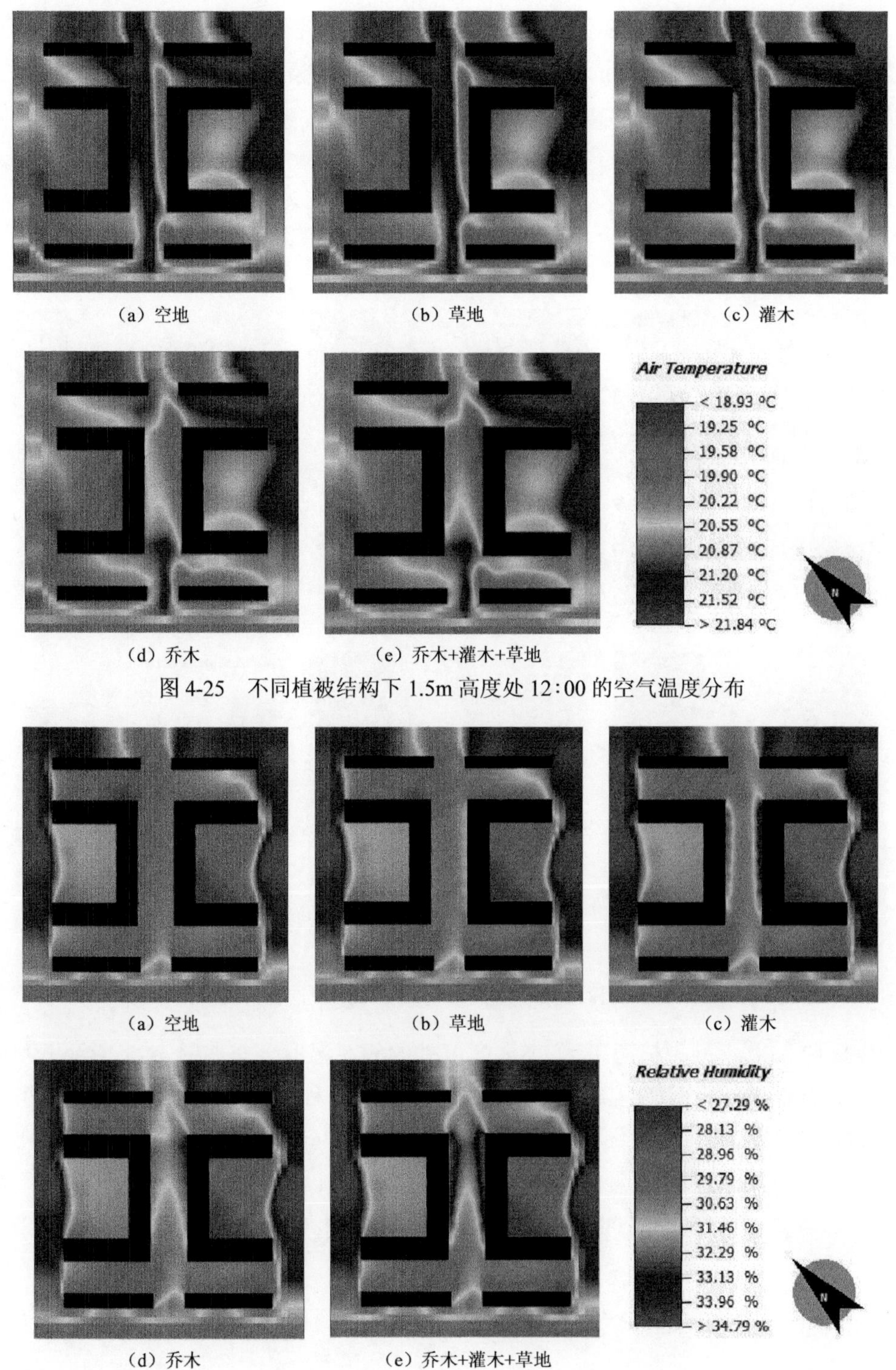

图4-25　不同植被结构下1.5m高度处12:00的空气温度分布

图4-26　不同植被结构下1.5m高度处12:00的相对湿度分布

4.2.3.2　种植间距

不同种植间距下 1.5m 高度处中午 12∶00 的空气温度分布如图 4-27 所示。从整体上看，在同一时刻，种植间距的不同给空气温度带来的变化效果较为明显。在选取的街道内部，种植间距为 5m、7m、9m 的街道内部的空气温度明显偏低，种植间距为 11m、13m 的街道内部的空气温度明显偏高。从图中可以看出，对于冠幅 7m 的乔木而言，种植间距在 5m、7m、9m 时，街道空间空气温度相近，分别为 19.98℃、20.11℃、20.11℃，种植间距增大至 11m、13m 时，随种植间距的增大，街道空间的空气温度递增，分别为 20.34℃、20.47℃。

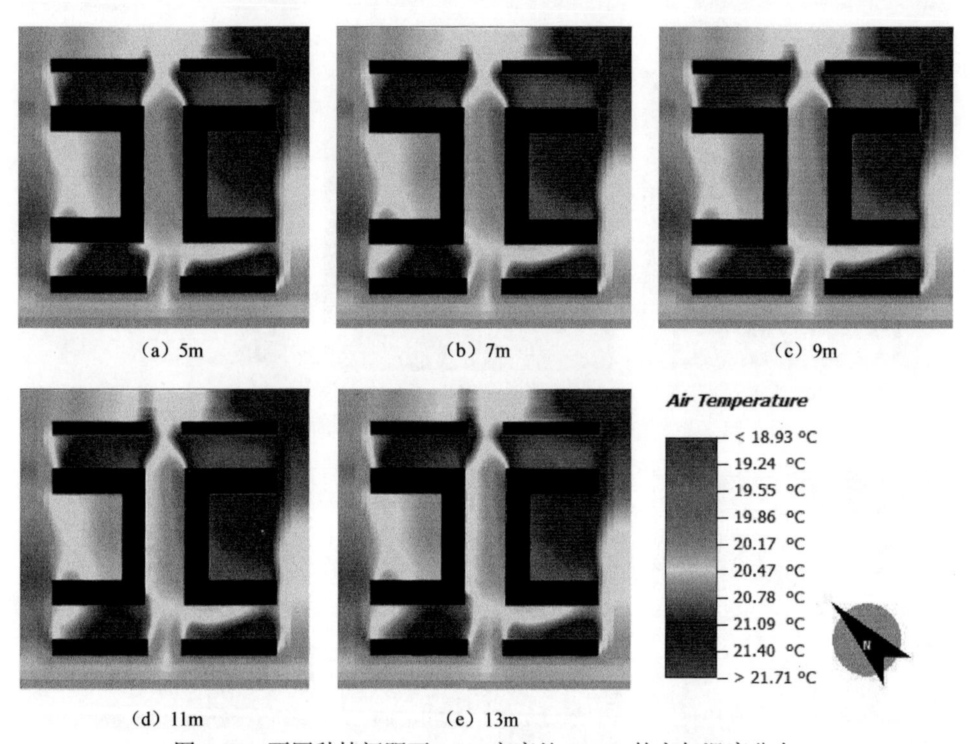

图 4-27　不同种植间距下 1.5m 高度处 12∶00 的空气温度分布

中午 12∶00 不同种植间距下 1.5m 高度处的相对湿度分布如图 4-28 所示。种植间距为 5m、7m、9m 的街道内部的相对湿度明显偏高，种植间距为 11m、13m 的街道内部的相对湿度明显偏低。从图中可以看出，对于冠幅 7m 的乔木而言，种植间距在 5m、7m、9m 时，街道空间相对湿度相近，分别为 32.19%、31.68%、31.64%，种植间距增大至 11m、13m 时，随种植间距的增大，街道空间的相对湿度递减，分别为 30.71%、30.28%。

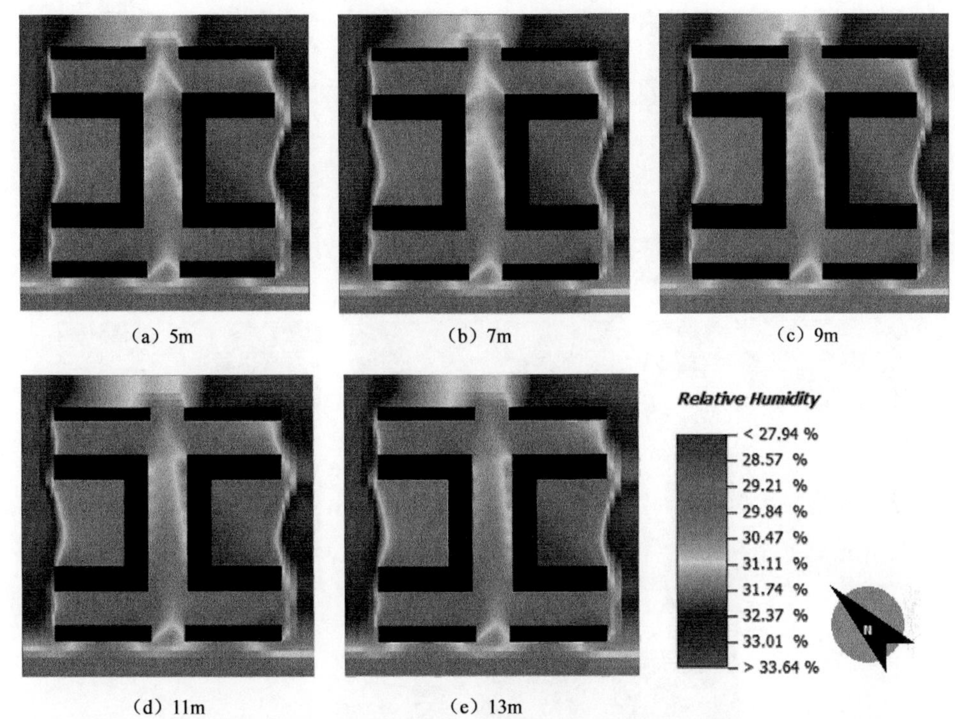

（a）5m　（b）7m　（c）9m

（d）11m　（e）13m

图 4-28　不同种植间距下 1.5m 高度处 12∶00 的相对湿度分布

4.2.3.3　冠层差异

不同冠层下 1.5m 高度处中午 12∶00 的空气温度和相对湿度分布如图 4-29 和图 4-30 所示。

从图 4-29（g）、（f）、（c）、（e）可以看出，冠幅尺寸为 3m 的街道内部的空气温度偏高，与没有绿化的街道的温度几乎一致，冠幅尺寸为 9m、12m 的街道内部的空气温度偏低，冠幅尺寸对应的空气温度空间均值的大小依次为 3m＞6m＞9m＞12m，空气温度分别为 20.83℃、20.65℃、20.46℃、20.05℃，温度随冠幅尺寸的增大而减小。

从图 4-30（g）、（f）、（c）、（e）可以看出，冠幅尺寸对应的相对湿度空间均值的大小依次为 3m＜6m＜9m＜12m，相对湿度分别为 28.73%、29.87%、30.35%、30.68%，街道内相对湿度随冠幅尺寸的增大而增大。

从图 4-29（a）、（b）、（c）、（d）可以看出，中午 12∶00，LAD 的不同给空气温度带来影响的程度稍有不同，主要体现在街道内有阳光直射的一侧，且 LAD 为 2.1 和 1.4 时，乔木对空气温度的影响较为接近，空气温度分别为 20.27℃和 20.30℃，LAD 为 0.7 和 0.35 时空气温度逐渐上升，空气温度分别为 20.46℃和 20.57℃，空气温度随 LAD 的增大而减小。

从图 4-30（a）、（b）、（c）、（d）中可以看出，LAD 为 2.1、1.4、0.7、0.35 时所对应的相对湿度分别为 31.57%、31.03%、30.35%、29.75%，街道内相对湿度随 LAD 的增大而增大。

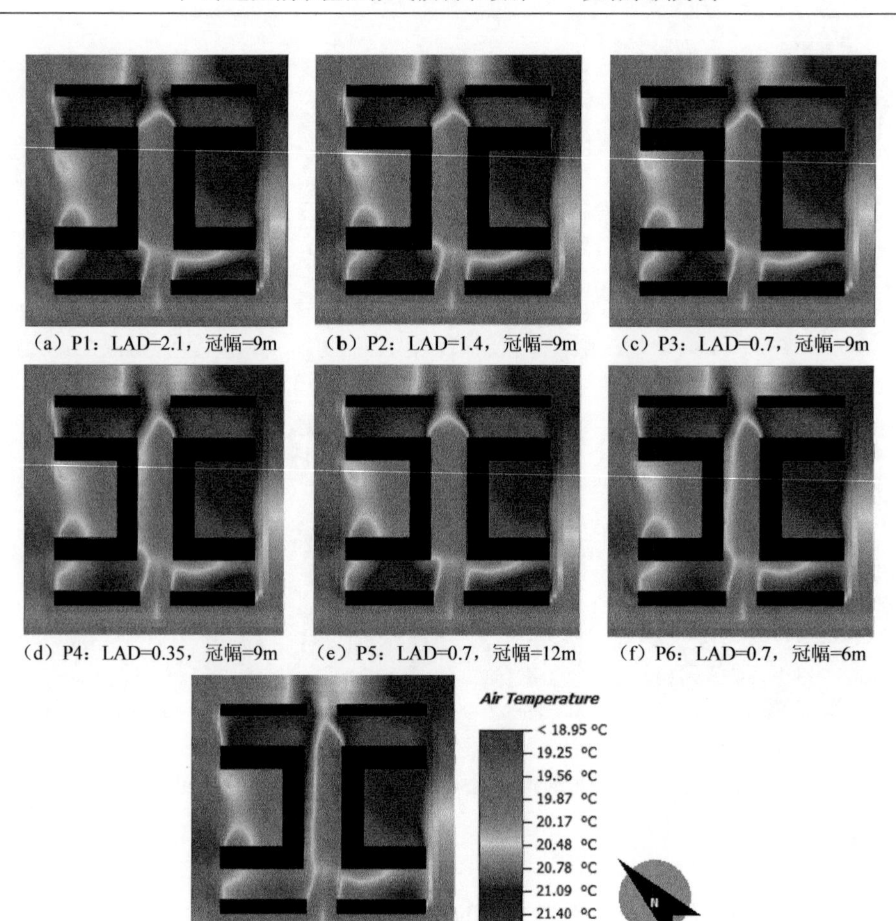

图 4-29　不同冠层下 1.5m 高度处 12:00 的空气温度分布

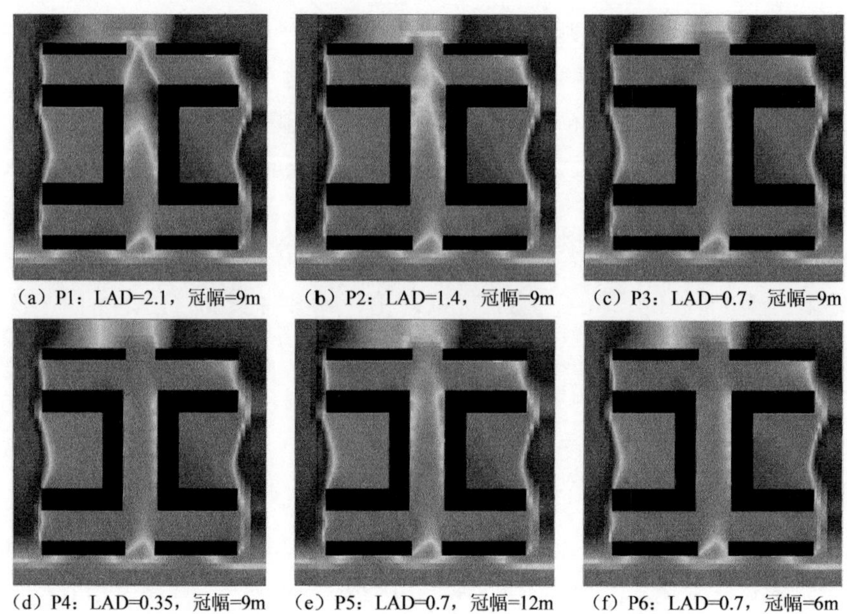

图 4-30　不同冠层下 1.5m 高度处 12:00 的相对湿度分布

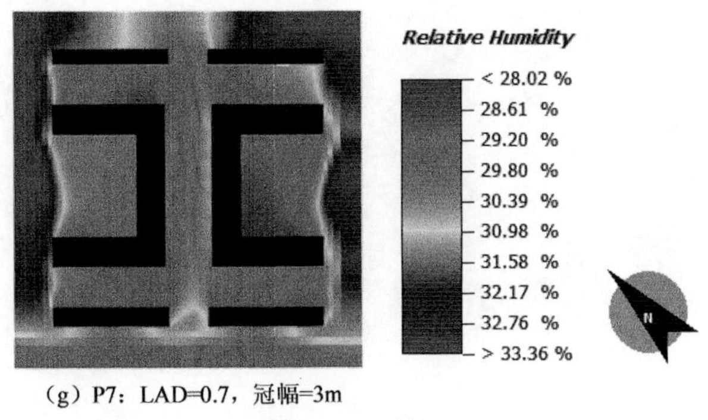

（g）P7：LAD=0.7，冠幅=3m

图 4-30 （续）

4.2.4 绿化对风速影响的模拟分析

4.2.4.1 植被结构

对春季不同植被结构下 1.5m 高度处风速的模拟结果（图 4-31）进行统计分析，植被结构按照风速大小排序为空地＞草地＞灌木＞乔木＞乔木+灌木+草地，风速分别为 2.52m/s、2.48m/s、1.92m/s、1.75m/s、1.51m/s。对冬季不同植被结构下 1.5m 高度处风速的模拟结果（图 4-32）进行统计分析，由于冬季没有草地，因此植被结构按风速大小排序为空地＞灌木＞乔木＞乔木+灌木，风速分别为 1.91m/s、1.41m/s、1.28m/s、1.16m/s。

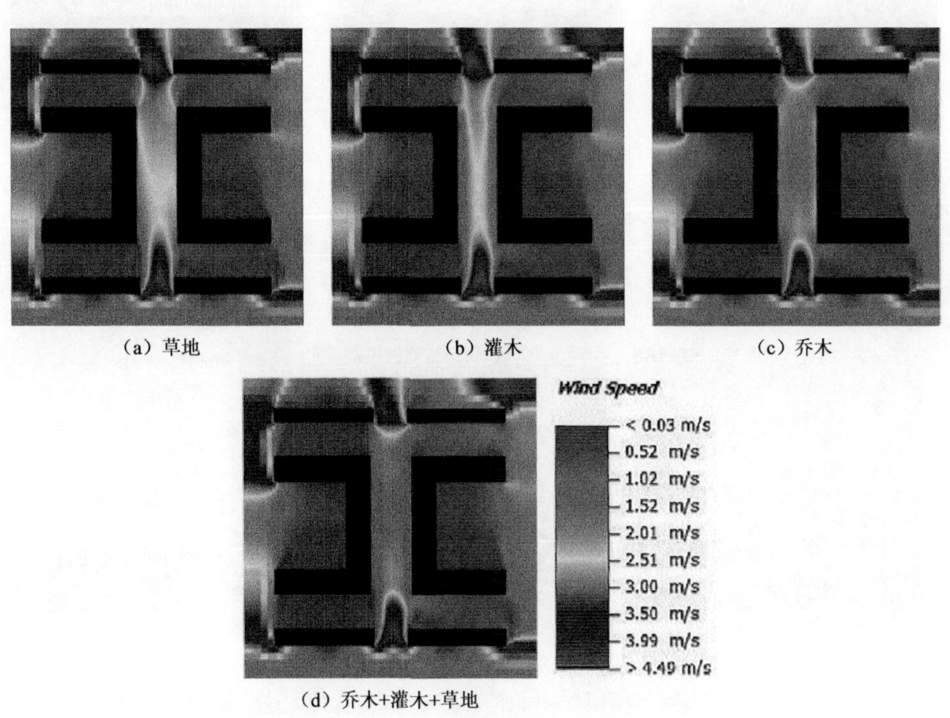

（a）草地　（b）灌木　（c）乔木

（d）乔木+灌木+草地

图 4-31　春季不同植被结构作用下 1.5m 高度处风速分布

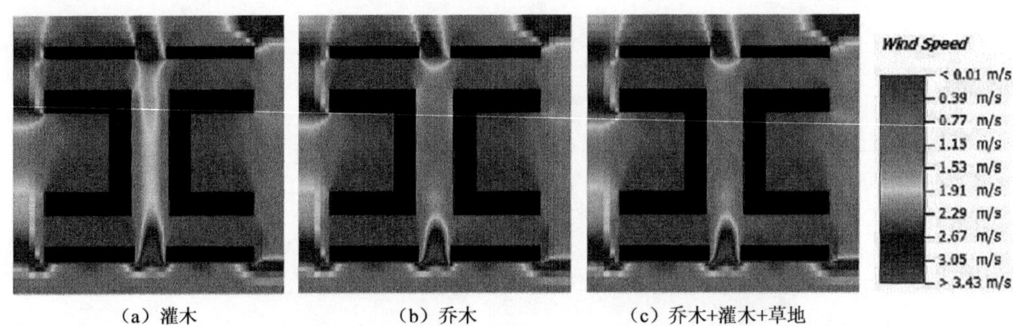

（a）灌木　　（b）乔木　　（c）乔木+灌木+草地

图 4-32　冬季不同植被结构下 1.5m 高度处风速分布

由此可见，街道绿地对风速的降低作用来自于其对风流动的屏蔽和阻碍作用以及其对下垫面粗糙度的改变。其中，春季以乔木+灌木+草地的植被结构对风速造成的衰减最大，乔木其次，草地对风速也具有一定减小作用，但在不同植被结构中，其作用最小；由于冬季没有草地绿化，因而以乔木+灌木的植被结构对风速造成的衰减最大，乔木次之，灌木对风速的衰减影响最小。

4.2.4.2　种植间距

春季不同乔木种植间距下 1.5m 高度处风速的模拟结果如图 4-33 所示，在没有绿化的街道内风速平均值大小为 2.52m/s；乔木种植间距为 5m、7m、9m、11m、13m 的街道

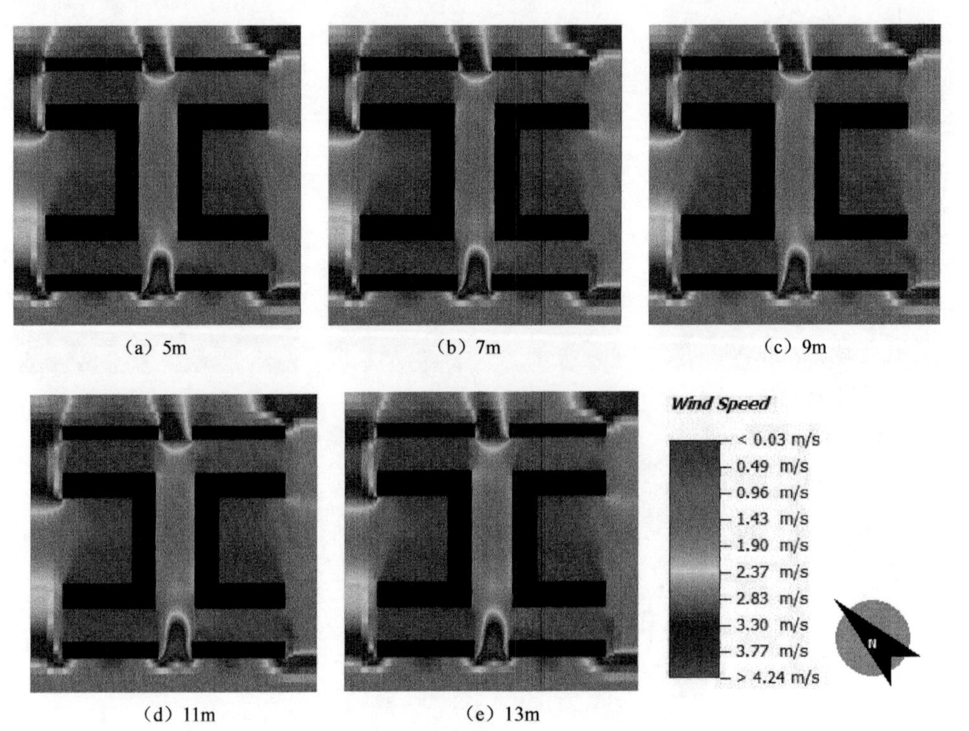

（a）5m　　（b）7m　　（c）9m

（d）11m　　（e）13m

图 4-33　春季不同种植间距下 1.5m 高度处风速分布

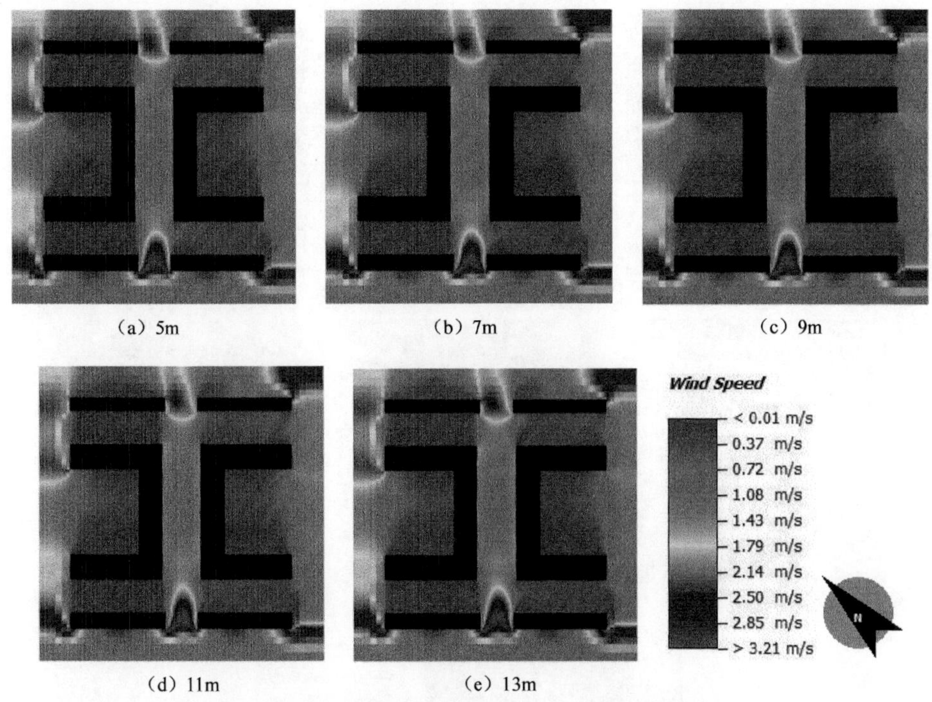

图 4-34　冬季不同种植间距下 1.5m 高度处风速分布

内风速分别为 1.48m/s、1.52m/s、1.52m/s、1.62m/s、1.68m/s。冬季的模拟结果如图 4-34 所示，在没有种植乔木的街道内风速平均值大小为 1.91m/s；乔木种植间距为 5m、7m、9m、11m、13m 的街道内风速分别为 1.57m/s、1.66m/s、1.70m/s、1.76m/s、1.81m/s。

由此可见，改变乔木种植间距对春季和冬季的街道空间风速都有着一定的影响，且随着乔木种植间距的降低，绿化对风速的降低作用减小。与冬季相比，乔木在春季对街道空间风速的影响作用更明显。

4.2.4.3　冠层差异

春季不同冠层 1.5m 高度处风速模拟结果如图 4-35 所示，冠幅 3m、6m、9m、12m 乔木对应空间的风速分别为 2.15m/s、2.16m/s、1.93m/s、1.78m/s；冬季的风速模拟结果如图 4-36 所示，冠幅 3m、6m、9m、12m 乔木对应空间的风速分别为 1.51m/s、1.13m/s、1.10m/s、1.10m/s。可见，在春季不同冠幅的乔木对风速影响的差异较为明显，冬季乔木冠幅为 12m、9m、6m 对应的街道空间风速十分接近，而 3m 冠幅的乔木对风速的影响明显低于其他冠幅的乔木。

LAD 为 0.35、0.7、1.4、2.1 的乔木对应空间在春季的风速分别为 2.05m/s、1.93m/s、1.80m/s、1.73m/s，冬季的风速分别为 1.26m/s、1.10m/s、0.95m/s、0.87m/s。随着 LAD 的增加，乔木对风速的减缓作用增强，春季乔木降低风速的效果优于冬季。

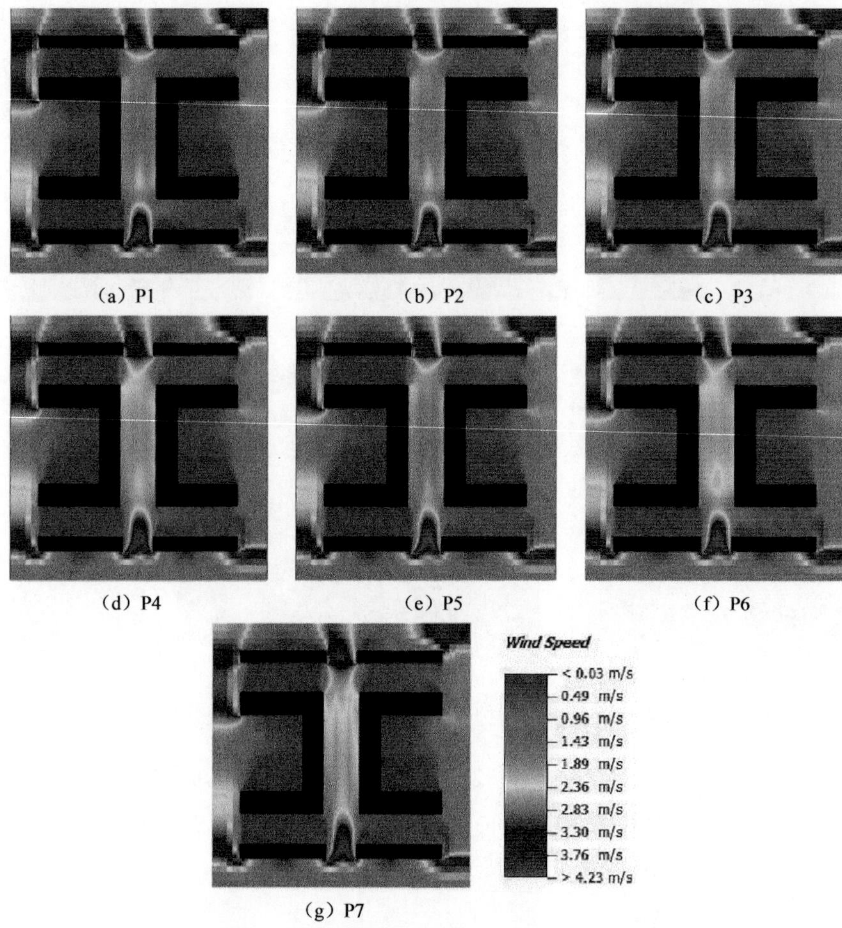

图 4-35　春季不同冠层 1.5m 高度处风速分布

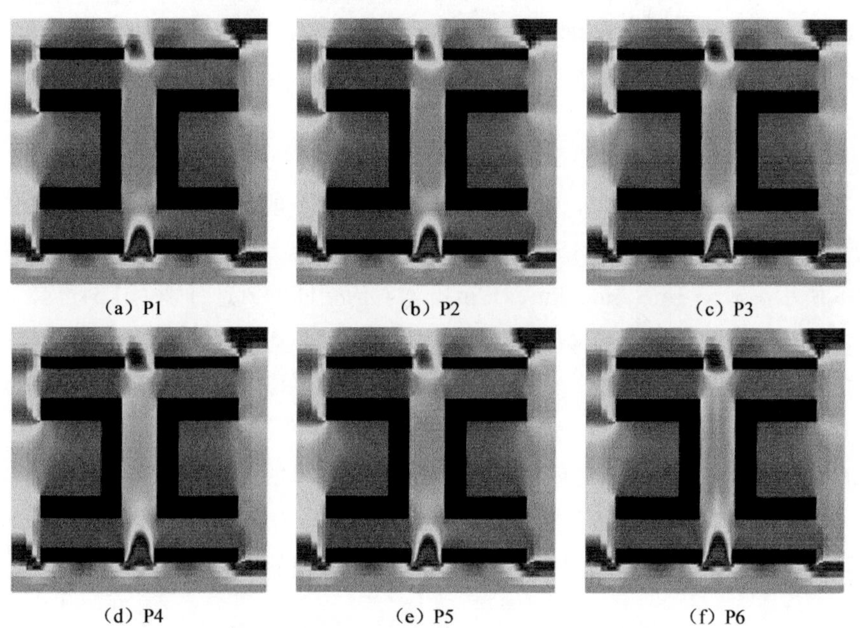

图 4-36　冬季不同冠层 1.5m 高度处风速分布

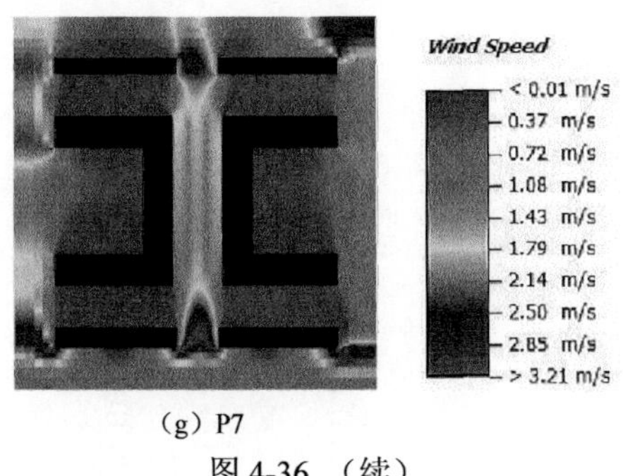

（g）P7

图 4-36 （续）

4.3 绿化设计策略

4.3.1 改善热湿环境的设计策略

由图 4-37 所示春季不同植被结构降温作用的数值统计结果可知，各植被结构在 12∶00 时降温作用最佳，单一的草地、灌木降温作用很小，比没有绿化的街道仅降温 0.04℃，而乔木对温度的改善作用显著，值得注意的是，当乔木与灌木组合时其降温效果优于单一植被结构的降温效果的简单叠加，因此从街道降温的角度出发，选用乔木与灌木组合的方式效果最好。

从图 4-38 所示春季不同种植间距降温作用的数值统计结果可知，当街道乔木为冠幅 9m、LAD 0.7 的落叶乔木时，种植间距 5m 时降温效果最好，种植间距 13m 时降温效果最差，而种植间距为 7m 和 9m 时降温效果非常接近，因此从经济适用的角度出发选取 9m 的种植间距较为合理，从降温的角度出发选择 5m 的种植间距最合适。

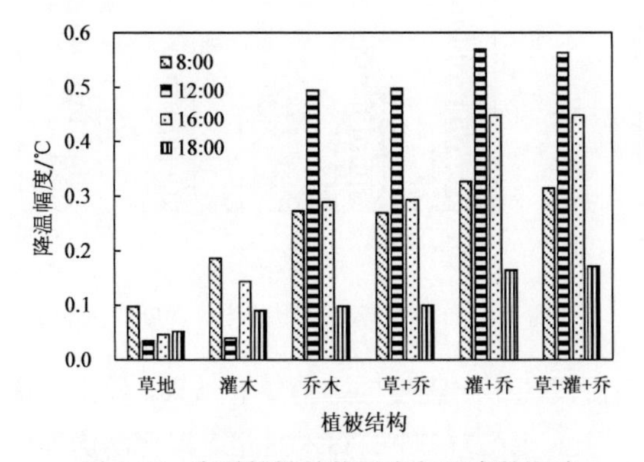

图 4-37　春季植被结构对空气温度的影响

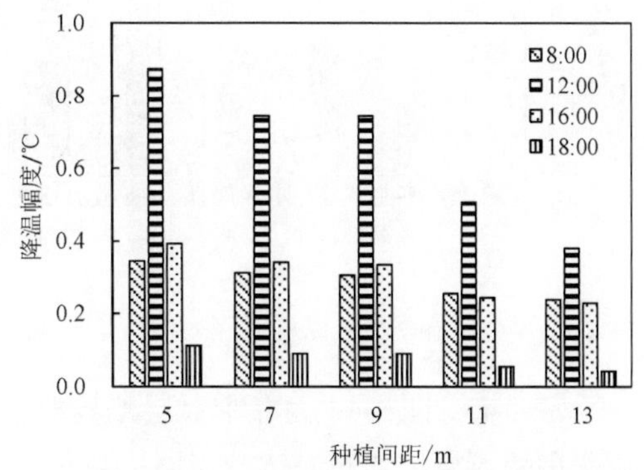

图 4-38　春季种植间距对空气温度的影响

图 4-39、图 4-40 为春季冠层差异对空气温度的影响程度的数值统计结果，乔木的降温作用随冠幅尺寸呈递增趋势，冠幅 3m 的乔木对温度的降低作用甚微，而乔木的 LAD 对不同温度调节作用的差异性较小，相比较而言，通过调节冠幅尺寸能更显著地达到调

节街道空间空气温度的目的，因此在考虑街道降温时建议根据街道空间形式选择较大冠幅的乔木。

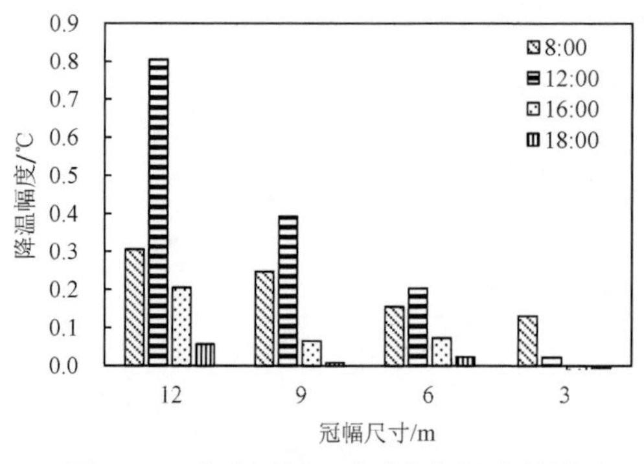

图 4-39　春季冠幅尺寸对空气温度的影响

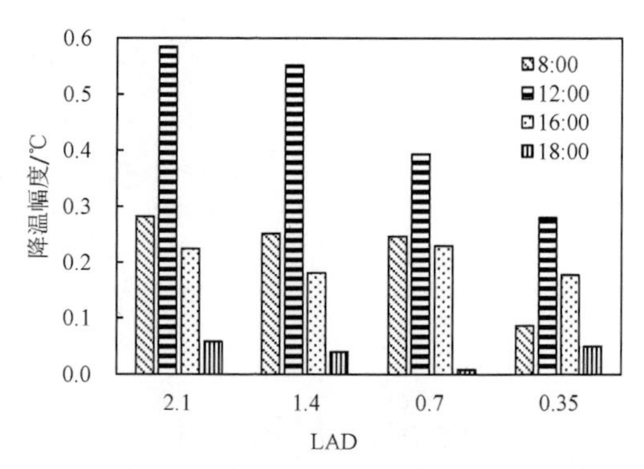

图 4-40　春季 LAD 对空气温度的影响

图 4-41 为春季不同植被结构对相对湿度的影响程度的数值统计结果，各植被结构在 12∶00 时增湿效果最佳，8∶00 时次之，单一的草地增湿作用很小，相比于没有绿化的街道仅增加 0.12%，而乔木和灌木对 1.5m 高度人行空间相对湿度的改善作用显著，乔木+灌木+草地组合的植被结构对增湿作用效果最佳，因此从街道增湿的角度出发，选用乔灌草组合的方式效果最好。图 4-42 为春季不同乔木种植间距增湿效果的数值统计结果，当街道绿化为冠幅 9m、叶面积密度 0.7 的落叶乔木时，种植间距 5m 时增湿效果最好，种植间距 13m 时增湿效果最差，而种植间距为 7m 和 9m 时增湿效果非常接近，因此从经济适用的角度出发选取 9m 的种植间距较为合理，从改善湿度环境出发选择 5m 最合适。

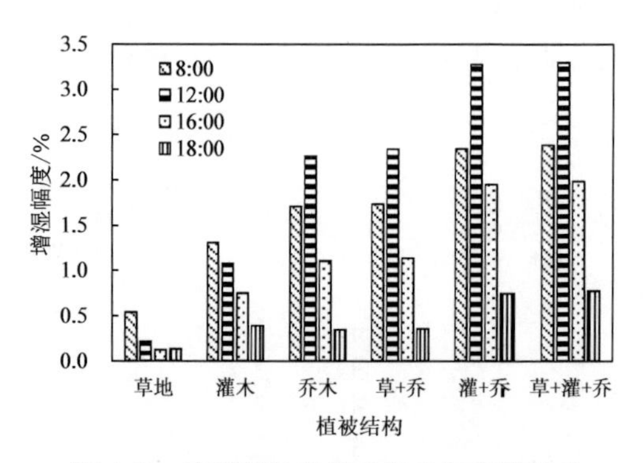

图 4-41　春季植被结构对相对湿度的影响

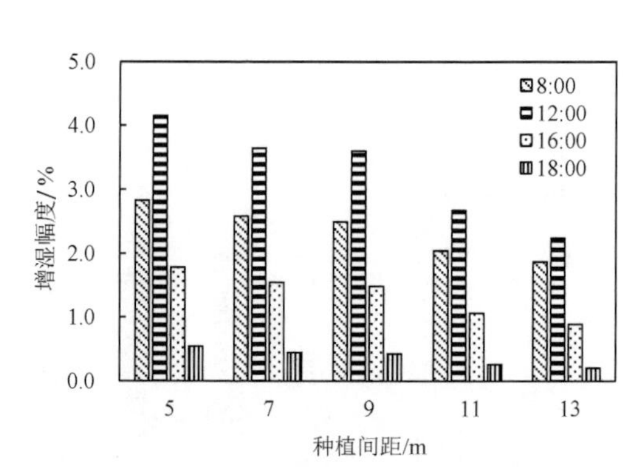

图 4-42　春季种植间距对相对湿度的影响

图 4-43、图 4-44 为春季冠层差异对相对湿度的影响程度的数值统计结果，乔木的增湿作用随冠幅尺寸和 LAD 呈线性递增，冠幅 3m、LAD 0.35 的乔木对相对湿度的增加作用甚微，而乔木 LAD 的改变对相对湿度调节作用大于冠幅，相比较而言，通过调节 LAD 能更显著地达到调节街道空间相对湿度的目的，因此在增加街道湿度时建议根据街道空间形式选择 LAD 较大的乔木。

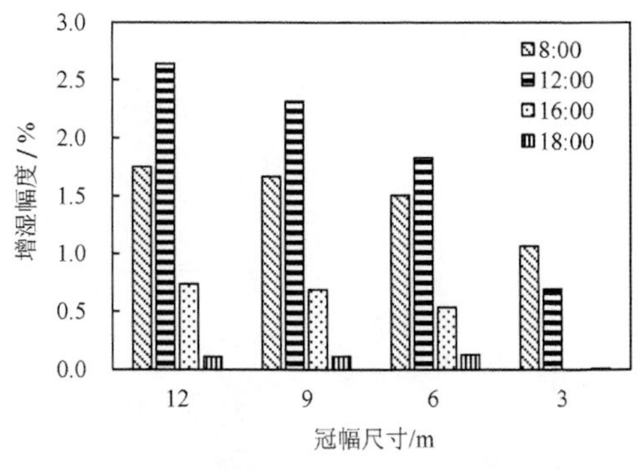

图4-43　春季冠幅尺寸对相对湿度的影响程度

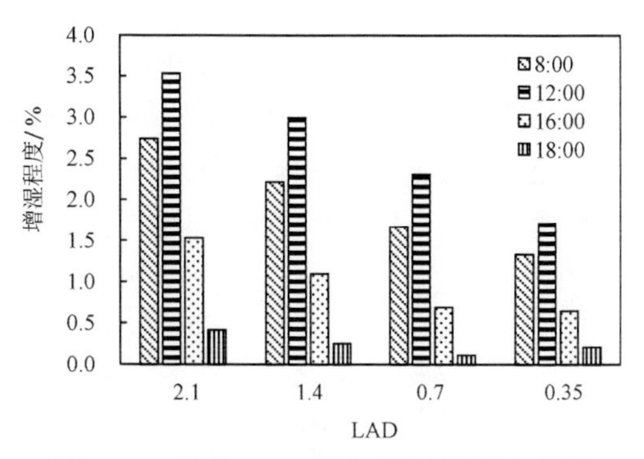

图4-44　春季LAD对相对湿度的影响程度

4.3.2　改善风环境的设计策略

图4-45为春季、冬季不同植被结构对风速的影响程度的数值统计结果，草地对风速作用很小，而乔木和灌木对1.5m高度人行空间风速的改善作用较为显著，乔木+灌木地组合的植被结构对减小风速效果最佳。图4-46为不同种植间距对风速的影响程度的数值统计结果，当街道乔木为冠幅9m、叶面积密度0.7的落叶乔木时，种植间距5m时减小风速效果最好，种植间距13m时改善风速效果最差，而种植间距为5m、7m和9m时减小风速的效过非常接近，因此从经济适用的角度出发选取9m的乔木种植间距较为合理。

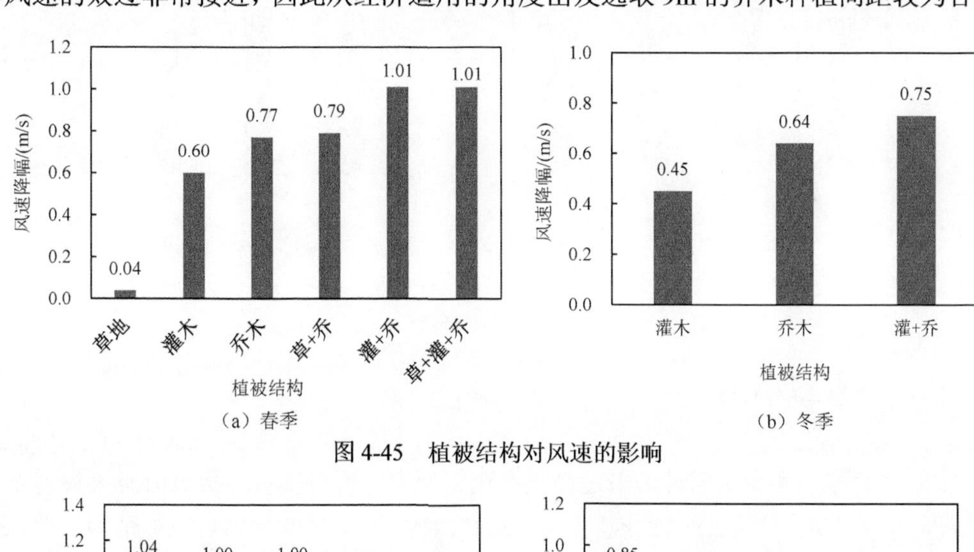

图4-45　植被结构对风速的影响

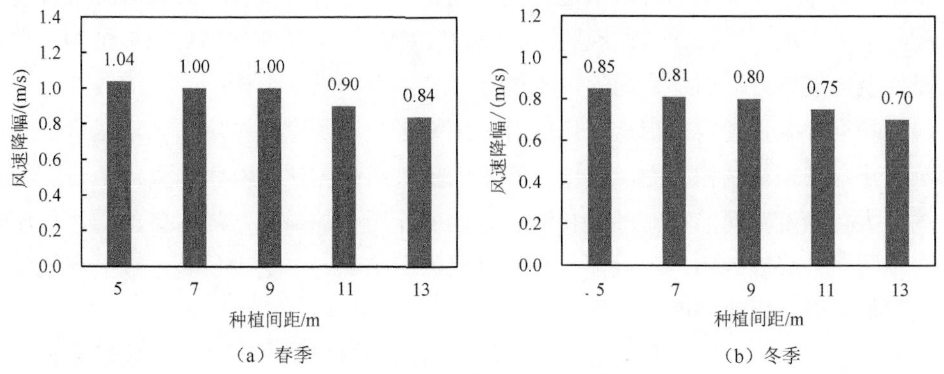

图4-46　种植间距对风速的影响

图 4-47 和图 4-48 为冠层差异对风速的影响程度的数值统计结果，可见，冠幅尺寸对风速的减小作用在春季随冠幅的增大而更加显著，但这一趋势在冬季并不明显，LAD 对风速的影响在冬季和春季都呈线性关系。因此，从改善风环境的角度出发，建议选择冠幅较大、LAD 较高的乔木树种。

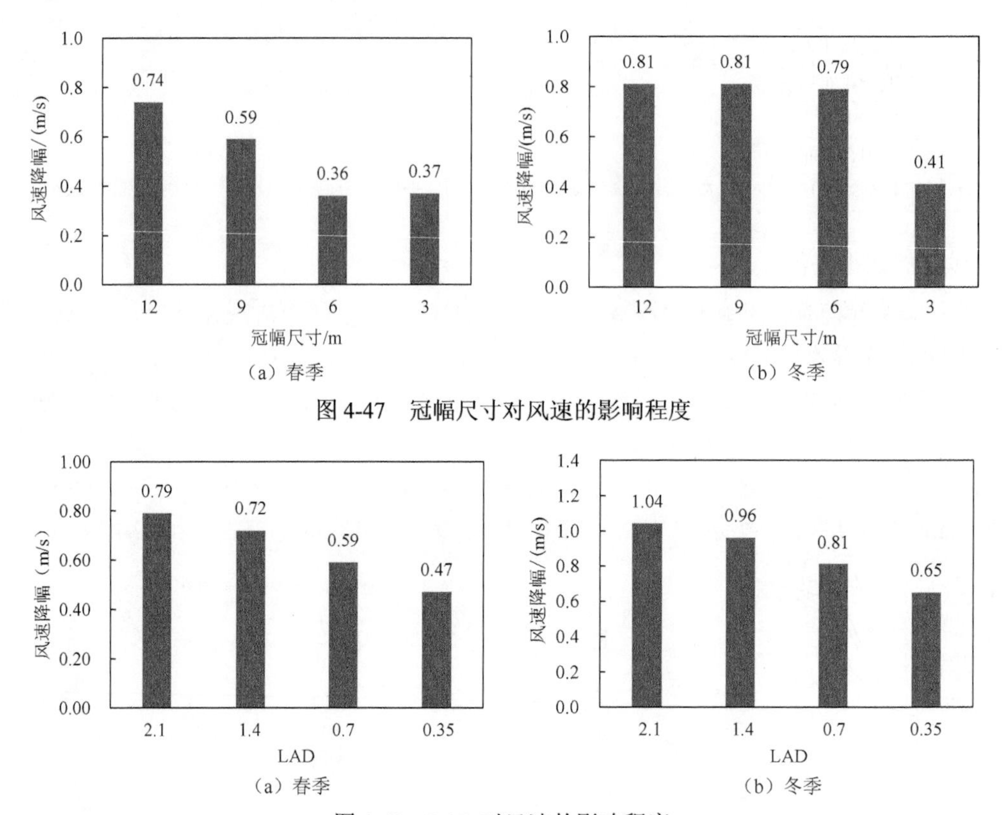

图 4-47　冠幅尺寸对风速的影响程度

图 4-48　LAD 对风速的影响程度

4.4　本章小结

本章对典型严寒城市旧城区街道微气候进行研究，通过实测与数据分析来探究不同绿化配置下的旧城区街道微气候现状，并通过 ENVI-met 软件分别对植被结构、乔木种植间距以及冠层差异对街道空间的影响进行研究，得到以下结论：

（1）在同一条街道内，街道绿化的有无主要影响的是空气温度和黑球温度，对风速的影响较小；在植被结构方面，与单一乔木的植被结构相比，乔木与灌木组合的植被结构在调节人行高度空间的相对湿度和温度方面的作用更加显著，灌木冬季防风作用不明显，春季防风效果较为明显；冠幅大小对风速的影响在春季更为显著，较大冠幅的区域风速明显低于较小冠幅的区域。

（2）在植被结构方面，复杂植被结构的降温增湿效果最好，植被结构越复杂，对风速的降低作用越明显；草地对于 1.5m 高度处温湿度和风速的调节所起到的作用很小，相对于灌木和乔木而言，草地对微气候的调节作用可以忽略，乔木和灌木组合的植被结构对降温增湿和减小风速的作用最显著。

（3）在种植间距方面，温度和风速随乔木的种植间距的增大而增大，相对湿度的大小随着种植间距的增大而减小。其中，不同种植间距对温湿度的影响大于对风速的影响。从模拟数值来看，在采用冠幅为 7m 的乔木时，种植间距 7m 和 9m 可以带来相近的降温增湿和防风效果。

（4）在乔木冠层差异的要素中，冠幅大小对街道温湿度的影响较为显著，在春季不同冠幅的乔木对风速影响的差异较为显著，随着冠幅的增大，风速相应减小，而这种差异在冬季并不明显。与冠幅尺寸相比，LAD 对春季温湿度的影响作用较小，但对风速的作用较为明显。

（5）为改善人行空间的微气候环境，对严寒地区城市旧城区街道绿化提出策略：为充分发挥街道绿化对微气候的调节作用，街道绿化应成规模设计布局，而不宜零散布局；从改善微气候效果和经济角度出发，建议采用灌木与乔木组合的植被结构形式；乔木种植间距以树种冠幅相同或略大于冠幅为最佳；从严寒地区抵御冬季寒风的目的出发，选择冠幅和 LAD 较大的树种作为行道树，如榆树、糖槭等。

第5章　住区水体配置与微气候

5.1　水体对微气候影响的实测研究

5.1.1　实测方案

5.1.1.1　测试地点及测点布置

选取测试地点要求水体面积较大，能够对其周边区域的微气候产生较为明显的影响；其次，住区中的建筑物和景观绿化等的布局不要过于复杂，以减少对测试数据分析造成的不利影响；最后，住区内建筑布局具有哈尔滨城市住区的地域特点，以保证实测住区具有代表性。

基于以上原因，最终选择采用了“集中式”水体布置形式的哈尔滨市松北区的“你好荷兰城”小区作为现场实测地点。你好荷兰城小区竣工于2006年10月，总用地面积约为59000m^2，住区内部中心位置规划建设有一处约占整个住区总面积4%左右的集中式水体。住区内有10栋板式住宅和3栋点式住宅，住区内部构筑物和景观的设计规划简洁规整，住区中的13栋住宅楼的主要朝向均是适宜哈尔滨地域气候特点的南北朝向。

本次现场实测共布置7个测点，测点的位置情况如图5-1所示。根据以往相关研究成果可知水体对其周边区域环境微气候的影响与风向有较大关系，因此本次住区测试首先在距离的水体区域约4m处的东南西北方向各布置1个测点。此外，在离水体东西两侧较远的开阔处设置另外两个测点，在住区的外部设置1个测点。如图所示测点a1、a2、a3、a6基本处在正东西走向同一条直线上，这样的布置更利于不同测点测试数据之间的对比分析。测点a7没有与这四个测点处在同一直线上主要为了避免其处在两栋住宅楼的山墙之间，空间不开阔且微气候数据易受到近处两栋建筑的影响，因此测点a7设置在周围条件比较开阔，受建筑影响较小，测试所得的数据更加利于后期的整理分析。水体以外的三个测点中，测点a1和测点a7主要是作为与水体周边区域微气候环境进行对比分析的数据收集点和后期软件有效性验证的数据收集点，而住区外面的测点a6则主要是作为住区内外环境微气候状况的比较分析的数据收集点。

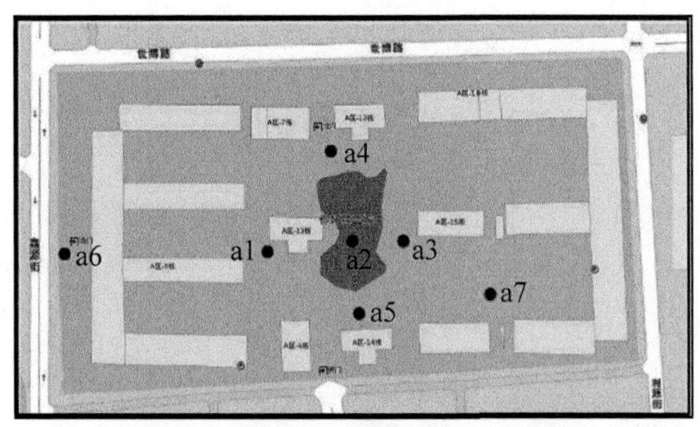

图 5-1　测试住区和测点分布示意图

5.1.1.2　测试方法及仪器设备

测试日期为 2015 年 9 月 10 日，当日空气温度为 9.1～21.5℃，相对湿度为 28%～94%，西北风。采用 BES-02 温湿度采集记录器、Fluke925 叶轮式风速仪和 YK-2005AH 热线式风速仪对空气温度、相对湿度和风速进行记录，仪器技术参数见表 5-1。

表 5-1　仪器技术参数表

名称及型号	示意图	测量范围	精度	测试内容
BES-02 温湿度采集记录器		温度：−30～50℃ 相对湿度：0～99%RH	±0.5℃ ±3%RH	空气温度 相对湿度
Fluke925 叶轮式风速仪		温度：0～50℃ 风速：0.4～25.0m/s	±0.8℃ 满刻度的±2%	空气温度 风速
YK-2005AH 热线式风速仪		风速：0.2～20m/s 温度：0～50℃	5%±0.1m/s ±0.8℃	空气温度 风速

对于住区微气候环境的测试采用多个测点同时测试记录的方法，每个测点都配有上述三种仪器，选取一天中温湿度变化最明显的时间段（9∶30～14∶30），进行 5 个小时的现场测试。测试过程中温湿度采集记录器设置为每 30s 自动记录一次，热线式风速仪设

置为每 5s 自动记录一次，叶轮式风速仪则需要每个点的测试人员每 10min 记录一次该时段内风速的最大值、最小值和平均值。

测试仪器的布置如图 5-2 所示。将 BES-02 温湿度采集记录器置于防辐射罩内，并与热线式风速仪自动传感器的感应头固定在 1.5m 高度处。叶轮式风速仪的叶轮放置在同一高度处，且测试人员需要根据风向改变调整叶轮面向来风的方向，以保证测量数据的准确性，实地调研现场情况如图 5-3 中所示。

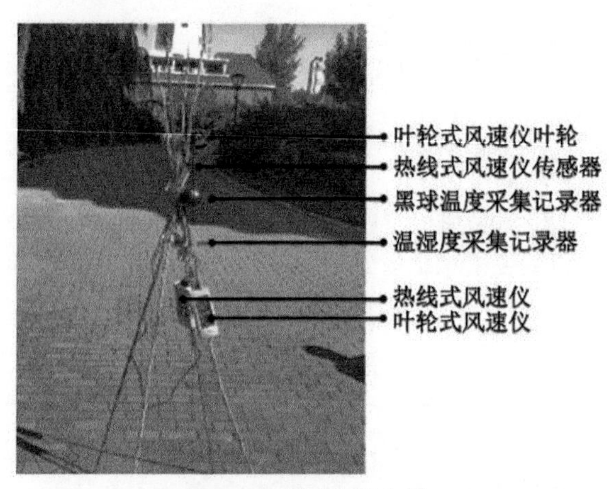

图 5-2 测试仪器布置

图 5-3 实测调研现场情况

5.1.2 实测结果分析

5.1.2.1 空气温度对比分析

各个测点的空气温度数据统计对比情况如图 5-4 所示。首先，对比水体周边区域的测点 a2～a5，可以看出，测点的温度均随时间不断升高，但是测点 a4 的变化比较不同，先经历了一段时间的升温然后经历了一段温度迅速下降，约 1h 后温度又迅速回升，这主要是由于测点 a4 在 11∶30～12∶00 处于建筑阴影中，因此其周边空气温度下降。

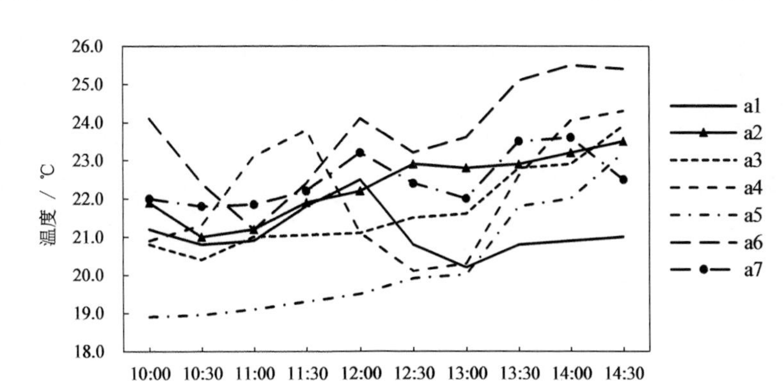

图 5-4　各测点空气温度变化对比

在无建筑阴影的情况下测点 a4 的气温是最高的，其处在水体上风向一处较为开敞的硬质铺装广场区域。测点 a2 的温度次之，这是因为此测点位于临近水体的一块开阔硬质铺装区域，受其西侧建筑角隅风的影响，且基本处于水体的上风向处，受水体影响较小。测点 a3 处于水体的下风向区域，受到水体的影响，各时段的温度较测点 a2 更低，只有在最后一次数据统计的 14∶30 时温度高于测点 a2，这是因为此时的测点 a2 开始被建筑阴影所遮挡。而测点 a5 处于整个水体区域的下风向近水面区域，温度一直处于四个测点中的最低水平，在 11∶30 时测点 a5 与温度最高的测点 a4 的温度差达到了 4.5℃。

对比水体区域以外的测点 a1、a6 和 a7，可以看出这三个测点的温度也是整体呈上升的趋势。住区外部测点 a6 的温度明显高于小区内部两个测点的温度，这是因为小区外部的测点 a6 处是大面积的硬质铺装地面，只有路边有少量绿化树木，受太阳照射的影响大面积的硬质铺装区域周边的空气温度较高。住区内部的两个测点区域虽然也是硬质铺装地面，但是相对面积较小而且周围有比较多的小区绿化，这些对测点的温度都有着比较明显的影响。其中测点 a1 气温低于测点 a7，这是由于测点 a1 处绿化较多，且从 12∶00 开始测点 a1 受到住宅楼阴影的影响。在 14∶30 时，住区内外的温度差达到最大，为 5.4℃。

综合对比各测点的温度变化情况，除个别时段外，住区外部的测点 a6 的气温高于住区内各测点。住区内部各点的温度比较，在不考虑建筑阴影对温度产生影响的情况下，温度较高测点的应该是处于水体上风向处的测点 a2 和 a4 以及远离水体区域的测点 a1 和 a7，而处于水体下风向区域的测点 a3 和 a5 的温度则明显低于住区其他各点的温度，其中受部分水体的影响的测点 a3 的温度也明显高于处在全部水体区域下风向的测点 a5 的温度。住区外部和住区内部的最大温差达到了 5.3℃，住区内部的最大温差也达到了 4.4℃。

综上所述，夏季住区内的水体能够有效降低其周边环境的温度，且对水体下风向区域的空气温度具有很明显的作用，但对于水体上风向区域的温度影响不大。

5.1.2.2　相对湿度对比分析

各测点的相对湿度的数据统计对比情况如图 5-5 所示。对比水体周边区域的测点 a2～a5，可以看出各测点的相对湿度整体趋势都是在不断降低。其中测点 a4 的湿度由于受到建筑阴影的影响依然变化幅度较大，但是从总体来看，处于水体下风向位置的测点 a3 和 a5 的相对湿度一直高于另外两个测点，可以明显看出处于水体下风向区域的相对湿度受到水体的影响较大。

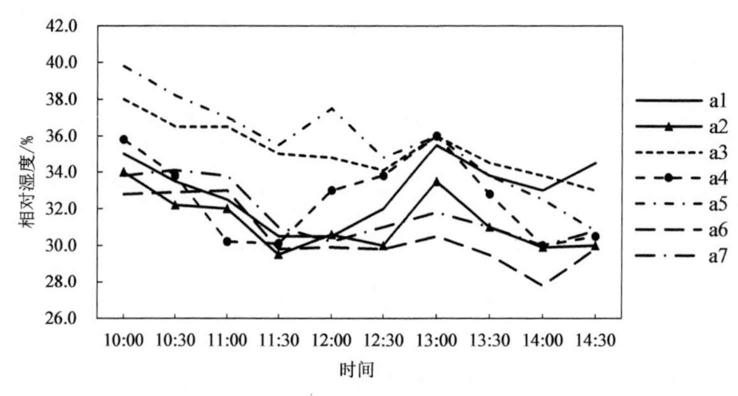

图 5-5　各测点相对湿度变化对比

对比水体区域以外的测点 a1、a6 和 a7 的相对湿度可以看出，11∶00 之前住区内外测点的相对湿度比较接近，差距不算明显，随后住区内部的两个测点的相对湿度要高于住区外部测点 a6。其主要原因是上面所提到的住区内部环境相对复杂，测点周围有比较大量的绿化影响了测点相对湿度的值，其中测点 a1 周边的环境要较测点 a7 更为复杂，所以其相对湿度的值略高于测点 a7。

综合对比各测点的相对湿度可以看出，除了测点 a1 进入阴影区域的时间段外，处在全部水体下风向处的测点 a5 的相对湿度最大，其次是处在部分水体下风向处的测点 a3，而住区外部的测点 a7 的相对湿度则基本一直保持在最低的水平。住区内部和外部的最大相对湿度差值达到了 6.7%，住区内部各点的最大相对湿度差值为 5.6%。

综上所述，通过对各测点相对湿度的对比分析，可以得出夏季住区内的水体能有提高其周边住区环境的相对湿度，与水体对于温度的影响相似，其对于上风向区域的相对湿度影响不大，但是对于其下风向区域内的相对湿度影响比较明显。

5.1.2.3　风速对比分析

各个测点的风速数据统计对比情况如图 5-6 所示。对比水体周边区域的测点 a2～a5 可以看出，在测试时间段内住区内水体周边区域的风速整体经历了一个先升高保持相对变化稳定一段时间后再下降的过程。其中测点 a2 各时间点的风速明显高于其他三个测点的风速，这是由于前文提到的其所处位置的特殊性，受到西侧较近距离的建筑转角处形成的角隅风影响，这个测点的风速很大，在 10∶30 时与风速最小的测点 a5 的风速差值达到了 1.5m/s。其他三个测点风速变化的差距并不明显，测点 a4 的风速变化稍显剧烈，是由于其处在来风向两栋建筑夹缝区域的后面，建筑对其也产生一定的影响。测点 a5 的各时段值稍小，是因为其所处的位置位于来风方向的住区最内侧，经过建筑和植物的影响风速已经减弱，也可能是其位于水体下风向处受水体的影响，还需要进一步研究。

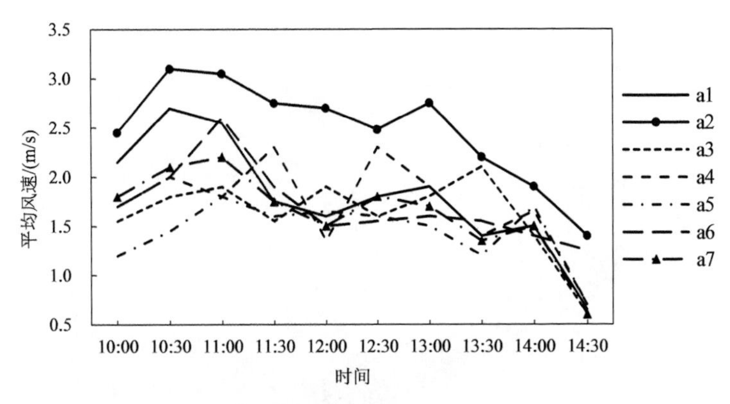

图 5-6　各测点风速变化对比

对比水体区域以外的三个测点 a1、a6 和 a7 的风速，三个测点的风速均逐渐减小，三个测点各个时间段内的风速平均值也比较接近，但是这并不表示住区内外的风速分布是相似的，从图中可看出，除了 11∶00 时段的风速变化比较突出以外，住区外部测点的风速的变化幅度是比较小的，而住区内部的两个测点的风速波动则相对较大，这主要是因为住区内部的物理环境比较复杂，对于风速和风向的影响经常是不规律的。

综合对比各测点的风速变化情况，测点 a2 在各个时段的风速平均值明显高于其他的区域各测点，但是这应该与住区内水体的关系相关性不大，主要是因其所处的特殊位置，受旁边住宅楼转角处的角隅风影响。其中测点 a5 的各时段值稍小，其原因为所处的位置位于来风方向的住区最内侧，经过建筑和植物的影响风速已经较小。其他 6 个测点的风速除了偶有某个时段有暂时性的剧烈变化外，基本没有比较显著的变化。

从住区内风速的变化对比分析来看，水体对风速的影响作用通过测试所得的数据来看并不明显，还需要进一步的分析研究。

5.2　水体对微气候影响的模拟研究

5.2.1　模拟软件的可靠性验证

采用 ENVI-met 软件模拟研究水体对微气候的影响，并利用上文现场实测数据对软件的模拟结果进行可靠性验证。

5.2.1.1　模拟参数设置

在 ENVI-met 中建立与实际住区情况相匹配的住区物理模型，首先确定建模空间的网格尺寸，针对你好荷兰城小区实际住区尺寸，最终确定了 175×110×35 的三维建模网格尺寸，其中水平方向网格尺寸为 2m，垂直方向网格尺寸为 3m。根据实际住区建造情况建立物理模型，并分别对下垫面材质以及水体进行设定。此外，针对现场测试的测点布置情况，在相应位置设置数据接收点。此次模拟测试的物理环境模型建立和各个测点的布置情况如图 5-7 中所示。

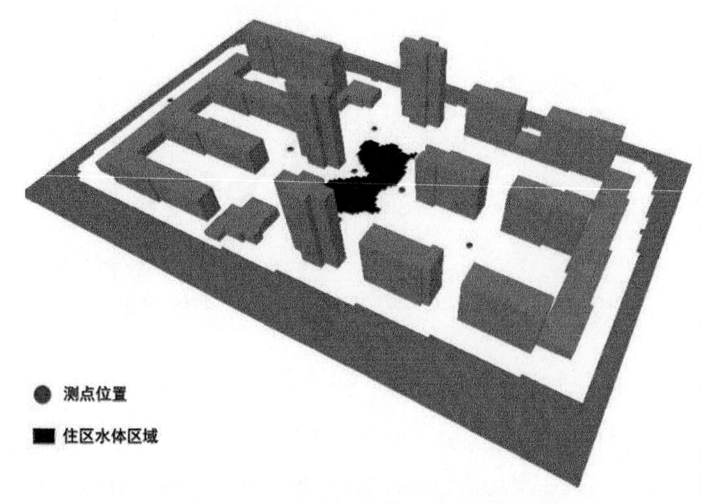

图 5-7 住区物理模型及测点布置

模拟前需要输入模拟日期、模拟时间、当日气象参数（空气温度、相对湿度、风向、风速等）、土壤参数（土壤各层的相对温湿度）、边界条件（开放式、封闭式、循环式）以及太阳辐射系数等，模拟时的环境及气象参数设置如表 5-2 所示。

表 5-2 ENVI-met 模拟参数设置

设置参数	设置数值
模拟开始的日期	2015.09.10
模拟开始的时间	00:00:00
总共模拟小时数	24
距地面 10m 高度处风速	2.9m/s
风向	315°（西北风）
地面粗糙程度	0.1
初始空气温度	285.15K（=12℃）
距地面 2m 高度处的相对湿度	88%

注：表中仅给出了主要气象参数的设置，其他气象参数值均采用系统默认值。

5.2.1.2 模拟结果验证

为了避免建筑阴影遮挡对数据对比结果的影响，选择测试时间段中 11:00 时各个测点的数据与模拟出来的 11:00 时各测点处的数据进行对比。从最终结果中可以得出，模拟结果的温湿度和风速分布的特点与实测过程中分析的结果基本相同。

将与实测位置相同的各个测点的温度、相对湿度和风速数据导出，选择与实测高度相同的高度处的各项微气候数据，与现场实测的对应测点的数据进行对比分析，其各项对比结果总结如表 5-3～表 5-5 所示。

表 5-3　ENVI-met 软件模拟温度验证统计表　　（单位：℃）

测点	实测结果	模拟结果	差值
a1	20.79	20.12	0.67
a2	21.16	21.02	0.14
a3	20.98	20.78	0.20
a4	23.12	21.99	1.18
a5	19.19	19.20	0.01
a6	21.30	22.86	1.56
a7	21.68	22.70	1.02

表 5-4　ENVI-met 软件模拟相对湿度验证统计表　　（单位：%）

测点	实测结果	模拟结果	差值
a1	32.56	34.09	1.53
a2	31.83	34.32	2.49
a3	36.60	34.98	1.62
a4	30.50	33.05	2.55
a5	36.96	35.21	1.75
a6	32.99	31.39	1.60
a7	33.58	33.08	0.40

表 5-5　ENVI-met 软件模拟风速验证统计表　　（单位：m/s）

测点	实测结果	模拟结果	差值
a1	2.55	2.46	0.09
a2	3.05	2.82	0.23
a3	1.90	2.21	0.31
a4	1.88	2.22	0.34
a5	1.84	1.99	0.15
a6	2.68	2.44	0.24
a7	2.24	2.34	0.10

通过实测数据和模拟数据的对比可以看出，在整个住区微气候的模拟过程中，ENVI-met 软件还是能够较为准确的模拟出实际情况。其中，温度差值最大为 1.56℃、最小为 0.01℃，误差都能保证在 10%以下，最大差值出现在住区外部测点 a6 的温度波动时段，对住区内各测点的气温模拟比较准确，但是各测点的模拟结果整体稍低于实测的结

果，这是由于在模拟过程中没有充分考虑住区内绿化对温度的影响；相对湿度差值最大为 2.55%，最小为 0.40%，各测点的相对湿度模拟值与实测值差距较小，误差都能保持在 10%以下，但其中多数的模拟值都要稍低于实测值，可能是模拟过程中没有充分考虑绿化的作用所导致的影响；风速差值最大为 0.34m/s，最小为 0.09m/s，整体的模拟值低于实测值，整体趋势基本符合实际情况。本书研究水体对住区微气候的影响时，主要侧重对于温湿度的研究，对于风速的要求精度不高，只要最终得出的风速分布的整体趋势是正确的即满足模拟要求。总体来说，可以证明 ENVI-met 软件具有较强的实用性，适合用于本书的模拟研究需求。

5.2.2　水体及面积比例对热湿环境的影响

5.2.2.1　水体对住区热湿环境的影响

本节针对你好荷兰城小区模型进行进一步的模拟分析，以验证住区中有无水体设置是否对住区温度和相对湿度存在影响，以及初步分析住区中水体对住区内的温湿度环境是如何影响的。有水体的住区模型就是上节中进行模拟验证用的住区模型，无水体住区就是将此住区模型内的水体设置成普通住区下垫面材质，将两种住区情况进行模拟对比。有水体和无水体的住区布局情况如图 5-8 所示。

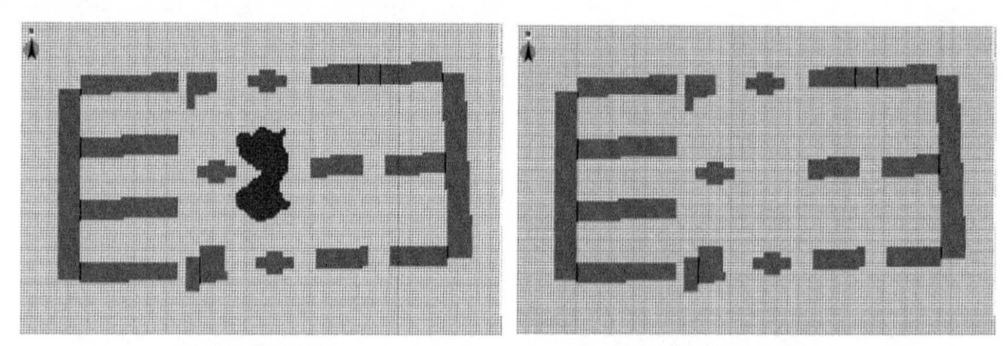

(a) 有水体的住区　　(b) 没有水体的住区

图 5-8　有无水体住区布局模型

在 ENVI-met 中建立与实际住区情况相匹配的住区物理模型，选取 175×110×35 的三维建模网格尺寸，水平方向网格尺寸为 2m，垂直方向网格尺寸为 3m，以满足模型高度超过建筑高度 2 倍的要求。模拟开始时间为测试当天的 00:00:00，并且在正式模拟结果输出之前需要至少模拟 7 小时以上的时间，以消除软件模拟初始运行可能产生的较大误差。因此，本次模拟也将初始时间设置为了测试当天的 00:00:00，模拟总时长为 15 小时。模拟的各项基本参数设置如下：风向取哈尔滨地区夏季主导风向西南风，采用哈尔滨地区夏季温度最高月（7 月）平均空气温度 21℃，平均相对湿度 75.6%，平均风速为 1.98m/s。

水体在住区中的面积只占到住区总面积的 4%，如图 5-9 所示，有无水体设置对于住区内整体平均温度的影响幅度相对较小，有水体住区内的整体平均温度较无水体住区低约 0.14℃。水体附近区域的温度降低十分明显，特别是处在水体下风向区域的温度降低效果尤为显著，与没有水体设置的小区相比，在水体下风向 10m 范围内的区域平均温度低约 0.8℃。但随着距离水体距离的增加，影响效果逐渐减弱，对于水体下风向区域 20m 以外的区域，水体对温度的影响很小。

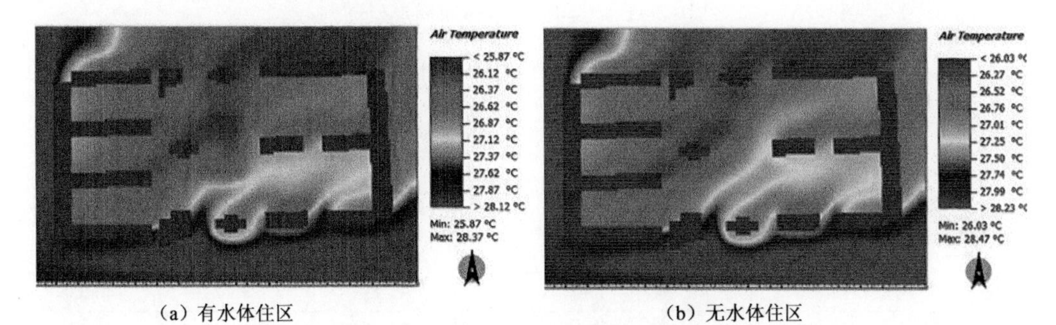

（a）有水体住区　　　　（b）无水体住区

图 5-9　有无水体住区内的空气温度分布

如图 5-10 所示，有水体的住区相对湿度最大值出现在水体区域，而无水体住区内的相对湿度最大值出现在住区的东北部区域内。水体面积相对较小，有无水体设置对于住区内整体平均相对湿度的影响幅度相对较小，有水体的住区内的平均相对湿度高约 0.8%。水体区域的相对湿度明显增大，但是对于水体上风向区域内的影响还是不太明显，只有在接近水体的边缘位置相对湿度才有一定增大，在水体下风向较近的区域内最高相对湿度能够增加 3%以上，距离水体越远对于相对湿度的增加效果越小，在下风向距离水体 40m 左右的区域内相对湿度较没有水体的情况下还要高 1%左右。

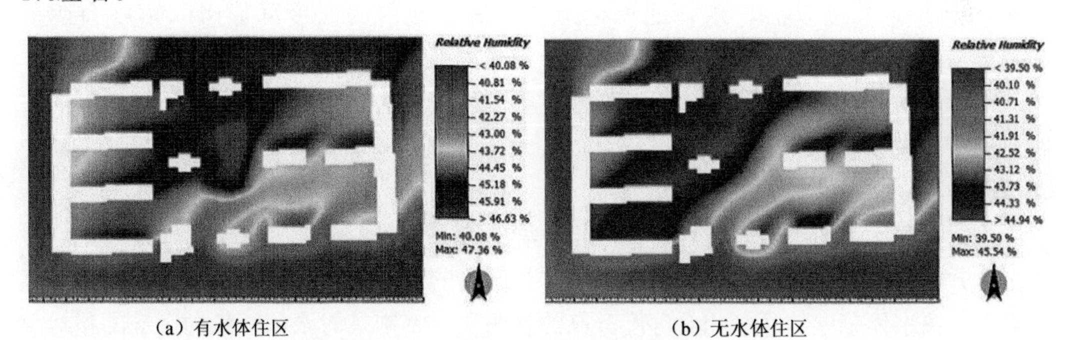

（a）有水体住区　　　　（b）无水体住区

图 5-10　有无水体住区内的相对湿度分布

5.2.2.2　水体面积比例对住区热湿环境的影响

对比分析当住区内水体面积占整个住区总面积比例不同的四种情况下，水体对于住区内微气候环境的影响情况。通过对哈尔滨城市住区水体配置现状调研得出，住区内的水体面积占住区总面积的比例基本处在 2%～14%范围内，因此分别选取占住区总面积的 3%、6%、9%和 12%的四种水体面积进行模拟研究，布局模型如图 5-11 所示。

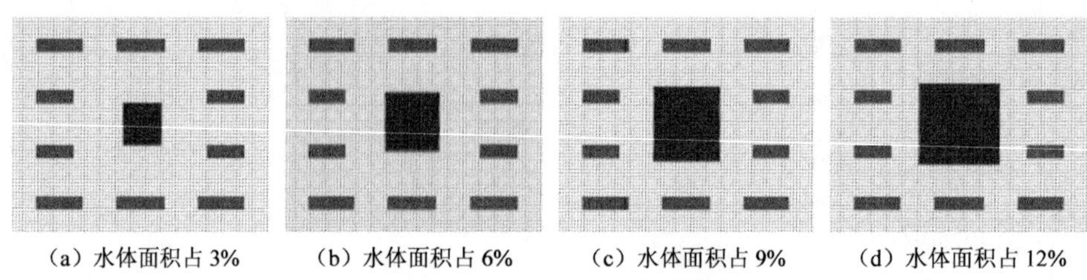

（a）水体面积占 3%　（b）水体面积占 6%　（c）水体面积占 9%　（d）水体面积占 12%

图 5-11　不同面积水体布局模型

不同水体面积比例住区内空气温度和相对湿度的最大值、最小值、平均值如表 5-6 所示。

表 5-6　不同水体面积比例住区整体温湿度环境数据

水体面积比例/%	温度最大值/℃	相对湿度最大值/%	温度最小值/℃	相对湿度最小值/%	温度平均值/℃	相对湿度平均值/%
3	30.265	47.288	26.435	35.953	28.244	40.635
6	30.153	49.787	26.221	36.570	28.045	41.726
9	30.031	51.890	25.990	37.243	27.823	42.954
12	29.956	53.304	25.813	37.604	27.672	43.883

通过对比分析可知，不同面积比例的水体配置对住区气温的影响如下：

（1）随着住区内水体面积的不断增加，住区内的平均温度和温度极值都逐渐降低，离水体越近的区域温度降低得越明显，特别是对水体下风向区域的温度下降影响更加显著。

（2）当水体面积由 9%增大到 12%的过程中，与之前从 3%增长到 9%的各阶段过程相比，水体面积的等量增大对于温度降低影响的幅度逐渐减弱。这说明当水体面积增加到一定程度以后，水体面积持续增加对住区内的温度降低影响幅度会逐渐减弱。

（3）随着住区内水体面积的不断增加，整个住区内的温度最大值与最小值之间的差距也逐渐增大，但是差值增加得并不明显，水体面积每增加 3%，温度大小极值之间的差值增加约 0.1℃。

不同面积比例的水体配置对于住区相对湿度的影响如下：

（1）随着住区内水体面积的不断增加，住区内的平均相对湿度和相对湿度极值都逐渐增大，离水体越近的区域相对湿度升高的越明显，特别是对水体下风向区域的相对湿度升高影响更加显著。

（2）当水体面积由 9%增大到 12%的过程中，与之前从 3%增长到 9%的各阶段过程相比，水体面积的等量增大对于相对湿度增大影响的幅度逐渐减弱。这说明，当水体面积增加到一定面积以后，水体面积持续增加对住区内的相对湿度度的提升影响幅度会逐渐减弱。

（3）随着住区内水体面积的不断增加，整个住区内的相对湿度最大值与最小值之间的差距也逐渐增大，但是两者之间差值的增加幅度随着面积的不断增大而逐渐减小。

5.2.3　集中式水体配置对热湿环境的影响

5.2.3.1　集中式水体配置形式

集中式的水体配置形式是指住区内水体由一片较大面积的水域形成，呈局部集中式布置。根据水体位置不同将集中式水体分成四种情况，即水体处于住区的中心区域（A1 型）、水体处于住区夏季主导风向上风向区域（A2 型）、水体处于住区夏季主导风向下风向区域（A3 型）、水体处于住区其他区域（A4、A5 型）。模型中建筑均采用哈尔滨地区典型的南北朝向的板式住宅楼，采用常见的行列式布局，建筑间距满足日照要求，容积率相同。各水体面积是相同，占住区面积比例为 6%。住区布局如图 5-12 所示。

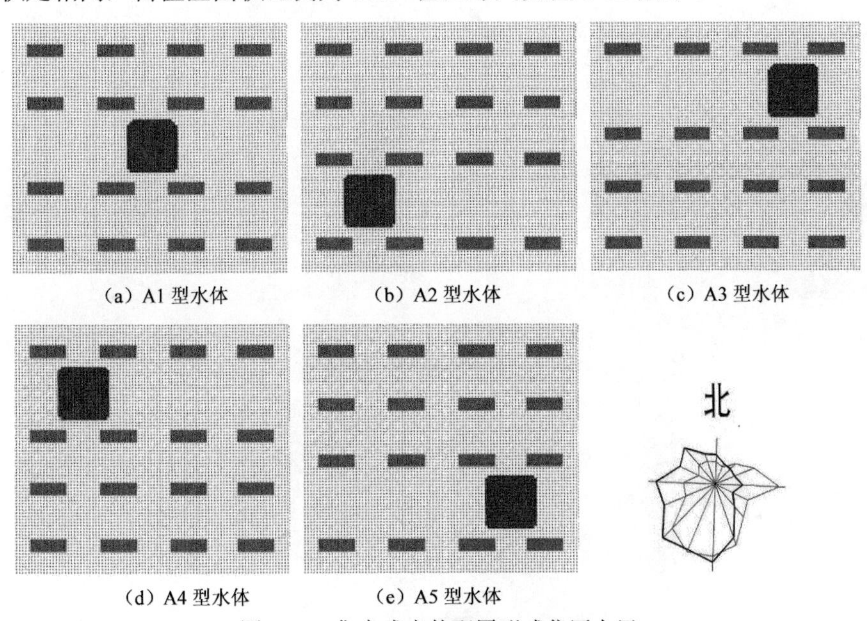

图 5-12　集中式水体配置形式住区布局

5.2.3.2　不同位置集中式水体对热湿环境的影响

采用集中式水体配置形式的住区中，水体布局位置不同情况下的空气温度模拟结果对比，如图 5-13 所示。

如表 5-7，从住区温度对比分析结果来看，采用集中式水体配置形式的住区中，水体布局位置的不同对住区内整体平均温度的影响较小，在五种类型中 A2 型水体住区内的平均温度最低，为 28.66℃，但是仅比平均温度最高的 A5 型水体住区的平均温度低约 0.05℃。集中式水体对水体附近的局部区域温度的下降影响比较明显，住区内温度最大值最低的也是 A2 型水体住区，为 30.69℃。集中式水体配置形式中水体的布局位置对住区内温度的最小值影响是最明显的，其中温度最小值最低的住区是 A3 型水体住区，温度最小值为 26.41℃，较温度最小值最高的 A4 型水体住区的温度最小值要低 0.23℃。

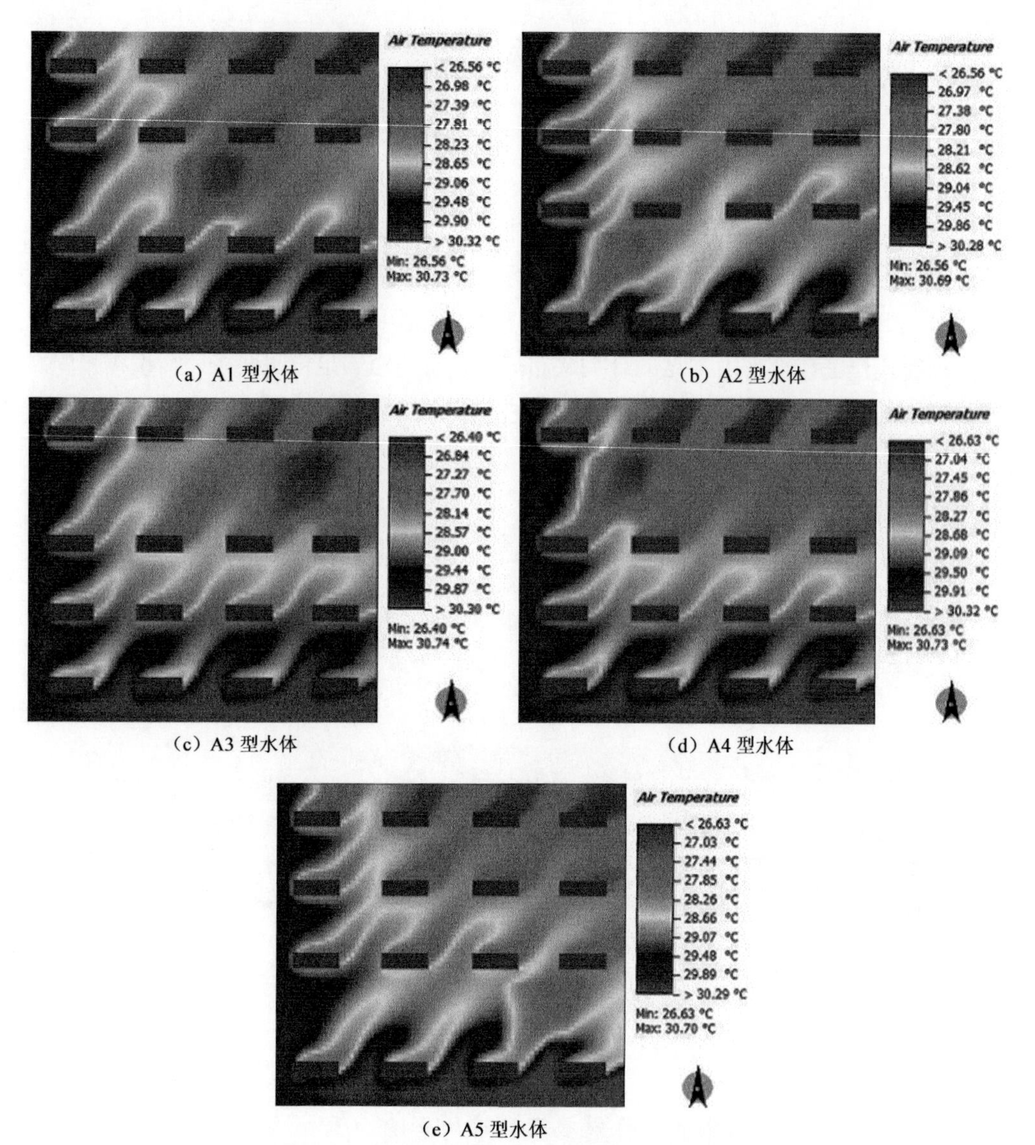

（a）A1 型水体　　（b）A2 型水体

（c）A3 型水体　　（d）A4 型水体

（e）A5 型水体

图 5-13　不同位置集中式水体住区温度模拟结果

表 5-7　不同位置集中式水体住区整体温湿度环境数据

水体类型	温度 最大值/℃	相对湿度 最大值/%	温度 最小值/℃	相对湿度 最小值/%	温度 平均值/℃	相对湿度 平均值/%
A1 型水体	30.733	47.663	26.559	35.176	28.691	39.848
A2 型水体	30.692	46.816	26.556	35.299	28.661	40.009
A3 型水体	30.735	48.599	26.405	35.193	28.694	39.807
A4 型水体	30.731	47.607	26.634	35.240	28.676	39.917
A5 型水体	30.700	46.167	26.626	35.245	28.706	39.760

综上所述，五种集中式水体配置形式对住区温度环境的影响如下：

（1）水体在住区中位置的不同对住区整体的平均温度和温度最大值的影响很弱，差值都在 0.04℃左右，对于住区内温度最小值影响稍微明显一些。

（2）集中型水体能够有效降低住区内水体附近局部区域的温度，特别是水体下风向区域的温度降低更加明显，影响范围也更大，在 10m 范围内的温度能够下降 2℃左右。

（3）综合考虑五种水体情况，水体布置在住区内夏季主导风向上风向区域的 A2 型水体住区，夏季高温时段的平均温度和温度最大值是最低的，A2 型水体住区是对哈尔滨城市住区内夏季温度降低最有益的集中式水体配置情况。

采用集中式水体配置形式的住区中，水体布局位置不同情况下的相对湿度模拟结果对比如图 5-14 所示。

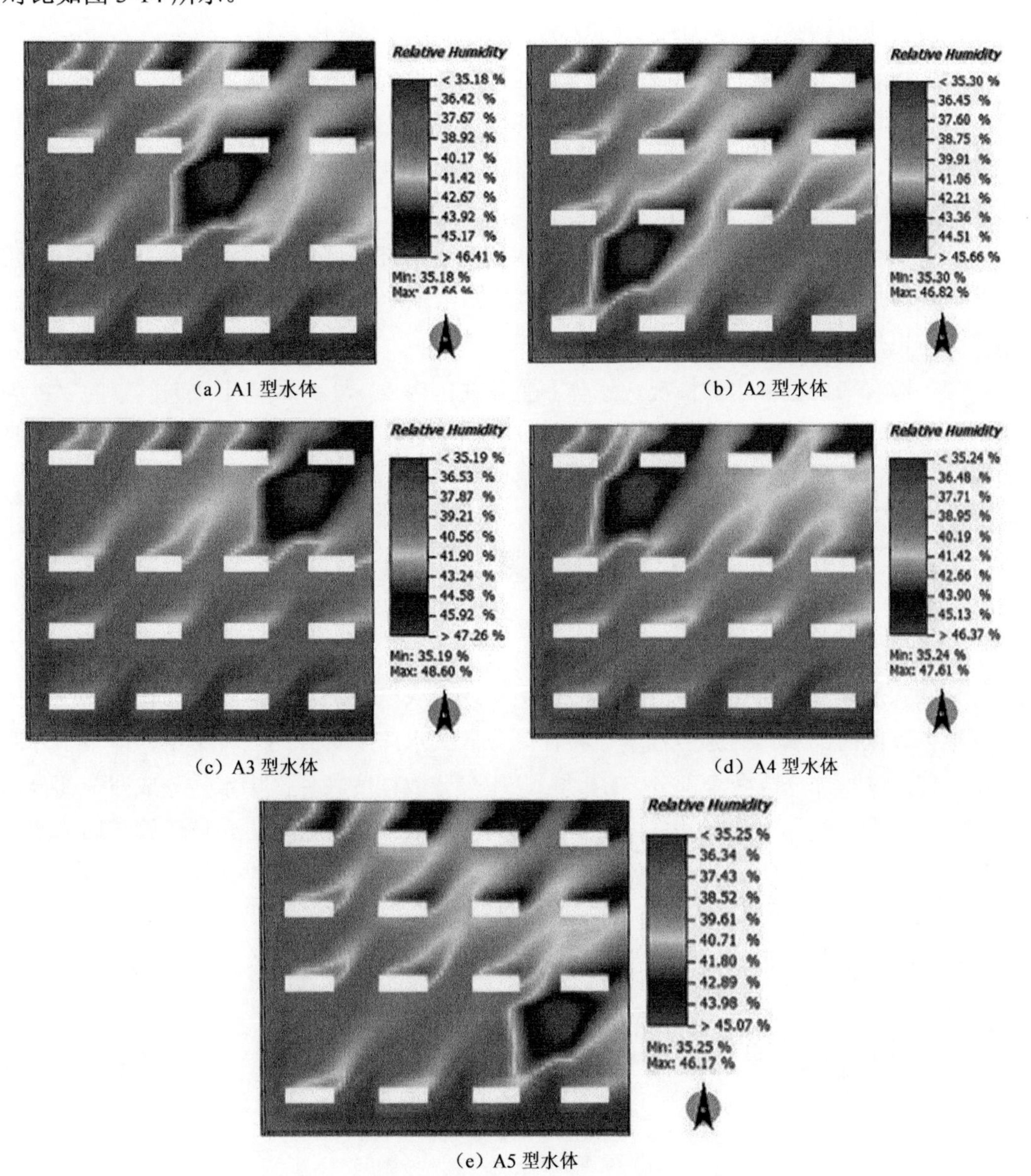

（a）A1 型水体　（b）A2 型水体

（c）A3 型水体　（d）A4 型水体

（e）A5 型水体

图 5-14　不同位置集中式水体住区相对湿度模拟结果

如表 5-7 所示，从住区相对湿度对比分析结果看，采用集中式水体配置形式的住区中，水体布局位置的不同对住区内整体平均相对湿度的影响也比较小的，A2 型水体住区内的平均相对湿度最高，为 40.01%，但是仅比平均相对湿度最低的 A5 型水体住区的值高约 0.25%，差距很小；集中式水体对水体附近的局部区域相对湿度的升高影响是显著的，住区内相对湿度最大值最高的也是 A3 型水体住区，比相对湿度最大值最低的 A5 型水体住区的相对湿度最大值要高 2.43%；集中式水体配置形式中水体的布局位置对住区内相对湿度最小值的影响较小的，其中住区相对湿度最小值最高的住区是 A2 型水体住区，相对湿度最小值为 35.30%，但是较相对湿度最小值最低的 A1 型水体住区的相对湿度最小值仅仅高出 0.12%。

综上所述，五种集中式水体配置形式对住区相对湿度环境的影响如下：

（1）集中式水体在住区中位置的不同对住区整体的平均相对湿度和相对湿度最小值的影响微弱，均只有 0.2%左右，对住区内相对湿度最大值影响相对明显，最大差值达到了 2.43%。

（2）集中型水体能够有效增大住区内水体附近局部区域的相对湿度，特别是对于水体下风向区域的相对湿度提升更加明显，影响范围也更大，对 10m 范围内的相对湿度影响最大可以达到 5%左右。

（3）综合考虑五种水体情况，水体布置在住区内夏季主导风向上风向区域的 A2 型水体住区，夏季高温时段的平均相对湿度和相对湿度最小值是最高的，A2 型水体住区是对哈尔滨城市住区内夏季相对湿度的提高最明显的集中式水体配置情况。

5.2.4　分散式水体配置对热湿环境的影响

5.2.4.1　分散式水体配置形式

分散式水体配置指住区中的水体是由两块或两块以上的水体区域分布在住区中组成的，根据住区内部水体的分散程度，将住区分散式水体配置分为三种类型，即较小分散程度（住区中水体分成两个部分，B1 型）、中等分散程度（住区中水体分成四个部分，B2 型）、较大分散程度（组团之内都有自己的水体配置，B3 型）。保持建筑布局不变，水体区域面积之和占住区总面积的比例均为 6%，住区布局如图 5-15 所示。

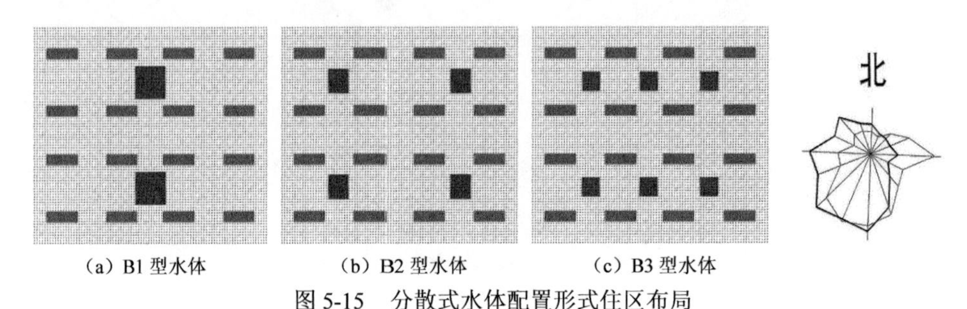

（a）B1 型水体　　（b）B2 型水体　　（c）B3 型水体

图 5-15　分散式水体配置形式住区布局

5.2.4.2　不同分散程度分散式水体对热湿环境的影响

采用分散式水体配置形式的住区中，住区中水体分散程度不同情况下的温度模拟结果对比如图 5-16 所示。

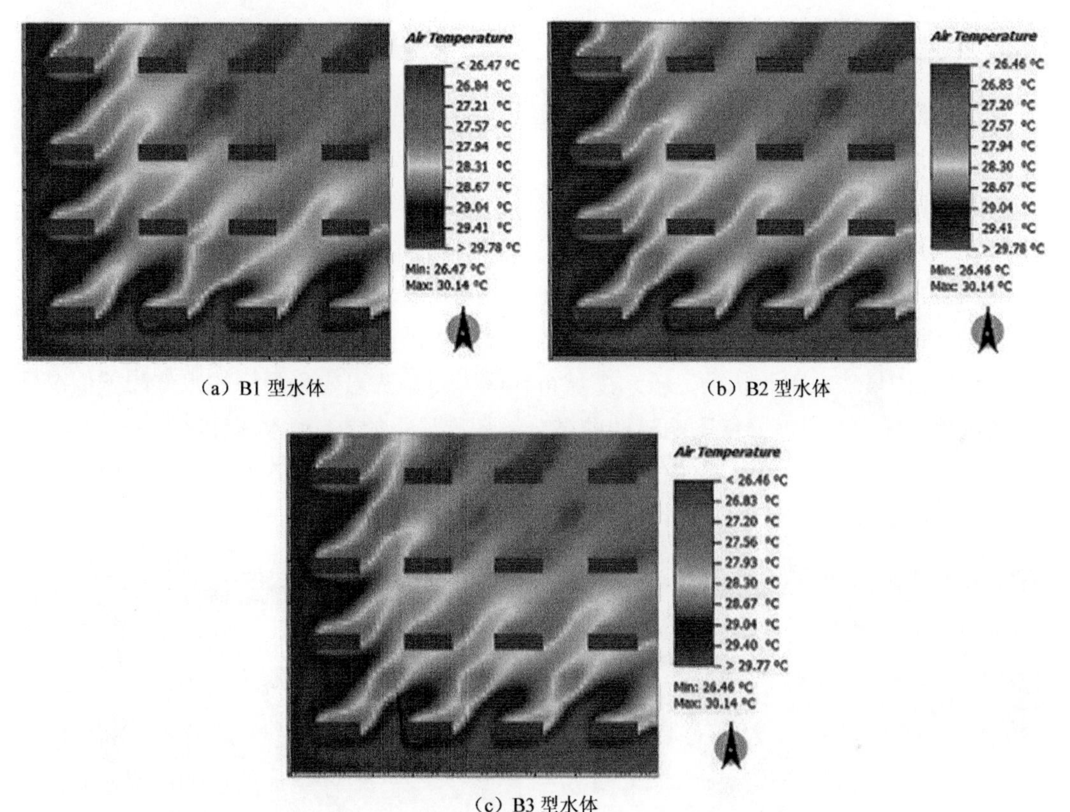

(a) B1 型水体　　(b) B2 型水体

(c) B3 型水体

图 5-16　不同分散程度分散式水体住区温度模拟结果

如表 5-8，从住区温度对比分析结果来看，采用分散式水体配置形式的住区中，水体分散程度的不同对住区内整体平均温度的影响也是比较小的；三种水体情况下住区内平均温度的值随着水体分散程度的增加而降低，平均温度最低的 B3 型水体住区的平均温度仅比 B1 型水体住区内的平均温度低 0.01℃。此外，随着水体分散程度的增加住区内温度的分布更加均衡；从住区内温度最大值的比较来看，B1 型和 B2 型两种水体配置的住区中的温度最大值是相同的，B3 型水体住区的温度最大值则是最低的，这是因为随着水体分散程度的增大，住区内绝大部分区域的温度都得到了一定的降低。但是 B3 型水体住区的温度最大值只比另外两种情况下住区中的最高温度低 0.05℃。关于三种情况下住区温度最小值的比较，依然是分散程度最大的 B3 型水体住区中的最小温度最低，但是与两外两种情况下的差值很微小，三者间最大差值只有 0.01℃。

表 5-8　不同分散程度的分散式水体住区整体温湿度环境数据

水体类型	温度 最大值/℃	相对湿度 最大值/%	温度 最小值/℃	相对湿度 最小值/%	温度 平均值/℃	相对湿度 平均值/%
B1 型水体	30.143	47.252	26.463	36.429	28.385	40.573
B2 型水体	30.143	46.648	26.472	36.431	28.381	40.596
B3 型水体	30.138	46.176	26.460	36.454	28.377	40.615

三种分散式水体配置形式对于住区温度环境的影响如下：

（1）分散式水体配置形式能够有效地调节住区内温度的分布均衡程度，随着分散程度的增加，这种效果更加明显，特别是 B3 型水体使住区整体的温度分布状态比较均衡。

（2）分散式水体配置形式的住区，水体分散程度的不同对住区整体的平均温度和温度大小极值的影响比较微弱，三种情况下三项温度指标中平均温度的最大差值也只有 0.01℃。

（3）综合考虑三种水体情况，水体分散程度最大的 B3 型水体住区夏季高温时段三项温度指标均最低，因此认为，哈尔滨城市住区内夏季降温效果最好的水体配置情况是 B3 型水体住区，对温度降低影响最弱的是分散程度最小的 B1 型水体住区。

采用分散式水体配置形式的住区中，水体不同分散程度情况下的相对湿度模拟结果对比如图 5-17 所示。

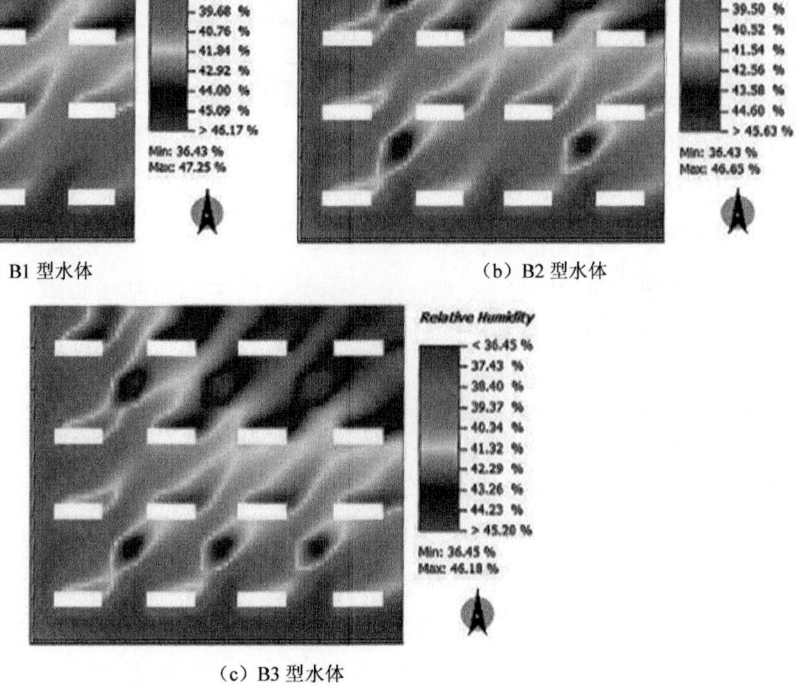

（a）B1 型水体　　（b）B2 型水体

（c）B3 型水体

图 5-17　不同分散程度分散式水体住区相对湿度模拟结果

如表 5-8 所示，从住区相对湿度对比分析结果看，采用分散式水体配置形式的住区中，水体分散程度的不同对住区内整体平均相对湿度的影响比较微弱，随着分散程度的增加住区内平均相对湿度逐渐增大，但平均相对湿度最大的 B3 型水体住区仅比 B1 型水体住区的平均相对湿度高约 0.04%，差距十分微小；从住区内相对湿度最大值的比较来看，随着水体分散程度的增加相对湿度最大值是逐渐下降的，这是因为这三种情况下相对湿度最大的区域都出现在水体上方，当分散程度越大时，其单个水体面积减小，其上方的空气相对湿度也就降低了，相对湿度最大值最高的 B1 型与 B3 型水体住区的差值为 1.08%；三种情况下，相对湿度最小值之间的差距十分微小，B1 型和 B2 型水体住区的相对湿度最小值仅仅比 B3 型住区低 0.02%左右。

综上所述，三种分散式水体配置形式对于住区相对湿度环境的影响如下：分散式水体配置形式能够有效调节住区内相对湿度的分布均衡程度，随着分散程度的增加这种效果更加明显，特别是 B3 型水体住区中住区整体相对湿度分布状态更加均衡；分散式水体配置形式的住区，水体分散程度的不同对住区整体的各项相对湿度指标的影响比较微弱，只有对住区内相对湿度最大值影响比较明显，但是其最大差值也只有 1.08%；综合考虑三种水体情况，水体分散程度最大的 B3 型水体住区，其夏季住区中的平均相对湿度和最小相对湿度是最高，但最大差值分别只有 0.04%和 0.02%左右。

5.2.5　边流式水体配置对热湿环境的影响

5.2.5.1　边流式水体配置形式

采用边流式水体配置的住区中的水体都是由松花江的较小支流所形成的，针对此类住区水体的特殊性，需对这种形式的住区水体进行必要的限定说明：水体配置形式中的水体宽度在 20m 左右，属于住区内部水体配置级别，水体面积过大的临江住区不在研究范围之内。

边流式水体配置形式指住区中的水体是带状并且处于住区边缘位置的水体配置形式。边流式水体配置的各住区的区别主要在于带状水体的位置和方向不同，将边流式水体配置分成三大类型（四种情况），即处于住区中夏季主导风向上风向且与主导风向相垂直的条状水体（C1 型）、处于夏季主导风向下风向且与主导风向垂直的条状水体（C2 型）、处于住区其他位置与主导风向平行的条状水体（C3、C4 型）。保持建筑布局不变，水体区域面积和占住区总面积的比例均为 9%，住区布局如图 5-18 所示。

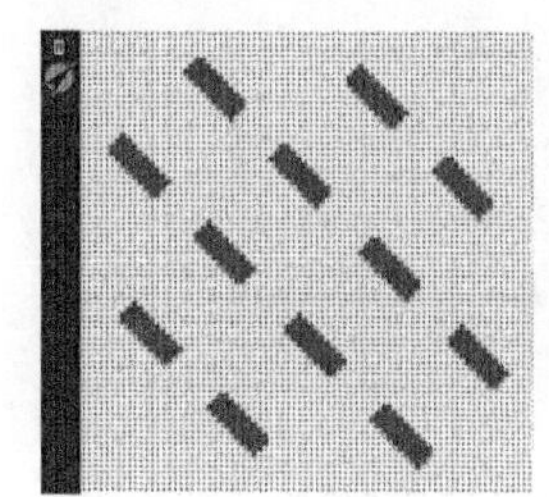

（a）C1 型水体

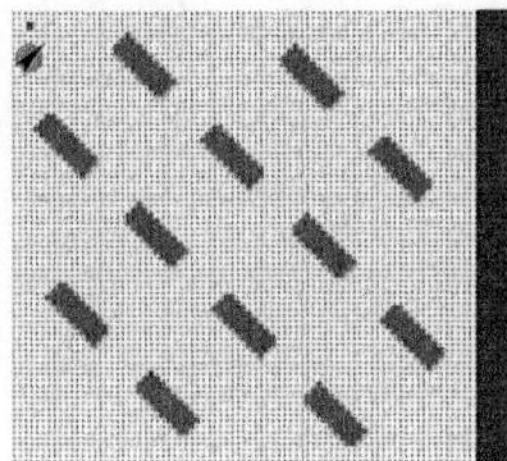

（b）C2 型水体

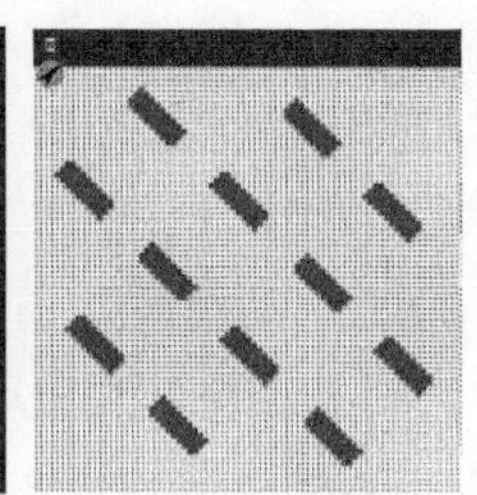

（c）C3 型水体

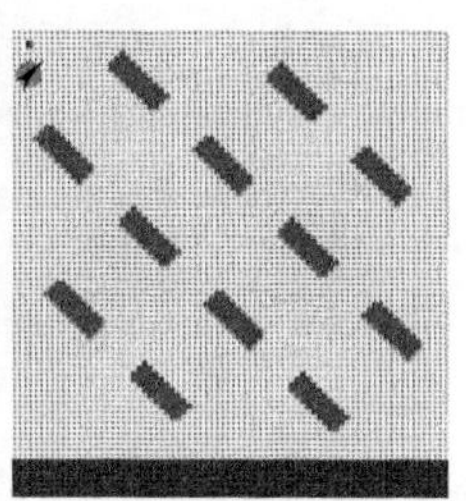

（d）C4 型水体

图 5-18　边流式水体配置形式住区布局

5.2.5.2　不同位置边流式水体对热湿环境的影响

采用边流式水体配置形式的住区中，住区中水体布局位置不同情况下的温度模拟结果对比如图 5-19 所示。

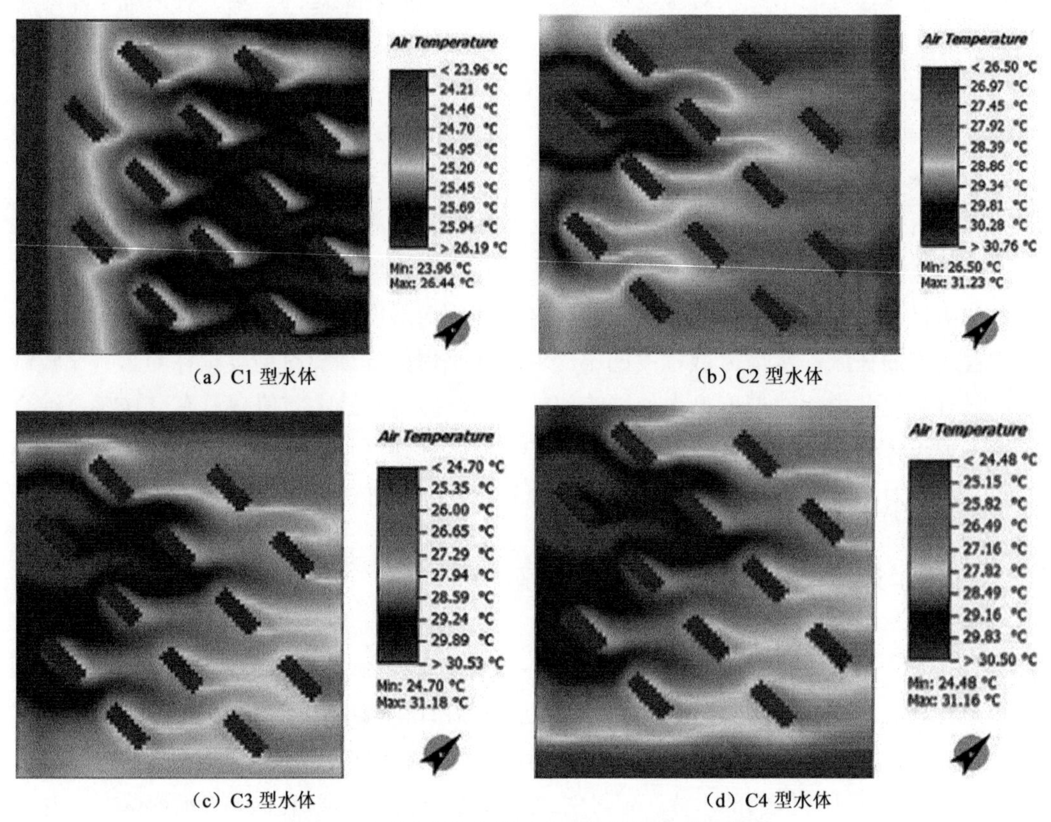

（a）C1 型水体　　（b）C2 型水体

（c）C3 型水体　　（d）C4 型水体

图 5-19　不同位置边流式水体住区温度模拟结果

从住区温度对比分析结果来看，采用边流式水体配置形式的住区中，水体布局位置的不同对住区内平均温度的影响是很明显的，特别是在住区夏季主导风向上风向与主导风向垂直布置的带状水体 C1 型水体住区，其住区内的平均温度仅为 25.35℃，明显低于另外的三种边流式水体配置情况。因为处在住区西南一侧的带状水体垂直于夏季主导风向布置，来风将水体上方较低温度的空气都带到了整个住区内部，使整个住区内的平均温度大大降低，有效改善了夏季住区内高温的空气环境。另外三种边流式水体住区内平均温度都在 28.13～28.44℃之间，相比之下 C1 型水体住区平均温度低了 3℃左右。

从住区内温度最大值的比较来看，C2、C3 和 C4 型水体住区内的最大温度都在 31.2℃左右，而 C1 型水体住区内的温度最大值要远低于另外三种水体布置的情况，其与另外三者的温差达到了将近 5℃。在住区内温度的最小值方面，C2 型水体住区温度最小值是最高的，这是由于 C2 型水体住区的水体处在夏季主导风向下风向的东北部边缘处，水体上方的冷空气不能有效惠及住区区域，因此其最小温度较高，达到了 26.5℃。另外三种情况下住区的最小温度较低，其中 C1 型水体住区内的最小温度最低，为 23.96℃。

综上所述，四种边流式水体配置形式对于住区温度环境的影响如下：边流式水体配置的形式根据水体位置的不同，能够对住区内温度产生较大的影响，住区温度最低的是位于上风向的 C2 型住区，最低的是位于下风向的 C1 型住区；综合考虑四种水体情况，在住区夏季主导风向的上风向与主导风向垂直布置的带状水体 C1 型住区的水体布置形式，是边流式水体中最有效的降低夏季哈尔滨城市住区内温度的水体配置形式。

采用边流式水体配置形式的住区中，水体布局位置不同情况下的相对湿度模拟结果对比如图 5-20 所示。

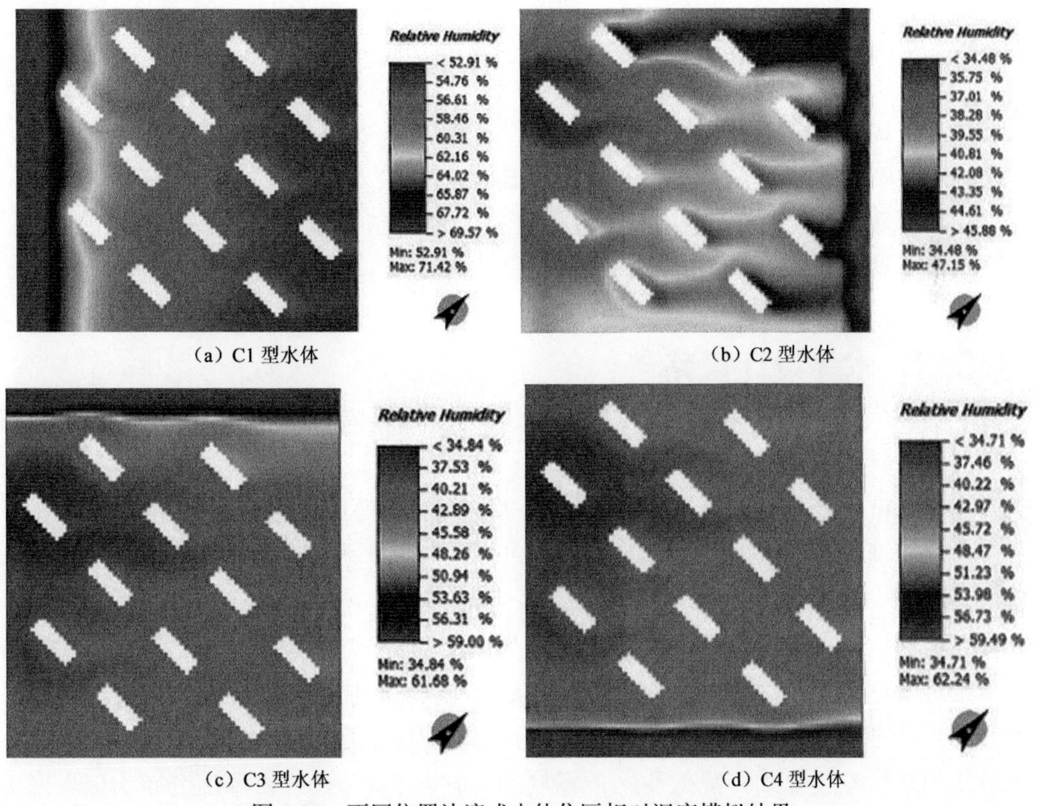

（a）C1 型水体　（b）C2 型水体

（c）C3 型水体　（d）C4 型水体

图 5-20　不同位置边流式水体住区相对湿度模拟结果

如表 5-9 所示，C1 型水体住区平均相对湿度达 59.30%，高于另外的三种边流式水体住区。C1 型水体住区中带状水体垂直于夏季主导风向，来风将水体上方大量的潮湿空气带到整个住区内部，使住区内的平均相对湿度显著提高，有效改善夏季白天住区内干燥的空气环境。另外的三种边流式水体住区内的平均相对湿度在 40.6%～42.6%之间，C1 型水体住区内的平均相对湿度则高出 16.7%～18.7%。

C3 型和 C4 型水体住区内的最大相对湿度在 62.0%左右，C1 型水体住区内的为 71.42%，而 C2 型水体住区内的仅为 47.15%，这是由于 C2 型水体住区的水体处在夏季主导风向下风向边缘处，其上方潮湿空气无法扩散至住区内部；在住区内最小相对湿度方面，C1 型水体住区内的最小相对湿度也是最高的，达到了 52.91%。另外三种情况下住区的最小相对湿度较低，其中 C2 型水体住区的最小相对湿度为四种类型住区最小相对湿度的最低值。

表 5-9　不同位置边流式水体住区整体温湿度环境数据

水体类型	温度最大值/℃	相对湿度最大值/%	温度最小值/℃	相对湿度最小值/%	温度平均值/℃	相对湿度平均值/%
C1 型水体	26.437	71.418	23.960	52.912	25.347	59.298
C2 型水体	31.228	47.146	26.499	34.481	28.442	40.620
C3 型水体	31.182	61.679	24.701	34.844	28.154	42.572
C4 型水体	31.163	62.241	24.484	34.709	28.133	42.474

综上所述，四种边流式水体配置形式对于住区相对湿度环境的影响如下：边流式水体配置的形式根据水体位置的不同，能够对住区内的各项相对湿度情况产生较大影响，住区相对湿度最高的是 C1 型水体住区，最低的是 C2 型水体住区；综合考虑四种水体情况，在住区夏季主导风向上风向与主导风向垂直布置带状水体的 C1 型水体住区最能够明显地增加夏季哈尔滨城市住区内相对湿度。

5.3　水体设计策略

前文研究了哈尔滨城市住区各种水体配置形式对住区微气候的影响，在对结果进行大量的分析和总结的基础上，将通过模拟分析所得到的结果与现实情况相结合，从夏季对于微气候调节的角度出发，对哈尔滨城市住区内水体的设置提出了一些相应的设计策略。

对住区内水体配置形式的选择，可以从不同水体配置形式对住区微气候的影响特点出发进行选择和规划。集中式的水体配置形式对降低住区水体区域范围内的局部温度、调节局部环境的微气候是十分有效的，但是对于住区整体温度调节作用相对较弱；分散式的水体配置形式在降低住区内温度的同时，对调节住区内温度分布均匀程度十分有效，能够使住区内的温度分布更加均衡；边流式的水体配置形式，则会因带状水体的位置和方向的不同而对住区微气候产生不同的影响。

对住区内水体面积比例的选择，尽量综合考量实际建设的经济性和微气候调节的需要，并非住区内水体面积所占比例越大越好。研究表明，当水体占住区面积比例达到 12% 后，随着水体面积的增加，其对于住区内的微气候调节的幅度逐渐下降，因此住区内设置过大面积的水体是不合适的。

选择集中式水体配置形式的住区，在用地条件允许的情况下，尽量将水体布置在夏季主导风向上风向区域内，通过模拟结果分析可知，集中式水体布置在这个区域内相比于住区内的其他位置来说能够更有效地降低夏季城市住区内的温度，更有效地调节住区内微气候环境。

选择分散式水体配置形式的住区，在保证每一部分分散水体面积不至于过小的前提下，水体的分散程度越大越有利于住区内整体温度的降低，也使住区内温度的分布更加均衡，可更有效调节住区内微气候环境。

当住区内的水体配置形式是边流式时，在条件允许的情况下，应当尽可能地将带状水体布置在夏季主导风向上风向且与主导风向方向垂直的位置或相近的位置区域，这样的水体配置情况能够显著降低整个住区内的温度，对于住区内微气候的调节作用极其明显。

从微气候调节的角度出发，宜选择将水体布置在夏季主导风向的上风向与主导风向垂直位置的边流式水体配置形式，因为这种水体配置对于夏季住区的降温效果是最显著的，能够最有效地改善夏季哈尔滨城市住区内的微气候环境。

5.4　本章小结

本章对哈尔滨典型的水体配置住区中水体及其周边的温度、湿度和风速等微气候参数进行现场实测，分析住区水体对于其周边微气候的影响；运用 ENVI-met 模拟软件分别对水体面积比例以及水体形态对热湿环境的影响进行模拟分析；根据实测与模拟分析结果提出城市住区水体设计策略。具体结论如下：

（1）水体能有效降低住区内的温度和提升相对湿度，且水体对其下风向区域的微气候环境影响显著。

（2）随着住区内水体面积的不断增加，住区内的温度平均值和极值都逐渐降低，湿度平均值和湿度极值逐渐增高，离水体越近的区域温度降低得越明显，湿度增加越明显，特别是对水体下风向区域更加显著；当水体面积增加到一定面积以后，水体面积持续增加对住区内的降温增湿影响幅度会逐渐减弱；随着住区内水体面积的不断增加，住区内的温度最大值与最小值之间的差距也逐渐增大。

（3）集中式水体配置形式中，当水体布置在住区内夏季主导风向上风向区域（A2 型水体），夏季高温时段住区中的平均温度和温度最大值是最低的，A2 型能够更为有效地降低夏季城市住区内的高温环境，是调节夏季哈尔滨城市住区内微气候条件最好的集中式水体配置。

（4）分散式水体配置形式中，水体的分散程度对于夏季住区内的微气候调节并不明显，其中分散程度最大的 B3 型水体住区中的平均温度和温度大小极值都是最低的，B3 型是对夏季哈尔滨城市住区内微气候环境调节最好的分散式水体配置。

（5）边流式水体配置形式中，水体布局位置的不同对住区内热环境影响较大。在夏季主导风向上风向且与主导风向垂直布置带状水体（C1 型）的住区中温度明显较低。此外，C1 型水体配置布局方式在所有水体配置情况中对住区降温效果最为显著。

第6章　哈尔滨历史街区气候适应性技术

6.1　街区特征分析

哈尔滨的地方文化中包含中国北部的文化、外来文化和中西合璧的文化。哈尔滨因其地理位置和气候特点，以及地方文化的多样性和兼容性，成为了一个极具地域特色的城市。

位于哈尔滨道外区的中华巴洛克历史文化街区是哈尔滨十大历史文化保护街区之一，它是哈尔滨民族工商业的发源地，拥有着中国保存最为完整的中华巴洛克建筑群，具有浓郁的文化底蕴，蕴含着以特色院落、胡同等为代表的物质文化资源和具有丰富传统特色的商业文化、餐饮文化以及民俗文化等非物质文化资源，具有重要的历史保护价值（万宁，2011）。以下以该街区作为哈尔滨历史街区的案例进行研究。

中华巴洛克历史文化街区拥有小巧精致的建筑群，是极具哈尔滨特色的历史文化街区及休闲娱乐街区。该街区采用小街坊、高建筑密度的布局形式，街区内的建筑将中国传统的四合院空间模式与西方巴洛克式立面造型相结合，形成了中西合璧的建筑形式，小体量建筑沿着道路有组织地围合成多个院落和广场，因此该街区涵盖了街道空间、广场空间和院落空间三种基本空间类型。该街区的位置及周边环境见图6-1。

图6-1　位置与街区周边环境

6.1.1　街区整体布局与街道空间特征

1. 街坊空间特征

中华巴洛克历史文化街区的路网是延续道外区的道路结构。由图 6-2 可以看出，整个道外传统街区内街道主次分明，为鱼骨式街道框架，体现了街区组成的秩序性。该街区以各种形态以及不同尺度的院落空间为基本单元，所以常以多组院落构成一个街坊，形成了整个区域的肌理。街坊宽度在 50～80m 之间，南北向长度为 150～360m。院落空间与街道空间相互限定，形成了如今的街坊形态，这是道外传统街区特有的街院模式的空间结构，本书研究区域延续了此种空间结构。

图 6-2　区域道路结构现状

图 6-3 为中华巴洛克历史文化街区与周边现代尺度街区的肌理对比，从中可见中华巴洛克历史文化街区的肌理与道外传统街区一致，与现代尺度的街区肌理有所差异。

图 6-3　中华巴洛克街区与周边街区肌理对比

以中华巴洛克历史文化街区的尺寸为基本单元对其周边街区进行划分，选取 4 个街区为代表进行比较，比较它们的街区肌理、形态和建筑密度，如表 6-1 所示（街区编号参见图 6-3）。中华巴洛克历史文化街区建筑密度约为 55%，街坊宽度为 50～80m，其周边现代尺度街区的建筑密度则相对较低。从图 6-3 中也可以看出，该街区的街坊宽度较城市中某些现代街区的街坊宽度小很多，且建筑密度较大。也就是说，与现代街区相比，中华巴洛克历史文化街区呈现出了紧凑集中的高建筑密度的布局特征。图 6-4 为中华巴洛克历史文化街区的鸟瞰图，从图中也可以看出，整个街坊的平面布局规整，整体形成了紧凑密集的围合布局形式。

表 6-1　街区肌理、形态和建筑密度对比

街区编号	9	10	11	12
街区肌理				
街区形态	高密度围合式	围合式	围合式	围合式
建筑密度	0.55	0.38	0.31	0.31

图 6-4　中华巴洛克街区鸟瞰图（截图自《航拍中国》）

2. 街道空间尺度

从整体上看，历史街区内是以靖宇街为主街的“鱼骨式”布局，以东西向的靖宇街为主街，承载着整个街区东西向交通，但是街巷的走向并非是正南正北方向，而是西北—东南方向，这使得街坊中的建筑多为南向或偏南向。

中华巴洛克历史文化街区的路网是道外区道路结构的一部分，该区域街道朝向约为北偏西 40°，道路宽度为 10～14m，高宽比主要为 0.5～0.75，给人的感觉较为舒适。纵向街道由西至东依次为南头道街、南二道街、南三道街和南四道街，该区域以这四条街道与院落空间、广场空间相通共同组织了纵向交通。其中，南二道街与南三道街为步行街道，连接该街区中的广场空间与院落空间。它们全长均约 360m，南二道街宽 10m，南三道街宽 12m，街区内除两栋 7 层的居民楼外，街道两侧以 2～3 层的商业建筑为主。沿街有一些院落门洞口以及沿街广场开口，分割了街道两侧连续的建筑界面，街道空间实景如图 6-5 所示。

图 6-5　街道空间实景

6.1.2　院落空间特征

院落空间是中华巴洛克历史文化街区的主要空间，它以中国北方的传统民居为原型演变而来，承载着一定的活动与交通功能。该街区中各院落功能分布与实景照片如图 6-6 所示。

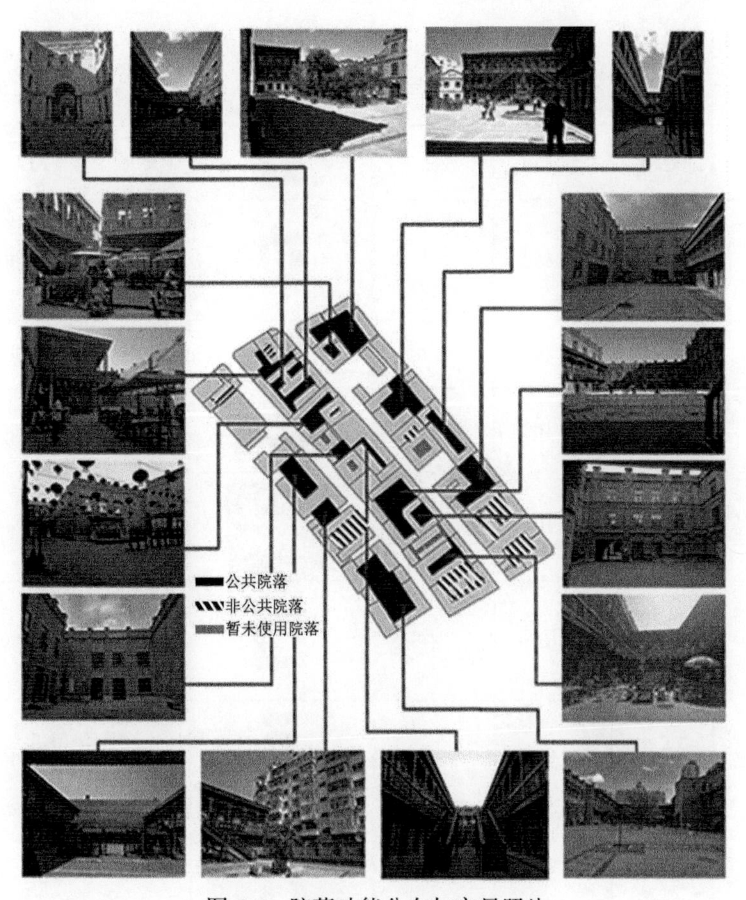

图 6-6　院落功能分布与实景照片

1. 院落空间围合形态

院落是该街区的基本单元，院落的建筑一般为 2～3 层，通过不同的围合方式形成院落空间。根据院落空间建筑围合形式与平面形状可以分为矩形、T 形、L 形与复合型。矩形院落为建筑四面围合，T 形院落为三个方向的建筑相连围合而成，L 形院落为横、纵向建筑相连，通常与其他院落和建筑组合，复合型院落为多种院落形组合。表 6-2 为该街区院落的信息表。从图 6-7 可以看出，矩形院落占比最多为 63%。院落中矩形、T 形、L 形院落所占比率远高于复合型院落，且复合型院落空间组成复杂，因此，在后文的研究中不考虑复合型院落。院落空间除了具备活动功能外，还具有一定的交通功能。临街一面的建筑一层开设 2～5m 宽的门洞以供院落出入，加强了院内空间的联系，院落内部各层以外廊组织交通，各个房间依其功能需要依次排列。

通过建筑外界面直接围合形成的 L 形、T 形和矩形的院落布局，可以避免寒风从院落带走过多的热量，有利于减少冬季建筑失热。

表 6-2　院落空间围合形态信息表

院落平面	形状	面积/m²	功能	院落平面	形状	面积/m²	功能
	L 形	约 1280	公共		矩形	约 50	非公共
	矩形	约 150	公共		矩形	约 60	暂未使用
	T 形	约 850	公共		矩形	约 220	公共
	矩形	约 480	公共		矩形	约 60	暂未使用
	矩形	约 100	非公共		矩形	约 160	公共
	矩形	约 190	暂未使用		L 形	约 1240	公共
	L 形	约 1080	公共		矩形	约 290	公共
	矩形	约 500	非公共		复合型	约 160	暂未使用
	矩形	约 260	非公共		T 形	约 330	公共

续表

院落平面	形状	面积/m^2	功能	院落平面	形状	面积/m^2	功能
	矩形	约 576	非公共		复合型	约 600	非公共
	矩形	约 40	非公共		矩形	约 350	非公共
	L 形	约 410	公共		矩形	约 800	公共
	复合型	约 240	公共		矩形	约 400	公共
	T 形	约 320	公共		矩形	约 800	非公共
	L 形	约 530	公共		矩形	约 1800	公共

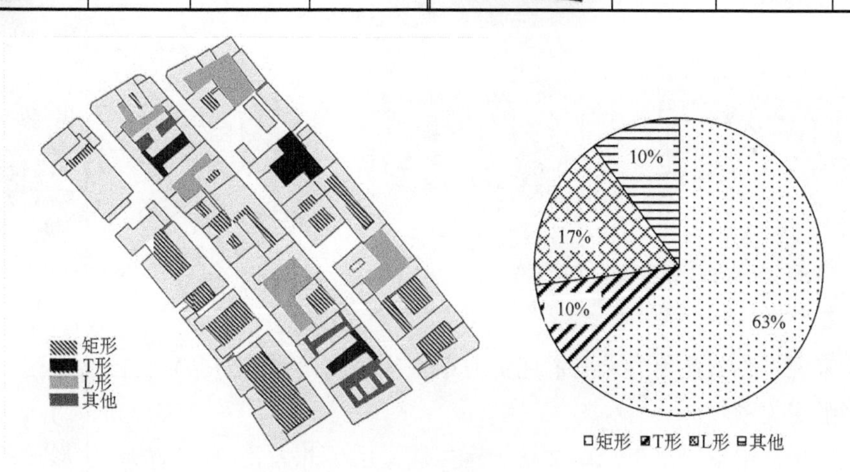

图 6-7　各种院落形态分布

2. 院落空间平面尺度

由整个街区的肌理图可以看出，整个街区的院落尺度大小不一，面积从 $40m^2$ 到 $1800m^2$ 不等。从图 6-8 中可以看出，院落空间面积小于 $500m^2$ 的最多，占 67%，其平面尺度与哈尔滨现代街区的围合院落尺度有很大差异。整个街区的院落空间尺度相对较小，围合感较强，对风的抵抗力较强。

3. 院落的组合方式

街区中各种形式的院落空间相互自由组合，不固定依赖于某一围合墙体，虽然在建

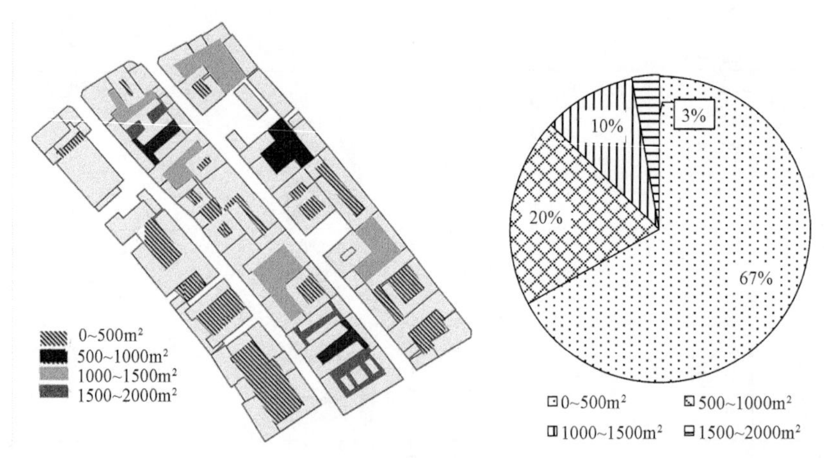

图 6-8　院落尺度分布

设时是自发形成的，看似没有固定的规律，但其组合方式也是可以找到一定的规律。建筑多为二层或三层，首先是以几个建筑单体围合成为一个院落单元，而后在沿着主街方向上通过并联的方式加建形成进院，在沿辅街方向将院落与院落进行衔接。通过这样的方式，整个区域最终形成了横纵双向均为复合型的较为密集的院落组群。院落与院落之间以道路或门洞口作为相互连接的通道，如图 6-9。

图 6-9　院落组合间的通道

简单来说，也就是将几个有着错综复杂空间的院落沿着一条辅街紧密排列，形成了整体群落组织关系。

综合看来，中华巴洛克历史文化街区虽然采用了北方传统民居的合院形式，但其平面布局十分自由灵活，院落的组合方式有很多种。每个院落往往由 2～3 层的建筑围合而成。其次，该街区中院落空间，没有等级约束，并不会像传统的合院那样有着确切的等级要求。另外，该街区的院落布局形式紧凑，与北方传统民居院落相对宽敞的形式存在差异。该街区院落相互组合形成了连续围合的界面，形成了封闭的内院空间，这样的形式可以阻挡寒风的入侵。同时，其内院空间又能够帮助院落引进一定的风和阳光，使院落空间的微气候舒适宜人。中华巴洛克历史文化街区的院落空间虽然源于北方传统民居，但布局的紧凑围合度更高，内向封闭，将民居院落中不适应严寒气候的特征淘汰了，体现着该街区院落空间对严寒地区气候的适应性改变。

6.1.3　广场空间特征

本书研究区域的广场空间较小，与院落空间尺度相近。它们是以多栋建筑和街道进行边界圈定的，不从属于建筑，且其功能是为人们提供休息、游玩以及文艺汇演的场所，较院落空间的开放性更强。

1. *广场的尺度*

广场的分类方法较多，主要可以从广场使用功能、尺度关系、空间形态等方面的不同属性和持征来进行分类。本书通过对哈尔滨教堂广场、纪念性广场、交通性广场等30个主要城市广场的尺寸、围合形式以及形态等进行调研，从调研的城市广场中每种围合度各取一个作为代表与中华巴洛克历史文化街区的广场进行对比。如表6-3，可以看出中华巴洛克历史文化街区中的广场与城市其他广场在尺度与围合程度上的不同。

通过对哈尔滨30个城市广场类公共空间的调研发现，城市广场的尺度一般较大，最小面积为2000m²。而中华巴洛克街区的广场为街区的附属广场，其尺寸受街区街坊的宽度所限，使其与该街区中的院落空间尺度相近，尺寸较小。两个广场尺寸分别为50m×30m、23m×35m。

表6-3　广场空间特征对比

广场名称	围合形式	面积/m²	平面	实景照片
中华巴洛克街区广场1	三面建筑围合	约1500	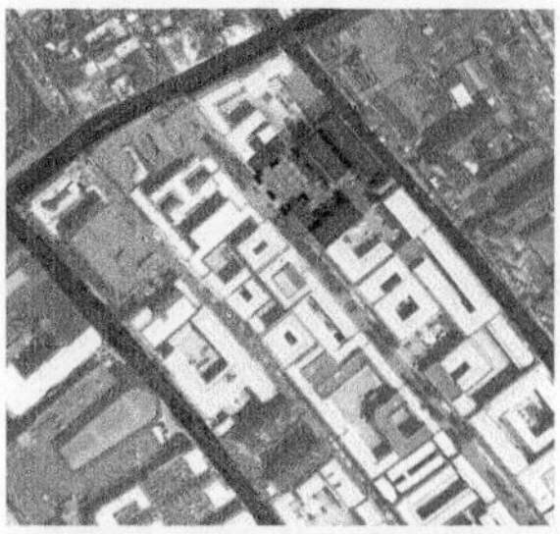	
中华巴洛克街区广场2	三面建筑围合	约800	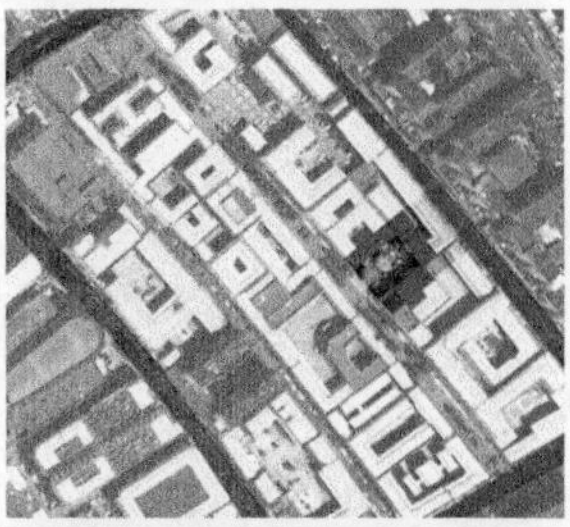	
防洪纪念塔广场	无建筑围合	约13000		

续表

广场名称	围合形式	面积/m²	平面	实景照片
啤酒文化广场	一面建筑 三面道路	约 8250		
索菲亚教堂广场	两面建筑 两面道路	约 22000		

2. 广场的围合度

在围合形式上，对哈尔滨的城市广场的调研结果中可以看出，城市广场一般由四面道路或三面道路一面建筑限定而来，其中无建筑围合的广场占 63%，如图 6-10 所示。然而，中华巴洛克街区的两个广场均为三面建筑围合一面沿街的半围合式广场，且围合建筑均为 2～3 层，位于南三道街靠近靖宇街的广场为开放型沿街广场，围合的建筑有一定的间距，并没有完全相连；南三道街中央的广场为封闭型沿街广场，围合的建筑完全相连，广场中设置了大戏台、雕塑以及座椅等为人们休息以及文艺汇演之用。

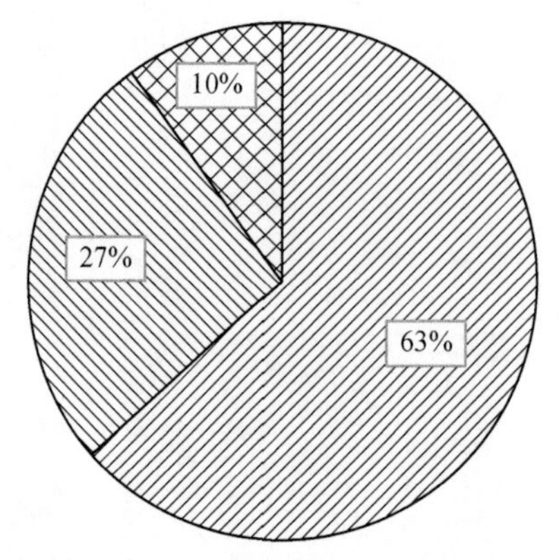

图 6-10　城市广场围合情况

6.2　街区热环境实测分析

6.2.1　实测方案

6.2.1.1　测试地点及测点布置

哈尔滨中华巴洛克历史文化街区，南起南勋街，北至靖宇街，西起南头道街，东至南四道街。在热环境实测中，从街道空间、广场空间与院落空间中选择典型空间布置 10 个测点。测点 a1～a4 分别位于选择的三处典型院落中，这三处院落在形状以及尺度上存在差异。其中，a1 和 a2 分别位于 T 形院落和 L 形院落中，a3、a4 位于同一个矩形院落中；b1 和 b2 设置于街区的沿街半围合小广场处；c1～c3 设置于南三道街，c1 和 c3 在街道的广场开口处，c2 在街道的立面连续处；c4 设置于南二道街。各测点布置如图 6-11 所示，各测点信息如表 6-4 所示。采用鱼眼相机实拍并用 RayMan 软件计算各测点的天空开阔度，结果如图 6-12 所示。

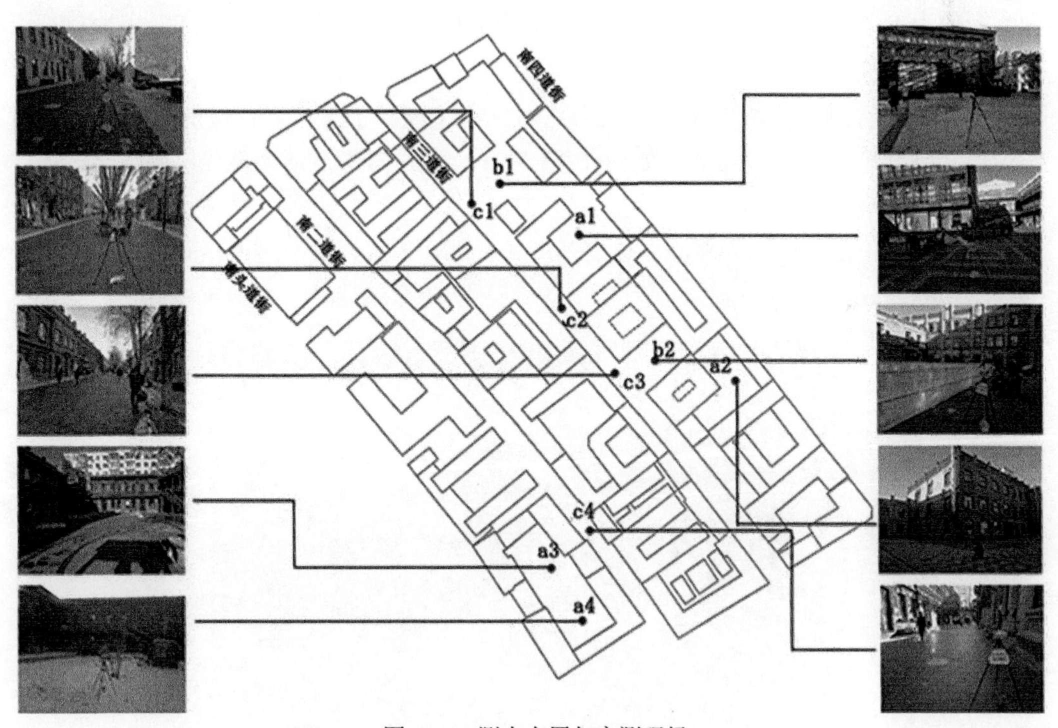

图 6-11　测点布置与实测现场

表 6-4　测点信息表

测点	a1	a2	a3	a4	b1	b2	c1	c2	c3	c4
建筑高度/m	9	9	6	9	6	9	6	6	6	6
街道宽/m	—	—	—	—	—	—	42	12	47	10
院落尺寸/（m×m）	22×37	40×40	71×26	71×26	50×30	23×35	—	—	—	—
街道高宽比	—	—	—	—	—	—	0.143	0.5	0.125	0.6

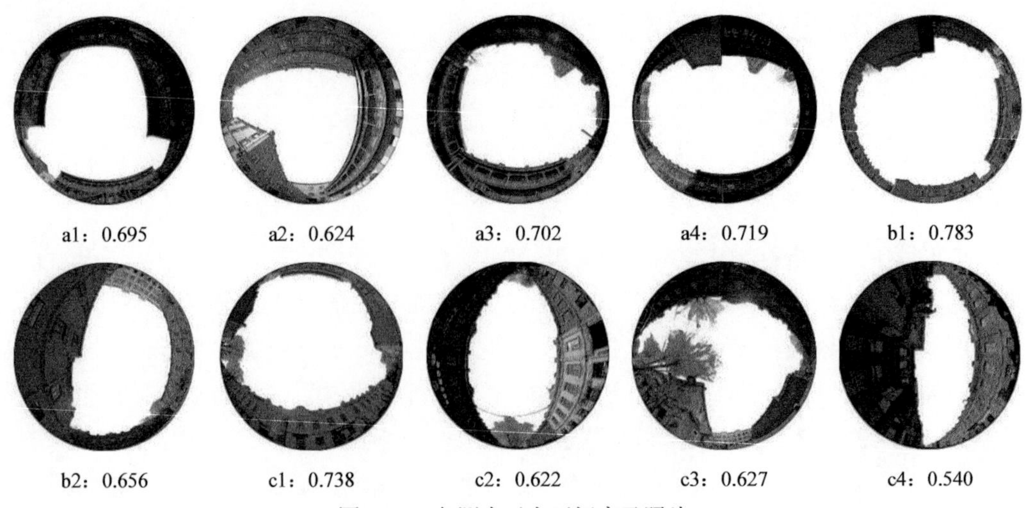

图 6-12　各测点天空开阔度及照片

为了更好地了解中华巴洛克历史文化街区的防风御寒能力，选择城市中心区域的开敞空间作为参考点（后文称为参考点），测点位于哈尔滨工业大学的校园里，周边建筑均为现代尺度建筑。

此外，在春季与夏季还在中华巴洛克街区周边增添了现代居住区的参考院落、参考街道和参考广场作为参考点，如图 6-13 所示。其中参考院落为现代尺度围合式居住院落，周边建筑为 6～7 层，尺寸为 33m×33m；参考街道的两侧建筑高为 6～8 层，街道宽度为 12m；参考广场为啤酒文化演艺广场，围合形式为三面沿街一面建筑，广场尺寸为 110m×75m。

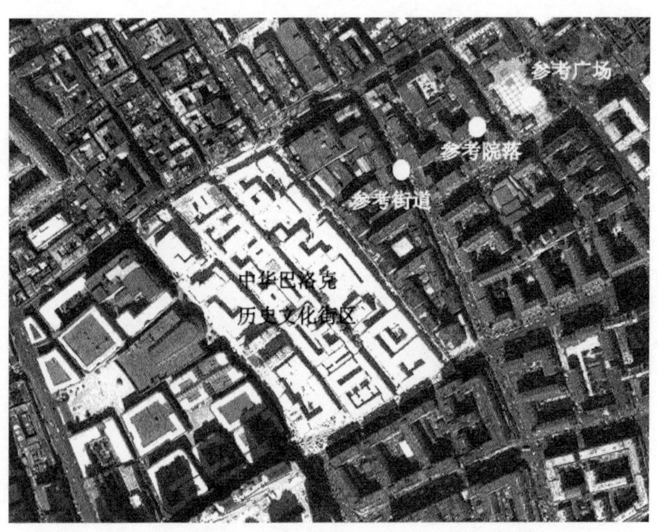

图 6-13　参考点与中华巴洛克历史文化街区相对位置

6.2.1.2　测试方法及仪器设备

在冬春夏三个季节分别选取每个季节的典型气象日对研究街区进行热环境的现场实

测，测试日期分别为 2017 年 12 月 27 日、2018 年 5 月 7 日和 2018 年 7 月 10 日，测试时间均为 9:00～17:00。由于春季和秋季的热环境状况较为相似，两个季节均属于冬夏之间的过渡季节，故以春季作为过渡季的代表进行测试。

2017 年 12 月 27 日，空气温度为–24～–14℃，西南风 3～4 级。测试期间空气温度为–21.7～–18.6℃，相对湿度为 61%～71%，风速为 1.4～2.8m/s，主导风向为西南向，天气晴。

2018 年 5 月 7 日，空气温度为 5～19℃，东风 2 级。测试期间空气温度为 7.8～17.4℃，相对湿度为 38%～88%，风速为 0.9～3.2m/s，主导风向为南向，天气晴。

2018 年 7 月 10 日，气温为 19～29℃，东风微风。测试期间空气温度为 20.5～28.4℃，相对湿度为 57%～96%，风速为 0.5～4.1m/s，主导风向为西向，天气晴。

选取空气温度、相对湿度、风速和黑球温度对该街区进行热环境的现场测试。空气温度、黑球温度和相对湿度均采用 BES-02 温湿度采集记录器进行测量（温度测量范围为–30～50℃，精度为±0.5℃；相对湿度测量范围为 0～99%，精度为±3%），记录器放置于可自然通风的防辐射罩内。风速则使用 Kestrel5500 手持式小型气象站进行测量（风速测量范围为 0.4～40m/s、精度为±0.1m/s，风向测量范围为 0°～360°、精度为±5°）。将三脚架架高到 1.5m，并将各测试仪器固定在上面，测试数据的记录间隔均为 1min。测试仪器布置情况如图 6-14 所示。

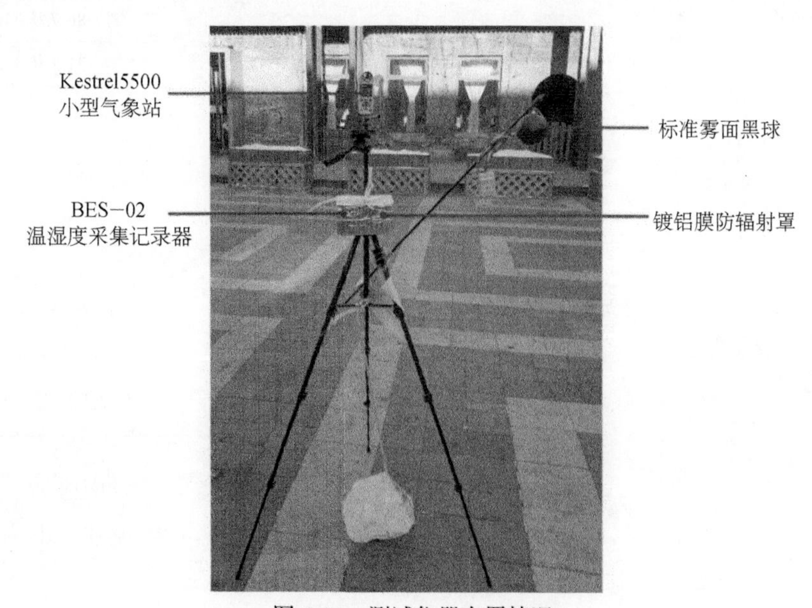

图 6-14　测试仪器布置情况

6.2.2　实测结果分析

6.2.2.1　街道空间实测分析

1. 冬季

为了研究该街区紧凑式布局在冬季的防风御寒能力，将该街区的典型空间热环境与现代城市街区开敞空间（参考点）进行热环境对比，图 6-15 和图 6-16 分别为冬季两个街区的风速和空气温度逐时对比。图 6-17 和图 6-18 分别为冬季该街区各测点的黑球温度与相对湿度逐时对比。表 6-5 列举了冬季各测点的日平均风速、空气温度、黑球温度和相对湿度。可以看出，中华巴洛克历史文化街区的风速变化较平缓且显著小于参考点，日均风速较参考点小 1.09～1.61m/s。该街区的空气温度显著大于参考点，日均空气温度较参考点大 0.49～1.49℃，但与参考点的变化趋势有所差异。

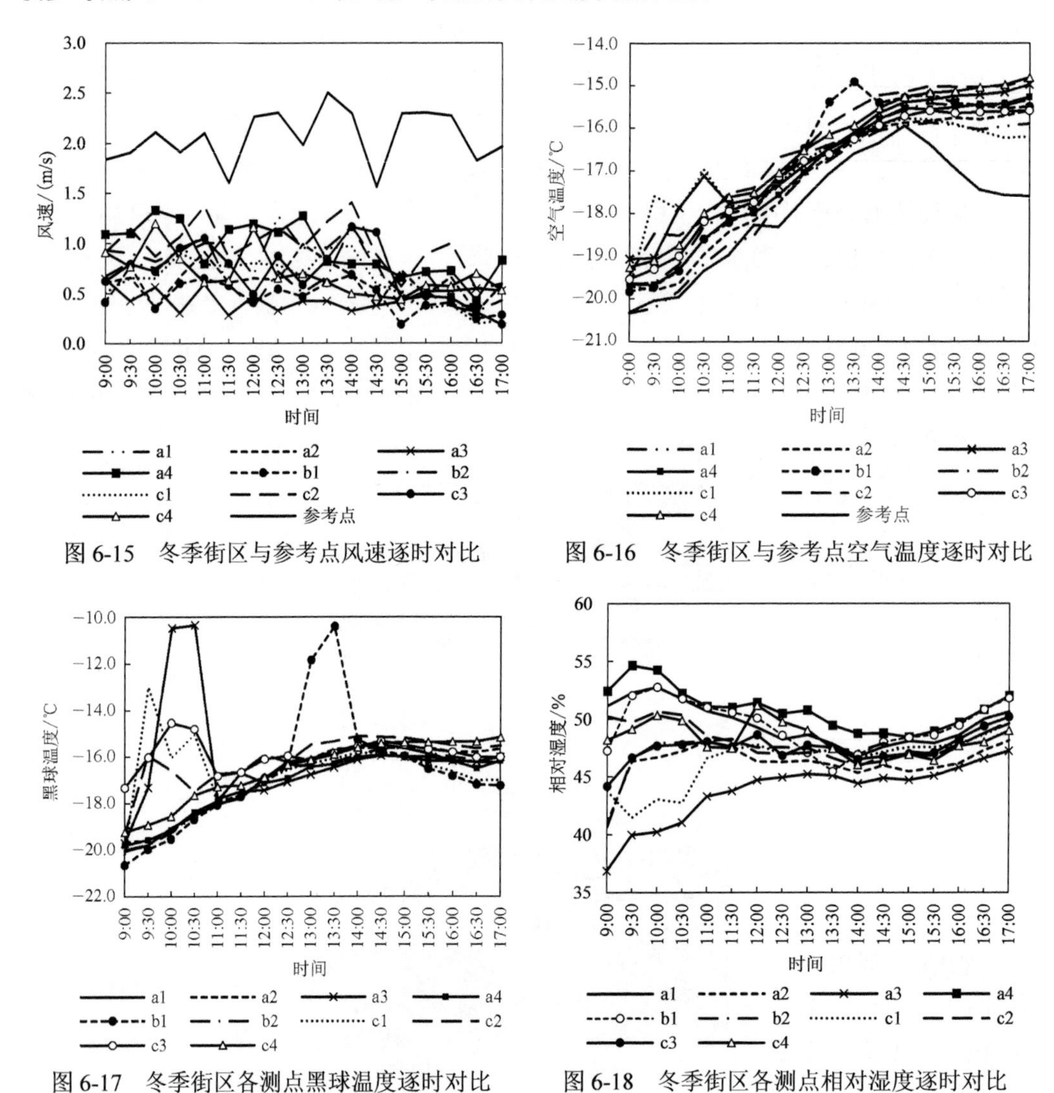

图 6-15　冬季街区与参考点风速逐时对比

图 6-16　冬季街区与参考点空气温度逐时对比

图 6-17　冬季街区各测点黑球温度逐时对比

图 6-18　冬季街区各测点相对湿度逐时对比

表 6-5　冬季各测点数据日平均值

测点	日均风速/（m/s）	与参考点日均风速差/（m/s）	日均空气温度/℃	与参考点日均温度差值/℃	日均黑球温度/℃	日均相对湿度/%
a1	0.78	1.28	−17.44	0.49	−17.02	49.55
a2	0.63	1.43	−17.24	0.69	−16.91	46.24
a3	0.45	1.61	−16.60	1.33	−16.08	43.76

续表

测点	日均风速/（m/s）	与参考点日均风速差/（m/s）	日均空气温度/℃	与参考点日均温度差值/℃	日均黑球温度/℃	日均相对湿度/%
a4	0.94	1.12	−17.01	0.92	−17.13	50.90
b1	0.48	1.58	−16.79	1.14	−16.75	49.46
b2	0.67	1.39	−16.91	1.02	−17.08	47.29
c1	0.63	1.43	−16.85	1.08	−16.49	46.43
c2	0.97	1.09	−16.44	1.49	−16.06	48.20
c3	0.70	1.36	−16.95	0.98	−15.89	47.54
c4	0.70	1.36	−16.58	1.35	−16.57	48.27
参考点	2.06	0	−17.93	0	—	—

由图6-17可以看出，该街区各测点的黑球温度变化趋势有所差异，黑球温度最大值出现在院落a3与广场b1，受阳光照射影响较大。从总体上看，该街区的街道空间的日间平均黑球温度较大。该街区各测点的平均相对湿度范围在43.76%～50.90%。

通过对风速与空气温度的比较可以看出，该街区整体的风速较小以及空气温度较高，因此，与现代城市街区相比其有更好的防风御寒的能力。

为了比较同一条街道上两侧建筑界面连续与开口对街道空间的影响，将南三道街上的测点c1、c2、c3进行对比。图6-19为该街区冬季街道上各测点风速对比，从中可以看出，风速在街道的立面连续处（c2）大于街道的广场开口处（c1、c3），最大风速差分别为0.62m/s和0.55m/s，日间平均风速差分别为0.34m/s和0.27m/s。由于街道的广场沿街开口处的风环境影响因素多且复杂，因此c1与c3没有明显差异。由此可以看出，街道界面连续性对街道的风环境有影响，且在当前的风向与街道朝向下，沿街广场开口对街道的风速有减弱的作用。

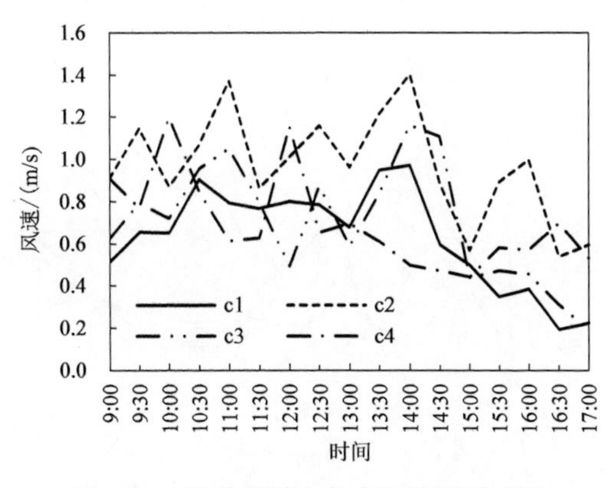

图6-19　冬季街道上各点风速逐时对比

图6-20和图6-21分别为冬季街道上各测点空气温度逐时对比以及黑球温度逐时对比。测点c1、c2、c3的日间平均空气温度分别为−16.85℃、−16.44℃、−16.95℃。各测点的空气温度与其黑球温度的变化趋势均一致。测试当天观察发现街道能够接受到阳光照射的时间很短（9∶00～11∶00）。如图可见，在这一时段，街道的广场开口处（c1、c3）的黑球温度都大于街道的立面连续处（c2）的。在11∶00之后黑球温度的变化趋于稳定，

黑球温度排序为 c2＞c3＞c1。在此街区中街道的两边建筑高度大约在 6～9m，在同一条街道上广场开口处的高宽比小于立面连续处。高宽比排序为 c2＜c3＜c1，同时三者的天空开阔度排序为 c2＜c3＜c1，这些因素影响使街道连续处的空气温度与黑球温度都要高于街道的广场开口处。

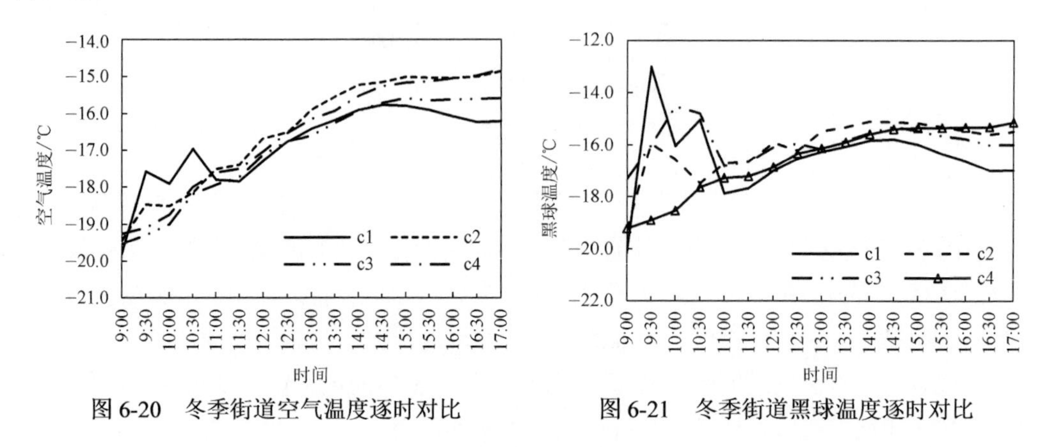

图 6-20　冬季街道空气温度逐时对比　　图 6-21　冬季街道黑球温度逐时对比

11∶00 后，有门洞口的 c3 处黑球温度始终较没有门洞口的 c1 大，其最大差值为 2.48℃，c3 处的空气温度略微大于 c1。研究发现，街道立面连续性的改变对于街道热环境有较大影响，门洞附近的黑球温度较高（金雨蒙等，2016），因此 c3＞c1 很可能是门洞口与天空开阔度综合作用的结果。综合分析可得，同在一条街道上，沿街广场的开口对街道的热环境有影响，且沿街广场开口对街道的风速、空气温度与黑球温度都有减弱的作用。

图 6-22 为冬季街道上各测点的相对湿度逐时对比，可以看出街道的相对湿度范围在 41.43%～51.19%之间，在上午 11∶00 之前各测点的相对湿度有较大的差异，街道的广场开口处（c1、c3）的相对湿度显著小于立面连续处街道（c2）。之后，南三道街上测点 c1、c2、c3 之间的相对湿度没有明显差异，变化趋势较为一致。相对湿度整体变化趋势与空气温度与黑球温度的变化相反。

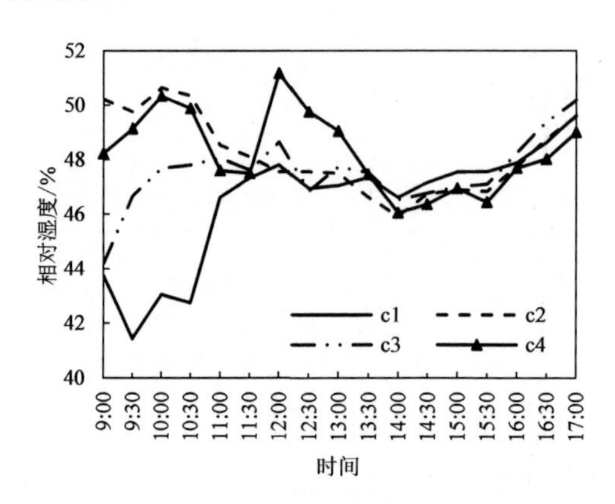

图 6-22　冬季街道相对湿度逐时对比

2. 夏季

图 6-23 为夏季该街区街道与参考街道的风速逐时对比，可以看出，参考街道的风速

显著小于中华巴洛克街区的街道。c1、c2、c3、c4 与参考街道的日间平均风速分别为 0.86m/s、1.09m/s、0.90m/s、0.55m/s 与 0.51m/s。参考街道的日间平均风速较 c2 小 0.58m/s，这是因为参考街道两侧的建筑较高，基本遮挡住风的进入，较易形成静风区，故其风速较小，但此种布局不利于通风。

南三道街上的三处测点风速大小关系为 c2＞c3＞c1，c2 与 c1、c3 的日均风速差分别为 0.23m/s、0.19m/s，与冬季测试相对关系较为一致。

图 6-24 为夏季该街区街道与参考街道的空气温度逐时对比图。c1、c2、c3、c4 与参考街道的日间平均空气温度分别为 29.56℃、29.05℃、29.19℃、28.82℃与 28.68℃。参考街道上的空气温度最低，这是因为参考街道的高宽比大于中华巴洛克街区的街道空间，其阳光照射受遮挡较多。

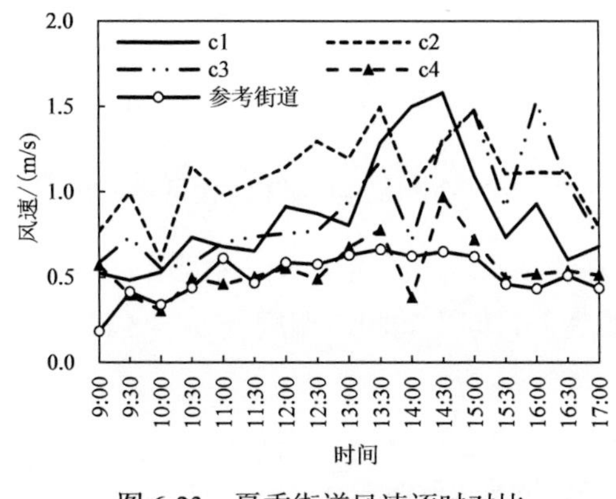

图 6-23　夏季街道风速逐时对比

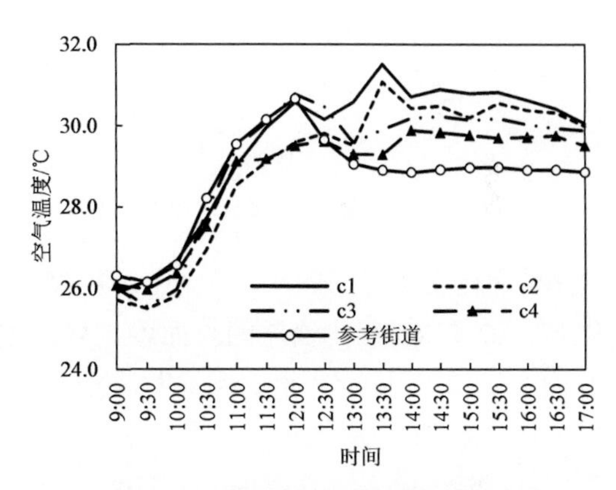

图 6-24　夏季街道空气温度逐时对比

c2 的日间平均空气温度较 c1、c3 低。从图中可以看出，c1 几乎全天都大于 c2，而 c3 在 13∶00 之前空气温度较 c2 的高，但是在那之后温度较 c2 的低，这是因为在实际测试时，c3 测点旁边有树木，13∶00 之后，c3 处于树木阴影中。

通过比较 c2 与 c4 可以发现，在 13∶00 之前它们的空气温度没有明显差异，但是之后点 c2 的空气温度显著大于点 c4 的，且 c4 的日间空气温度变化趋势较为平缓，这与它处于阴影状态有关，同时也可以看出在夏季街道上阴影与非阴影区域的空气温度差很大，最大温差可达 1.79℃。从实际的街区使用来看，夏季，各商家也会较好地利用阴影空间进行活动。

综合以上可以发现，在无其他遮挡时，夏季街道的广场开口处，因其开敞程度较大，受太阳辐射作用明显，其空气温度大于街道的立面连续处。此外，阴影对于街道空气温度的影响较大。可以采取种植树木等适当的措施使街道空间在夏季更为舒适。

图 6-25 为夏季该街区街道与参考街道的黑球温度逐时对比。黑球温度的变化趋势与空气温度一致。整体看来，在 12∶30 之前，各测点的黑球温度较为一致，且 c1、c3 与参考街道的最大黑球温度相近。对 c1、c2、c3 的黑球温度比较发现，在 14∶00 之前 c2 的黑球温度比 c1、c3 的小，之后与 c1 的相近但是大于 c3 的，这是因为 c3 在 14∶00 之后处于周边建筑与植物的阴影中，而 c1、c2 仍然在接受阳光的照射。由此可见，阴影对于黑球温度的影响较大。

图 6-26 为该街区街道与夏季参考街道的相对湿度逐时对比，各点的相对湿度变化趋势较为一致，参考街道与该街区街道的相对湿度与 c3、c4 的没有显著差异，较 c1、c2 的大，其中 c2 的相对湿度最低。c1、c2、c3、c4 与参考街道的日间平均相对湿度分别为 60.67%、58.92%、61.96%、62.66%与 61.60%。

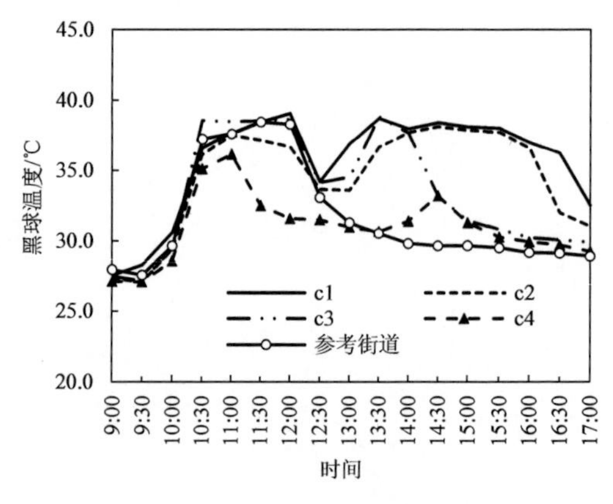

图 6-25　夏季街道黑球温度逐时对比

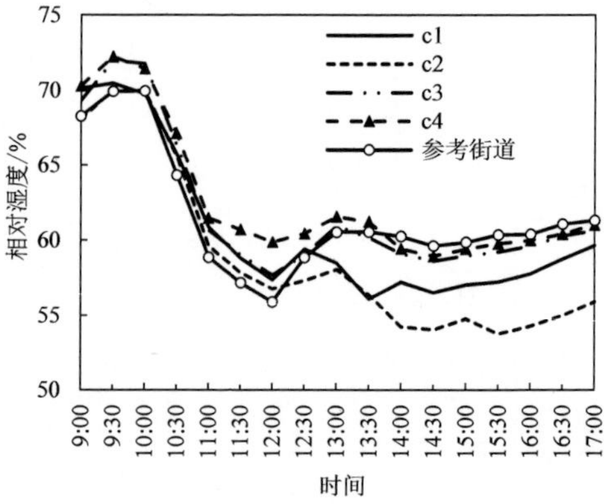

图 6-26　夏季街道相对湿度逐时对比

该街区街道空间的相对湿度范围为 53.78%～72.24%，日间平均相对湿度 c2 小于 c1 和 c3。c2 与 c4 均为街道的立面连续处，但两者的日间平均相对湿度差 3.74%。这是因为 c4 长时间处于建筑阴影中，其空气温度相对较低。

3. 过渡季

图 6-27 为过渡季该街区街道上各测点与参考街道风速逐时对比，c1、c2、c3、c4 与参考街道的日平均风速分别为 0.89m/s、1.31m/s、1.19m/s、0.86m/s 与 1.41m/s。从中可以看出，参考街道的风速较中华巴洛克街区街道上的测点风速大，日平均风速较测点 c2 大 0.1m/s。

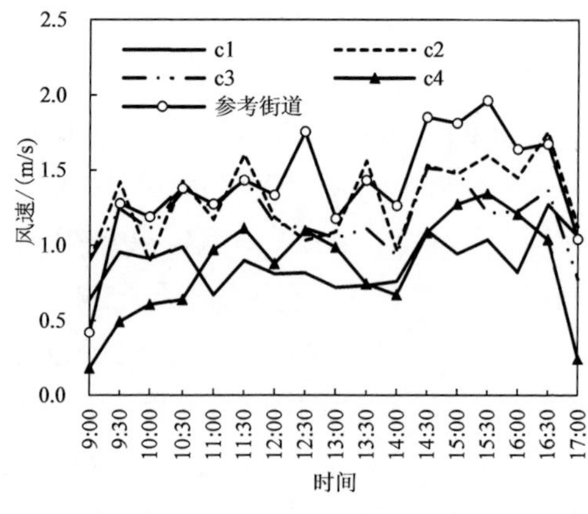

图 6-27　过渡季街道风速逐时对比

对 c1、c2、c3 进行比较，风速街道的立面连续处（c2）与街道的广场开口处（c1、c3）大小关系为 c2＞c3＞c1，c2 与 c3、c1 最大风速差分别为 0.62m/s、0.55m/s。由此可以看出，街道界面连续性对街道的风环境在过渡季节有影响，且在当前的风向与街道朝向下，立面连续处的街道风速稍大。

图 6-28 和图 6-29 分别为过渡季该街区街道上各测点与参考街道空气温度与黑球温度逐时对比，可以看出各测点的空气温度与黑球温度变化趋势较为一致，c1、c2、c3、c4 与参考街道的日平均空气温度分别为 19.92℃、18.79℃、18.87℃、18.61℃与 18.21℃。该街区街道（c1）日均空气温度为最高，比参考街道的日平均温度大 1.71℃。

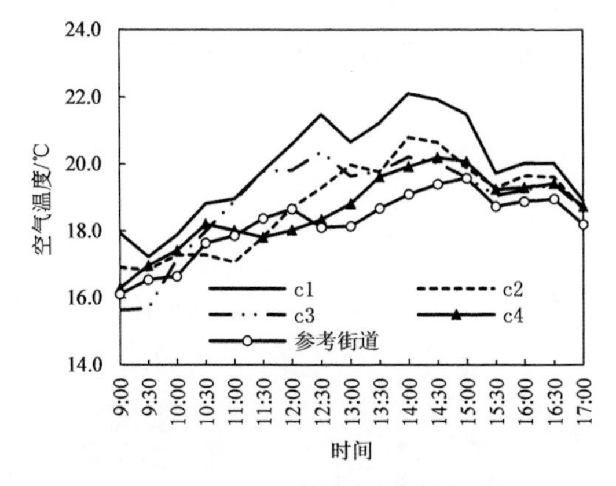

图 6-28　过渡季街道空气温度逐时对比

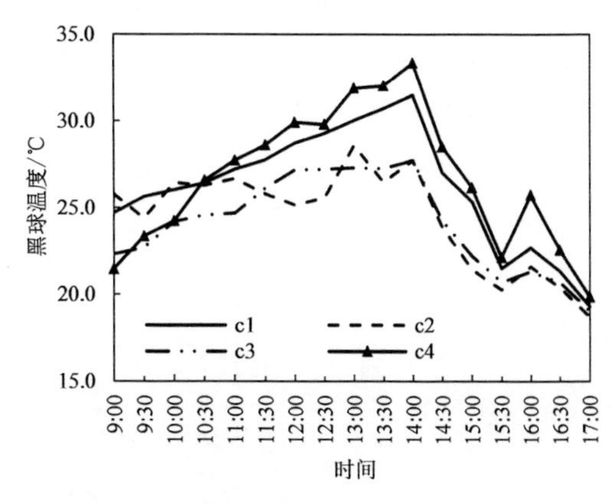

图 6-29　过渡季街道黑球温度逐时对比

c2 的空气温度与黑球温度明显小于 c1，日平均空气温度差 1.13℃，与 c3 没有明显的差异，由于街道两侧立面的连续程度不同，导致空间形态不同，造成了空气温度差异达到 1.13℃。点 c1 的天空开阔度高，受阳光影响较大，故其空气温度与黑球温度均较高。

图 6-30 为过渡季该街区街道各测点与参考街道相对湿度逐时对比，可以看出各测点的相对湿度变化趋势一致。相对湿度最小值出现在 12∶30～14∶00，与温度最大值出现时间相对应。各测点的日平均相对湿度分别为 29.59%、30.62%、30.58%、31.44%、33.64%。参考街道的相对湿度最大，较中华巴洛克街区的街道空间中相对湿度最小的 c1 大 4.05%。

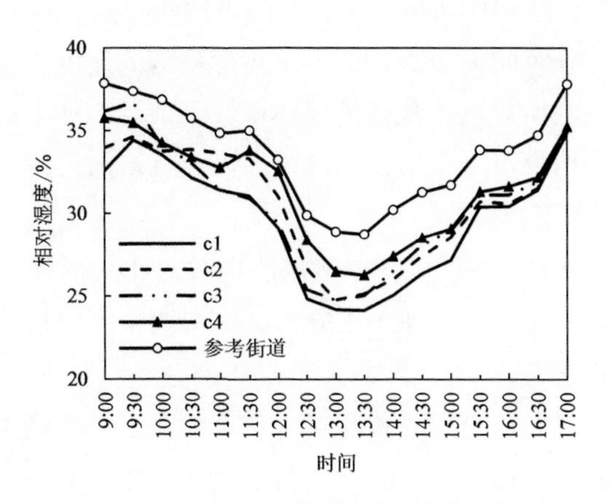

图 6-30　过渡季街道相对湿度逐时对比

中华巴洛克街区街道的相对湿度在 24.15%～37.37%之间，该街区中各测点间相对湿度没有明显的差异，但也可以看出两侧立面连续处的街道（c2）的相对湿度稍大于广场开口处的街道（c1、c3）。

6.2.2.2　院落空间实测分析

1. 冬季

图 6-31 为冬季院落风速逐时对比图，通过实测可以看出中华巴洛克街区院落空间中风速的波动幅度较参考点小，说明中华巴洛克街区的院落空间风环境较为稳定且日间平均风速较参考点小 1.12～1.61m/s。

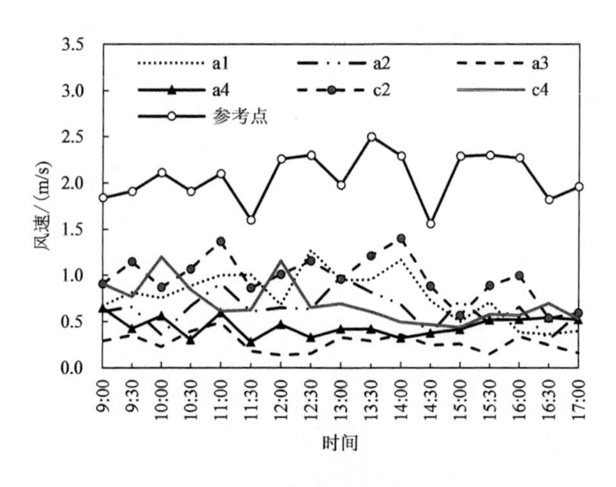

图 6-31　冬季院落风速逐时对比

此外，在该街区院落空间与街道空间的实测对比中可以发现，在测试的大部分时间段里，其风速排序为街道空间（c2）＞T 形院落空间（a1）＞L 形院落空间（a2）。这是因为当前风速以及院落的尺度下，由于街道容易产生狭管效应，同时建筑的围合有助于减弱风速，所以街道空间的风速大于院落空间的。矩形院落的面积较大，因此选择了院落中的两个点进行测试，从图中可以看出，院落中的两个点（a3、a4）与相邻街道（c4）的风速进行比较，大部分时间为 a4＞c4＞a3。矩形院落的尺度大，有多个门洞口，且旁边是两栋 7 层的建筑物，所以这个院落的风环境较复杂。总体来说，院落的风速小于相邻街道的风速，从这个结果可以看出在当前风向以及院落的尺度下，围合形态有助于降低风速，具备较好的防风能力。

图 6-32 和图 6-33 分别是冬季院落空气温度逐时对比与黑球温度逐时对比。街区各院落的日间空气温度较参考点大 0.49～1.33℃。这说明中华巴洛克街区的院落空间形式具有较好的防风御寒的能力。

在该街区院落空间与街道空间的实测对比中可以看出每个测点的空气温度与其黑球温度的变化趋势均一致。街道（c2）的空气温度以及黑球温度都要明显大于院落（a1、a2），在 9∶30 的时候达到最大差值，空气温度最大差值分别为 0.97℃、1.38℃，黑球温

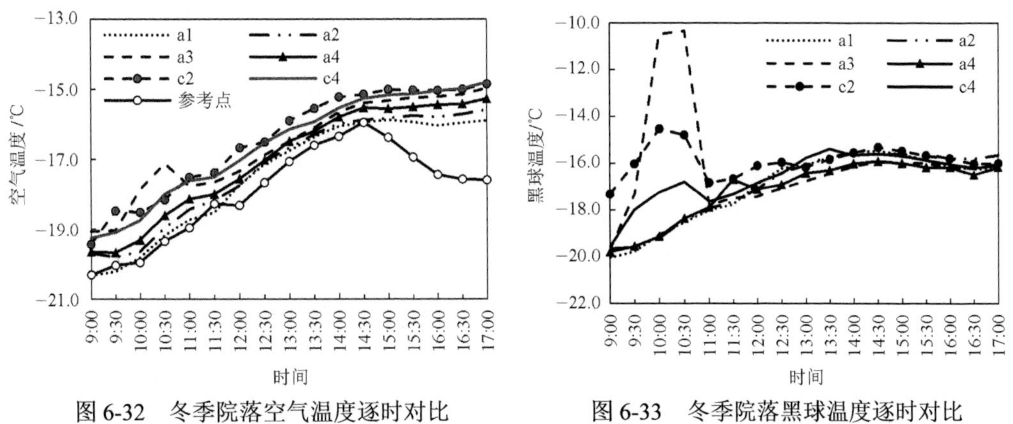

图6-32　冬季院落空气温度逐时对比　　图6-33　冬季院落黑球温度逐时对比

度最大差值分别为3.64℃、3.83℃。对于院落a1和a2，大部分时间a2会稍稍大于a1的黑球温度与空气温度，但是这种差异并不明显。在现场实测时，矩形院落中的测点a3在9:30～10:30的时候处于阳光照射下，而同一院落中测点a4全天处于阴影下。阳光对于黑球温度的影响很大，a3的黑球温度比在同一个院落中的a4大8.07℃，比相邻街道上的c4大8.66℃。a3的空气温度在有阳光照射的时间段也有明显变大的趋势，在10:30达到与a4、c4的最大差值，分别为1.48℃、0.87℃。其余时间的空气温度与黑球温度是c4大于a3与a4，而a3与a4的温度差异不明显。通过三个院落（a1、a2、a4）分别与相邻街道（c2、c4）的空气温度与黑球温度的综合对比发现，当院落与街道同时处于阴影状态时，街道空间的空气温度和黑球温度大于院落空间，其空气温度最大温差分别为0.92℃、0.82℃、0.52℃，黑球温度最大温差分别为1.29℃、1.22℃、1.18℃。这种结果的出现很大的程度上是因为在无阳光照射时，受天空开阔度的影响较大，相邻街道的天空开阔度小于院落，而开阔度大的空间热量损失较大。而且不同的院落空间与街道空间的温度相对差值不同，这可能与院落空间的形态有关。

总地来说，T形（a1）、L形（a2）和矩形（a3、a4）院落的日平均温度分别为−17.44℃、−17.24℃和−16.60℃、−17.01℃。研究中发现，冬季建筑布局围合程度高的内部温度较高（刘哲铭等，2017），本研究中矩形院落的空气温度要高于其他两个院落，a4较a1、a2分别高0.43℃和0.23℃，因此矩形院落的防寒性能更好。

图6-34为冬季院落各点的相对湿度逐时对比，可以看出各点的相对湿度变化趋势一致。院落的相对湿度范围在54.64%～36.87%，各点的日间平均相对湿度分别为49.55%、46.24%、43.76%、50.90%、47.33%、48.20%。相对湿度a1＞c2＞a2，日间平均相对湿度a1较a2大3.31%。在同一院落里的a3与a4的相对湿度差异很大，日间平均相对湿度差为7.14%，这可能是因为a3在冬季会接受到太阳的照射，而a4始终处于阴影状态。

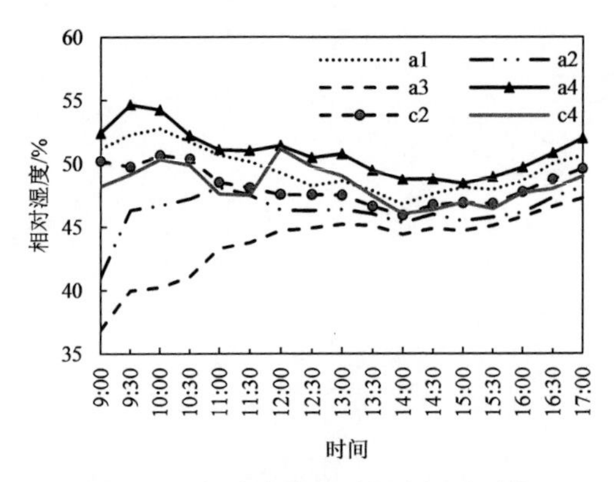

图 6-34 冬季院落相对湿度逐时对比

2. 夏季

图 6-35 为夏季该街区院落与参考院落的风速逐时对比。a1、a2、a3、c2、c4 与参考院落的日间平均风速分别为 0.98m/s、0.73m/s、0.53m/s、1.09m/s、0.55m/s 与 0.99m/s。参考院落的日间平均风速较中华巴洛克街区的院落大 0.01～0.46m/s。中华巴洛克街区中各院落风速关系为 a1＞a2＞a3、c2＞a1＞a2，a3 与 c4 差不多，与冬季的变化趋势一致。这说明在夏季院落空间的风速会较相邻街道的低。

图 6-36 为该街区院落与参考院落的空气温度逐时对比。a1、a2、a3、a4、c2、c4 与参考院落的日间平均空气温度分别为 29.18℃、28.86℃、30.13℃、29.35℃、29.05℃、28.82℃与 29.68℃。虽然参考院落的日均空气温度小于 a3、a4，但是参考院落的最高空气温度较中华巴洛克街区的院落空间的最高温度高。

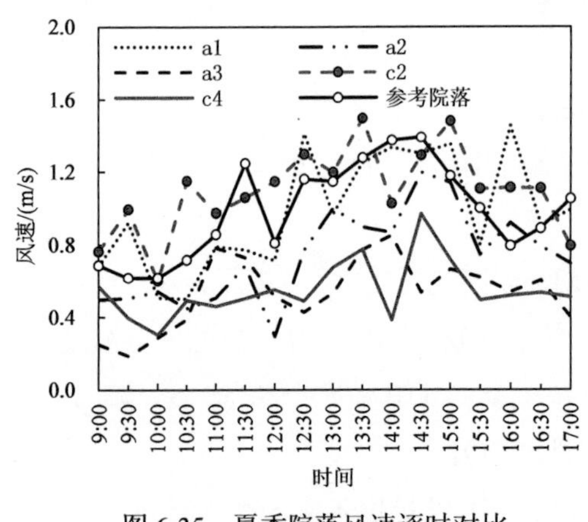

图 6-35 夏季院落风速逐时对比

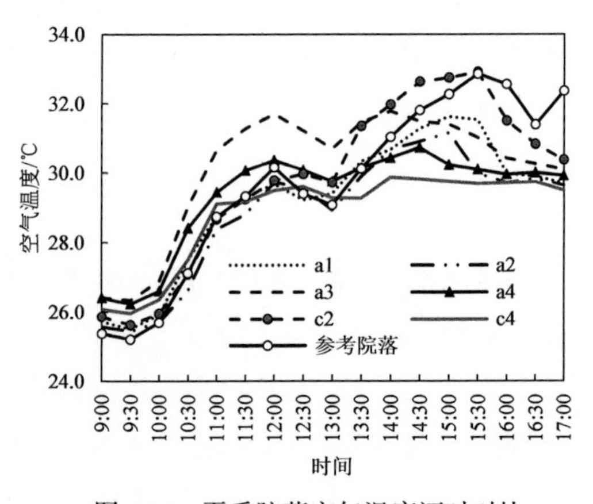

图 6-36 夏季院落空气温度逐时对比

中华巴洛克历史文化街区与相邻街道的空气温度比较大小关系为 c2＞a1＞a2、c4＜a4＜a3。各院落空气温度排序为矩形院落＞T 形院落＞L 形院落，a4 较 a1、a2 分别高 0.17℃、0.49℃。

图 6-37 为夏季该街区院落与参考院落的黑球温度逐时对比。黑球温度与空气温度的变化趋势一致。中华巴洛克街区院落的黑球温度在 14∶00 之前高于参考院落，之后参考

院落的黑球温度逐渐升高。这可能因为参考院落建筑较高，而中华巴洛克街区的院落相对较低，受太阳照射的时间以及程度不同。黑球温度最高值出现在 14:00 的 a3，为 42.33℃。各个院落黑球温度下降的时间点不同，说明院落形态不同受阳光照射时间有多差异。

图 6-38 为夏季该街区院落与参考院落的相对湿度逐时对比。a1、a2、a3、a4、c2、c4 与参考院落的日间平均相对湿度分别为 62.56%、61.55%、58.69%、59.22%、58.92%、62.66% 与 58.09%。各点的日间相对湿度变化趋势一致，可以发现与空气温度有着一定的负相关。

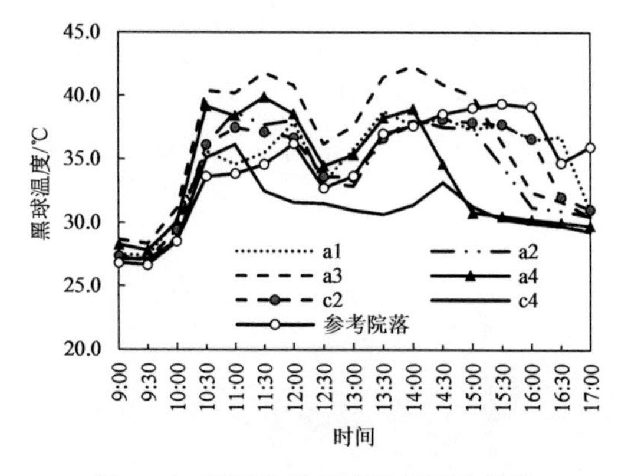

图 6-37　夏季院落黑球温度逐时对比

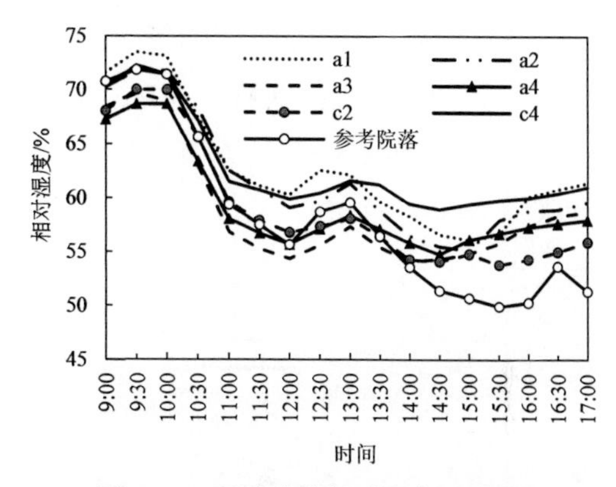

图 6-38　夏季院落相对湿度逐时对比

参考院落的相对湿度明显低于中华巴洛克街区的院落，较街区中相对湿度最低的测点 a3 日平均相对湿度还要小 0.6%，这可能与参考院落的高温度有关。夏季该街区中院落的相对湿度范围为 54.3%～73.52%，各院落相对湿度排序为矩形院落＜L 形院落＜T 形院落。

3. 过渡季

图 6-39 为过渡季各院落与参考院落的风速逐时对比。a1、a2、a3、a4、c2、c4 与参考院落的日间平均风速分别为 0.82m/s、0.67m/s、1.07m/s、2.57m/s、1.31m/s、0.86m/s 与 0.46m/s。参考院落的日间平均风速最小，比该街区的院落空间风速小 0.21～2.11m/s，因为在当前的风向下，参考院落的围合建筑的高度较大，其防风性能较强。虽然这种布局具备很好的防风的能力，但易形成静风区，不利于街区的通风以及污染物的排放。

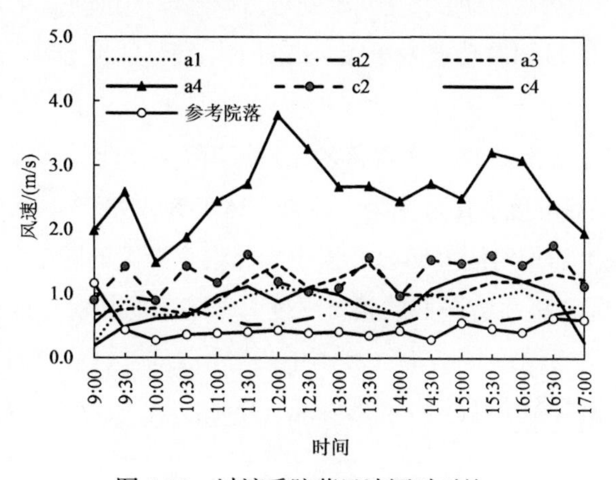

图 6-39　过渡季院落风速逐时对比

该街区中院落与相邻街道的风速大小比较分别为：c2 大于 a1、a2，a3、a4 大于 c4。a4 的波动范围最大，且 a3、a4 均大于 a1、a2，这可能是由于该院落面积较大，且 a4 的风速较 a3 大 1.50m/s。因此可以发现，院落的防风性能除了与院落形式有关外，还与院落的尺度有很大的关系，大尺度的院落较小院落的内部风速大且波动也大。

图 6-40 和图 6-41 分别为过渡季各院落与参考院落的空气温度与黑球温度的逐时对比。空气温度与黑球温度的变化趋势一致。a1、a2、a3、a4、c2、c4 与参考院落的日间空气温度分别为 19.41℃、19.84℃、19.35℃、19.88℃、18.79℃、18.61℃与 21.44℃。参考院落的空气温度最大，其日间平均空气温度比中华巴洛克街区院落要高 1.56～2.09℃。

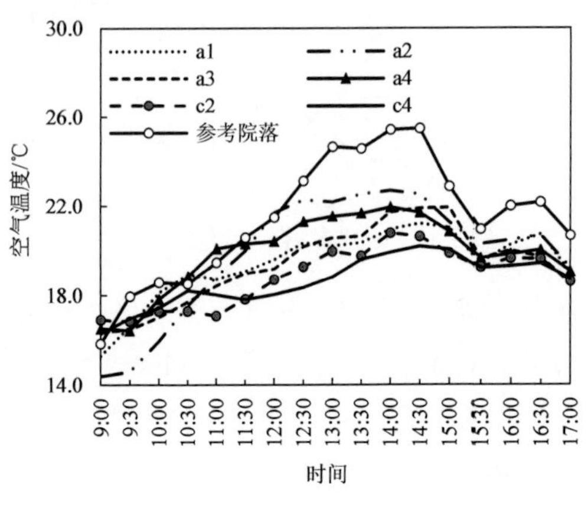

图 6-40　过渡季院落与空气温度逐时对比

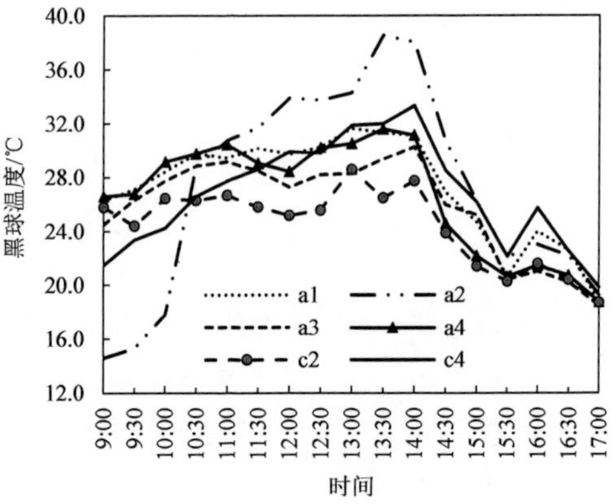

图 6-41　过渡季院落黑球温度逐时对比

该街区中院落与相邻街道的空气温度排序为 a2＞a1＞c2，a4＞a3＞c4。但是在 11∶00 之前，a2 的空气温度与黑球温度均低于各测点，这是因为在 11∶00 之前 a2 的建筑相互遮挡使整个院落处于阴影状态，而其他的院落此时已经处于阳光的照射下，从而对空气温度与黑球温度产生影响。从整个空气温度与黑球温度的日间变化趋势来看，a2 的日间温差最大，a3 和 a4 的日间波动较为平缓，日间平均空气温度 a4 较 a1、a2 分别大 0.47℃和 0.04℃。

图 6-42 为过渡季各院落与参考院落的相对湿度逐时对比。a1、a2、a3、a4、c2、c4 与参考院落的日间相对湿度变化分别为 30.29%、26.95%、29.87%、26.51%、30.62%、31.44% 与 26.06%。参考院落的相对湿度明显低于中华巴洛克街区的院落。

中华巴洛克街区内相邻街道上的相对湿度大于院落的相对湿度。这是因为院落接受更长时间的日照且空气温度较高。过渡季中华巴洛克街区院落空间的相对湿度范围为 18.96%～36.55%，相对湿度排序为 T 形院落＞矩形院落＞L 形院落。

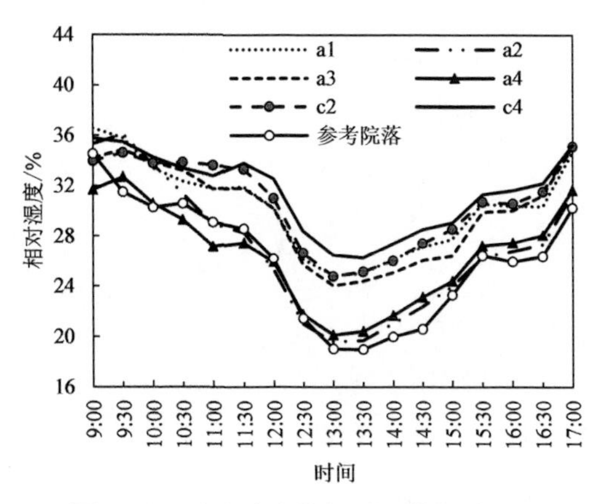

图 6-42　过渡季院落相对湿度逐时对比

6.2.2.3　广场空间实测分析

1. 冬季

为了研究该街区中广场空间的热环境特性，将其与参考广场进行风速与温度对比实测分析，图 6-43 为冬季街区广场空间与参考点的风速逐时对比，可以发现该街区的两个广场的风速均小于参考点，日间风速较参考点分别小 1.58m/s 和 1.39m/s。

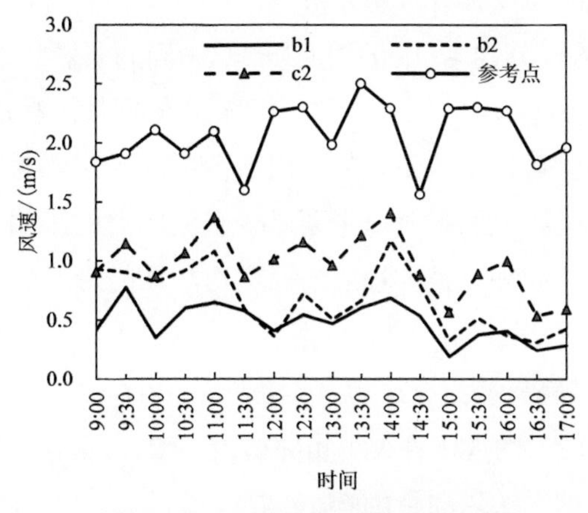

图 6-43　冬季广场风速逐时对比

为了研究广场空间对热环境产生的影响，将其与相邻街道进行对比。从图 6-43 中可以看出相邻街道（c2）的风速大于两个广场（b1、b2）的风速，c2 与 b1 和 b2 的最大风速差分别为 0.72m/s 和 0.65m/s。c2 街道的立面连续处的天空开阔度小于 b1、b2 广场，而街道容易产生狭管效应，所以在当前的风向下，街道上的风速要大于天空开阔度较大的广场。这说明广场的围合形式有利于防止冬季冷风的影响。

图 6-44 为冬季街区广场（b1、b2）与参考广场的空气温度逐时对比，该街区两个广场的空气温度大于参考点，日间温度较参考点分别大 1.14℃和 1.02℃。图 6-45 为冬季街区广场（b1、b2）与相邻街道（c2）的黑球温度逐时对比，从中可以看出每个测点的黑球温度和其空气温度的变化趋势均一致。

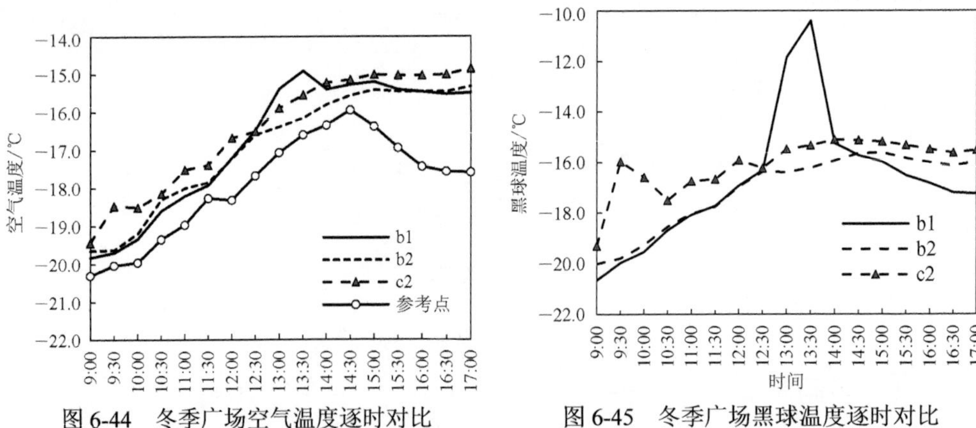

图 6-44　冬季广场空气温度逐时对比　　图 6-45　冬季广场黑球温度逐时对比

两个沿街广场的空气温度没有显著差异，在 12:30～14:00 时，大广场（b1）处于阳光照射状态，黑球温度达到最大值−10.4℃，其空气温度以及黑球温度远远高于相邻街道（c2）与小广场（b2），在 13:30 达到最大温差，空气温度差值分别为 0.92℃和 1.24℃，黑球温度差值分别为 4.93℃和 5.82℃，也可以看出在冬季阳光照射对温度的作用之大，因此冬季要争取较多的阳光照射。其余时间段，空气温度与黑球温度大小对比均为 c2＞b2＞b1。在 9:30 时街道处于阳光照射下，而广场处于阴影中，街道的黑球温度与广场（b1、b2）达到最大差值，分别为 4.00℃和 3.82℃。同为阴影状态下时，c2 与两个广场的空气温度最大温差分别为 0.41℃和 0.36℃，黑球温度最大温差分别为 1.73℃和 1.29℃。这是因为，天空开阔度大可以接收更多的直射或散射的太阳辐射，但是同时也容易使长波辐射流失得更多；在无阳光照射时，主要是受长波辐射的影响，所以此种情况下，天空开阔度越大温度越低；此外，很大程度上温度与广场的形态也有关。

图 6-46 为冬季街区广场（b1、b2）与相邻街道（c2）的相对湿度逐时对比，两个广场的日间相对湿度变化趋势较为一致，其相对湿度在 40.62%～52.76%之间，大广场（b1）的相对湿度较小广场（b2）的大，且大于相邻街道（c2）。这除了空间形态的影响，也有可能受广场空间设置的冰雪游乐项目影响。

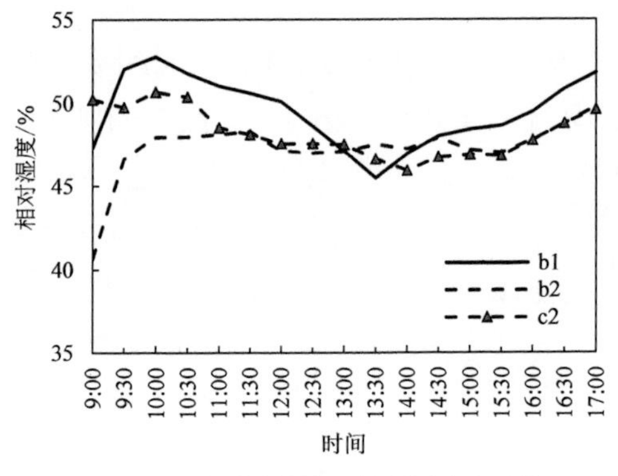

图 6-46　冬季广场相对湿度逐时对比

2. 夏季

b1、b2、c2 和参考广场的日间平均风速分别为 0.93m/s、1.14m/s、1.09m/s、3.68m/s。图 6-47 为夏季街区广场（b1、b2）与参考广场的风速逐时对比，从中可以看出参考广场的日间风速变化的波动较大，且风速显著大于中华巴洛克街区的广场，日间平均风速较广场 b1、b2 分别大 2.75m/s 和 2.54m/s。说明中华巴洛克街区的广场空间风环境较为稳定，且防风性能很强。街道的日间平均风速略小于小广场，而 b1 与 b2 风速变化情况相近。但是综合来看，中华巴洛克街区的广场空间风速较小。

图 6-48 为夏季街区广场（b1、b2）、相邻街道（c2）与参考广场的空气温度逐时对比，b1、b2、c2 和参考广场的日间平均空气温度分别为 29.48℃、29.23℃、29.01℃与 28.92℃。参考广场的空气温度较中华巴洛克街区的广场低。这可能是因为参考广场的开敞程度较高。在 12:30 之前中华巴洛克街区的广场空间空气温度高于相邻街道，但之后明显低于相邻街道空间。街道空间的日间平均空气温度较 b1 和 b2 分别小 0.47℃和 0.22℃。

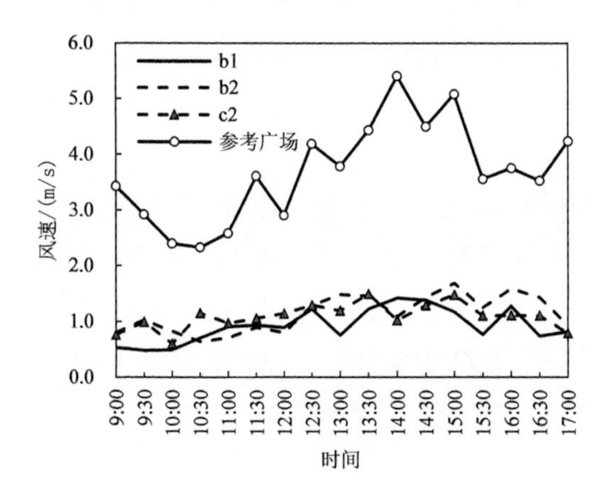

图 6-47　夏季广场风速逐时对比

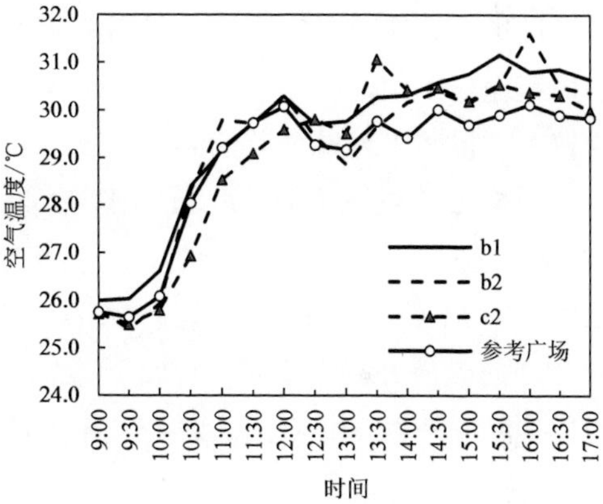

图 6-48　夏季广场空气温度逐时对比

图 6-49 为夏季街区广场（b1）、相邻街道（c2）与参考广场的黑球温度逐时对比，从中可以看出各点的黑球温度变化趋势一致。参考广场的黑球温度最大值较中华巴洛克街区的黑球温度最大值大，但是在 12:30 之后参考广场的黑球温度较 b1 的低。广场与相邻街道的黑球温度变化趋势较为一致，b1 略高于 c2，在 16:00 时街道上的黑球温度显著下降。

图 6-50 为夏季街区广场（b1、b2）、相邻街道（c2）与参考广场的相对湿度逐时对比，各点的相对湿度变化趋势较为一致。b1、b2、c2 和参考广场的日间平均相对湿度分别为 58.29%、60.64%、57.92%和 61.83%。参考广场的相对湿度较中华巴洛克街区的广场大。该街区广场空间的相对湿度范围为 53.56%～70.20%。两个广场与相邻街道相比，相邻街道的相对湿度最小，小于 b1、b2，且 b1 小于 b2。

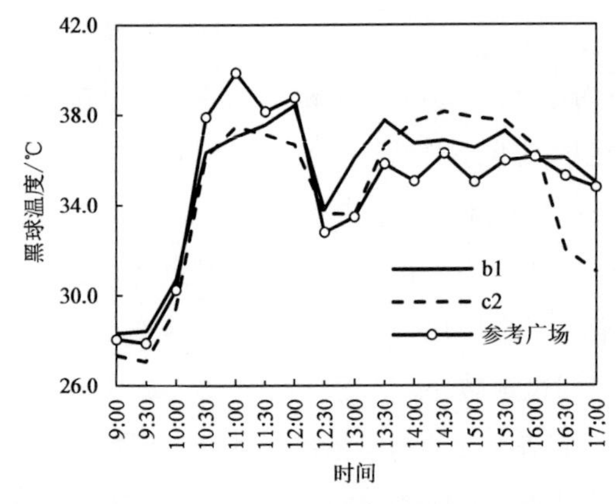

图 6-49　夏季广场黑球温度逐时对比

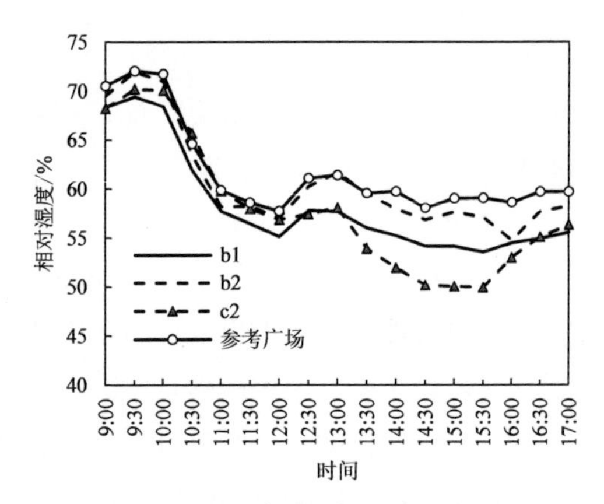

图 6-50　夏季广场相对湿度逐时对比

3. 过渡季

图 6-51 为过渡季街区广场（b1、b2）、相邻街道（c2）与参考广场的风速逐时对比，b1、b2、c2 和参考广场的日间平均风速分别为 0.98m/s、1.01m/s、1.31m/s 和 1.38m/s。参考广场的风速明显大于中华巴洛克街区的广场，日平均风速约大 0.40m/s。而 b1 与 b2 的风速差异不大，但是大广场的风速波动较 b2 稍大。与相邻街道相比，两个广场的风速均较小，日间平均风速差约为 0.3m/s。

图 6-52 为过渡季街区广场（b1、b2）、相邻街道（c2）与参考广场的空气温度逐时对比。b1、b2、c2 和参考广场的日均空气温度为 19.67℃、18.81℃、18.79℃和 19.12℃。虽然广场 b1 的日间平均空气温度最高，但参考广场的空气温度峰值最高为 22.18℃，较 b1、b2 的峰值分别大 0.97℃、1.01℃。该街区中广场的空气温度大于相邻街道。b1 与 b2 的最大温度差为 3.55℃，b1 的空气温度波动较 b2 小，造成这种现象的原因很大程度上与广场的围合形态以及尺度有关。

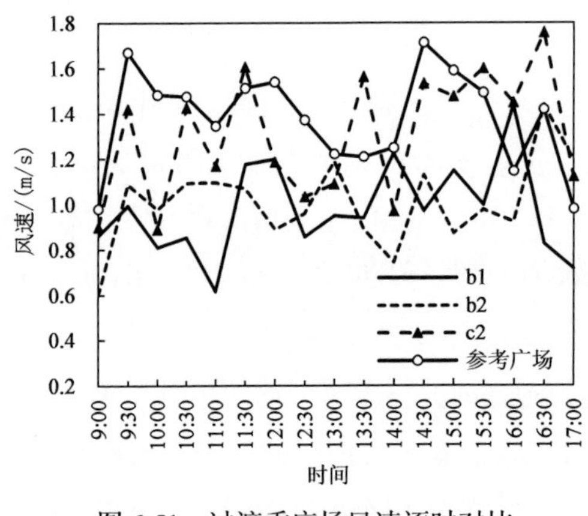

图 6-51　过渡季广场风速逐时对比

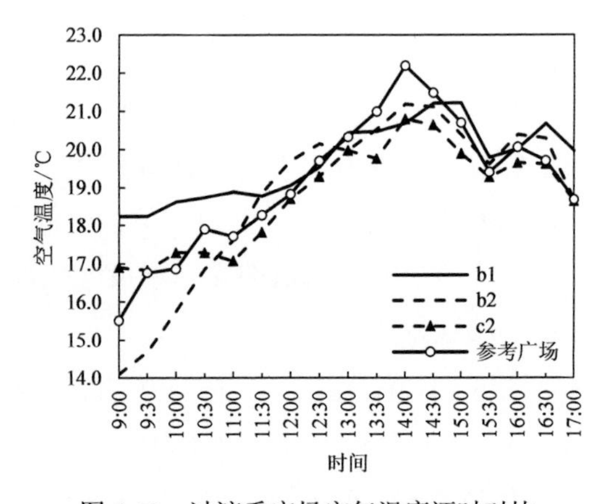

图 6-52　过渡季广场空气温度逐时对比

图 6-53 为过渡季街区广场（b1、b2）、相邻街道（c2）与参考广场的黑球温度逐时对比，可以看出空气温度与黑球温度几乎同时到达峰值。b1 与 b2 的黑球温度显著大于相邻街道 c2。b2 的黑球温度日间波动最大，峰值为 33.34℃，较 b1 的峰值高 4.57℃。b1

的日间平均温度高于 b2，但是 b1 的黑球温度在 11∶00 之后明显低于 b2。

图 6-54 为过渡季街区广场（b1、b2）、相邻街道（c2）与参考广场的相对湿度逐时对比。b1、b2、c2 和参考广场的相对湿度日间变化趋势一致，变化曲线呈下凹形，在中午的时间段相对湿度明显变低，造成这种状况的原因与温度与阳光照射程度有关；日间平均相对湿度分别为 30.42%、27.8%、30.62%和 30.24%。参考广场的相对湿度与 b1 没有明显差异，但都大于 b2，b2 较 b1 小 2.6%。两个广场与相邻街道相比，相邻街道的相对湿度分别比 b1 和 b2 大 0.2%和 2.82%。该街区广场的相对湿度范围为 21.25%～36.31%。

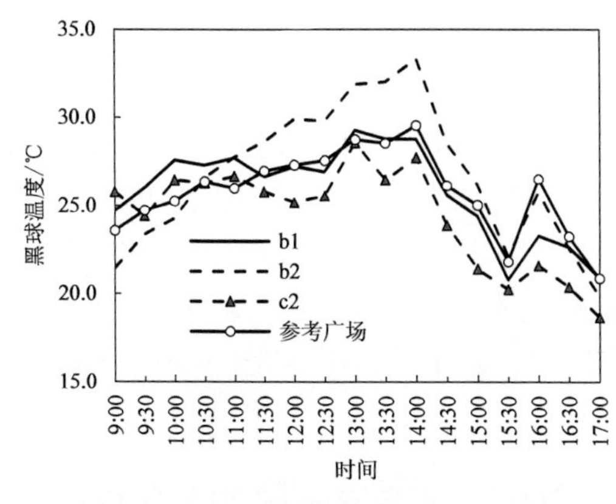

图 6-53　过渡季广场黑球温度逐时对比

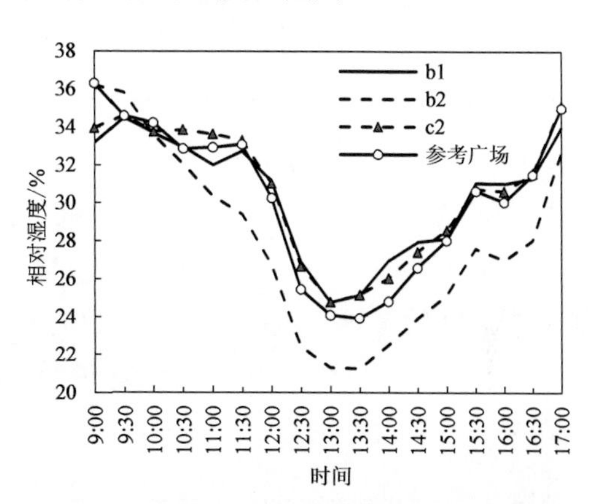

图 6-54　过渡季广场相对湿度逐时对比

6.3　紧凑式街坊的御寒技术

6.3.1　紧凑集中的群体布局

由前文对于中华巴洛克街区整体布局特征的分析可知，该街区的布局特点为紧凑集中的高建筑密度。在第 3 章的实测分析中，为了研究该街区紧凑式布局在冬季的防风御寒能力，将该街区的典型空间热环境与现代城市街区开敞空间（参考点）进行热环境对比，发现中华巴洛克街区的风速变化较平缓，且显著小于参考点，日均风速较参考点小 1.09～1.61m/s。街区的空气温度显著大于参考点，日均空气温度较参考点大 0.49～1.49℃，但与参考点的变化趋势有所差异。该街区各测点的平均黑球温度范围在−17.13～−15.89℃，平均相对湿度范围在 43.76%～50.90%。因此，从风速和空气温度因素来看，该街区与现代城市街区相比有更好的防风御寒的能力。

冬季风环境的影响较大，因此基于风环境对该街区的整体防风御寒能力进行进一步的模拟研究。运用三维城市微气候模拟软件 ENVI-met 软件对该街区进行风环境模拟。本书利用现场实测的数据对中华巴洛克街区的模型进行校正。将实测模型空间进行简化并在其中选择与实测位置相对的 10 个测点。表 6-6 为模拟时的气象参数设置。

通过对比各测点的模拟风速与实测数据（图 6-55）可以发现，虽然模拟结果中各

表 6-6　ENVI-met 模拟参数设置

设置参数	设置数值
模型尺寸	网格数目：235×235×19 网格大小：2m×2m×3m
模拟开始时间	2017 年 12 月 27 日 00∶00∶00
模拟时长	25h
气象参数	风向：202.5° 风速：10m 高度处的风速为 2.7m/s 太阳辐射强度：按晴朗无云天气状况计算 初始大气温度：−24.1℃ 湿度：7g/kg（2500m 高度处）

测点的风速均比实测数据偏大0.27～0.62m/s。但由于模拟时地面粗糙度参数较实测时低，所以模拟结果会较大。同时，ENVI-met 在进行风环境模拟时，风速与风向是固定不变的，不能模拟逐时改变的风场，而实测时风速变化较大，这些原因综合导致了实测数据与模拟数据之间的差异。但它们之间的数值变化趋势基本相同，且模拟结果与实测值之间存在着合理的相关性（R^2=0.7348），这说明运用 ENVI-met 软件对中华巴洛克街区的风环境的模拟还是较为准确的。

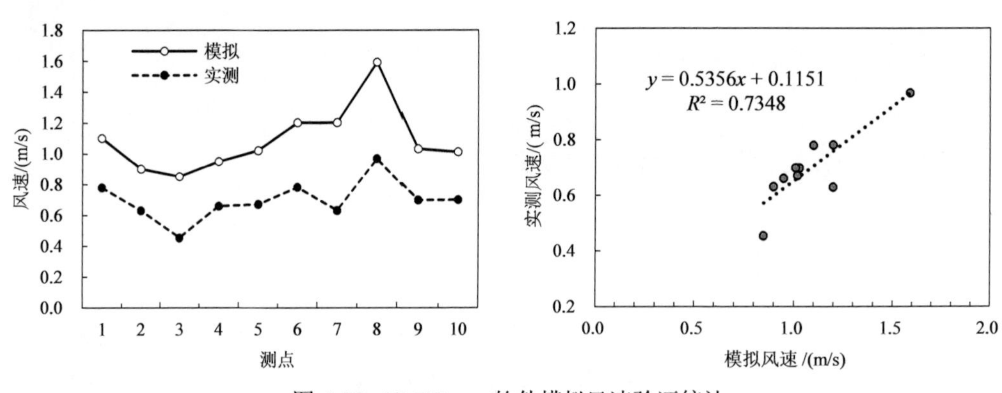

图 6-55　ENVI-met 软件模拟风速验证统计

图 6-56 为院落之间各工况的风速模拟，可以看出，工况 2 和工况 3 中相应的空间最大风速明显大于工况 1，也就是说当院落之间相互连接，整体上形成了围合的形式时，对于街道以及院落空间来说风速较小，而院落分离且有开口时，整个区域的风速较大，对街道的影响也较大。其他学者的研究也发现，在冬季，集中式建筑组群与分散式的风环境相比较好。从前文对中华巴洛克历史文化街区的空间形态组成的分析中可以看出，该街区以院落为基本单元，院落与院落之间紧密的衔接组合，呈现了紧凑密集的围合布局形式，使街区整体为四面建筑围合，可以有效的阻挡来自各个方向的风；并且该街区的院落是由 2～3 层的两三栋建筑相互连接组成，即院落两侧多为相近体量的建筑，也使其内部风环境会比较稳定。因此，可以看出该街区紧凑密集的群体布局形式使街区整体具有很好的防风效果，体现了该街区的这种布局应对严寒气候的适应性。

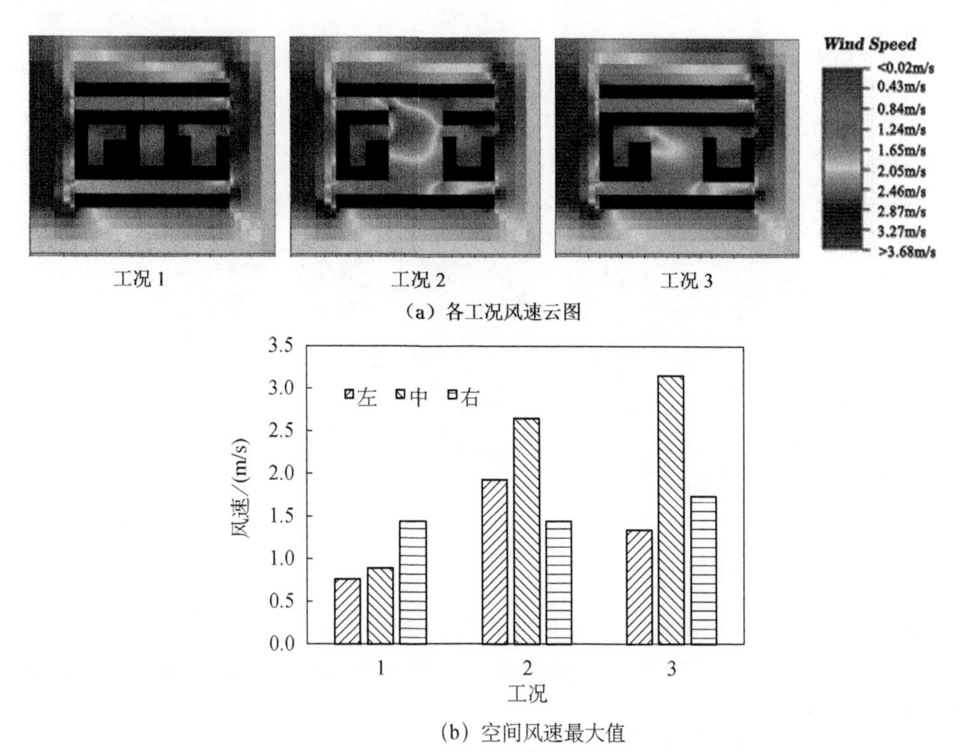

（a）各工况风速云图

（b）空间风速最大值

图 6-56　院落连接各工况的风环境模拟

此外，该街区的布局特征的形成离不开当时的社会环境与历史因素。当时的道外区在政治、经济实力方面均相对弱小，反映在建筑上则表现为小尺度的建筑规模。加之该地区人口聚集，需要解决居住问题，故建筑密度较大。

总地来说，该街区紧凑密集的围合式布局能够在冬季有效阻挡冷风的侵袭，获得比较稳定的内部环境，并可以减少建筑中的热量流失，起到节能减排的作用。

从该街区的整体组合中可以总结出应对严寒气候的街区整体设计。建筑群体平面形式很多，但常见的为行列式、周边式、点式和混合式。中华巴洛克历史文化街区的整体布局方式可以算作周边式布局的一种，加之毗连式院落的群体组合方式，形成了院落空间内向封闭，院落紧凑而集中的整体格局。因此，在进行群体布局时可以选择周边式布局形式，组合形成院落空间，布局宜紧凑不宜分散。此外，考虑到严寒地区冬季的酷寒恶风，为方便人们在室外活动，尽量增加室外活动人群的舒适度，建筑组合之间的体量高差不宜太大，以免形成涡流区。

因此，严寒地区街区的整体布局规划时，考虑到冬季的防风防寒需求，可选用紧凑组合的方式且建筑组合之间的体量高差不宜太大，既能降低风速又能抵御寒风，保证建筑围合内部环境的稳定。

6.3.2　街道朝向

从图 6-57 的模拟可以看出，当街道朝向与冬季主导风向平行时，街道与一些院落内的风速明显大于街道朝向与主导风向垂直时的街道与院落空间；当街道朝向与主导风向有一定倾斜角度时，其风速会较平行时小很多。中华巴洛克历史文化街区的街道朝向为北偏西 40°，哈尔滨的冬季主导风向为南南西（202.5°），两者之间夹角为 62.5°，街道两侧建筑立面连续，可以有效减弱风的流动，使街道风环境避免了过度的冷风侵袭，同时也可以使街区中的空气流动起来，达到一定的通风效果，避免了形成静风区。

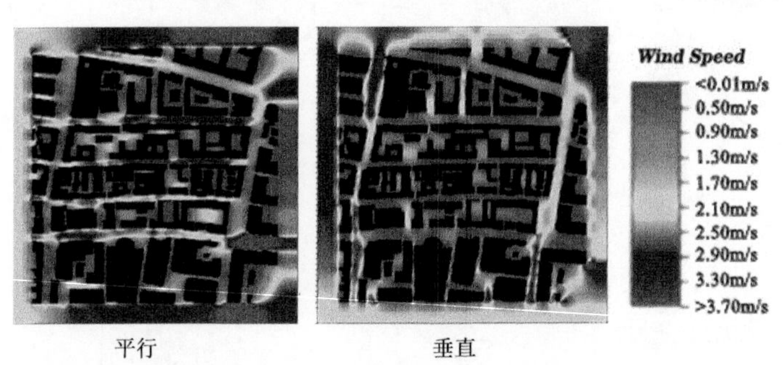

图 6-57　主导风向与街道不同夹角情况风速模拟

综上，该街区在街道朝向上考虑了严寒地区冬季需要防风的特点，选择将街道朝向与冬季主导风向留有一定的夹角，利用周边围合的建筑阻挡凛冽的寒风的侵袭，使街区内部形成较为舒适的微气候环境。

6.4　围合式院落的防风技术

中华巴洛克历史文化街区的院落空间的形态演变属于自发的有机生长模式。它以中国北方传统民居合院为空间原型，由于对空间需求不断提升，其空间院落的变化从三合院、四合院最终形成了院套院、院连院相互叠加的形态。院落式建筑布局形式，形成了向外封闭向内开敞的格局，从街区整体来说，街坊四面建筑围合，可以有效阻挡来自各个方向的风，使内部院落空间具有较为舒适的风环境。

6.4.1　院落围合形态

为了进一步研究不同形态院落单体的防风能力，将每种院落空间形态进行模拟分析。考虑到院落的组合特点及将各种院落的尺寸统一，用地面积取该街区中平均院落面积尺寸，设定为 60m×46m，建筑高度为 9m，朝向为北偏西 40°，参数设置见表 6-6，图 6-58 为模拟结果。

从模拟结果可以看出，矩形院落空间的整体风速较小，风速差异最小，最大风速仅为 0.75m/s。两个方向的 T 形院落，开口朝向北侧（T1）比朝向南侧（T2）的平均风速小 0.1m/s，同时朝向北侧的开口处风速明显小于南侧开口处。L 形院落中开口朝向东北侧（L1）与朝向西南侧（L4）的平均风速要小于朝向东南侧（L2）与西北侧（L3）。所以，四面均由建筑围合的矩形院落，较一侧或两侧有开口而形成的 L 形、T 形院落防风性能更好。

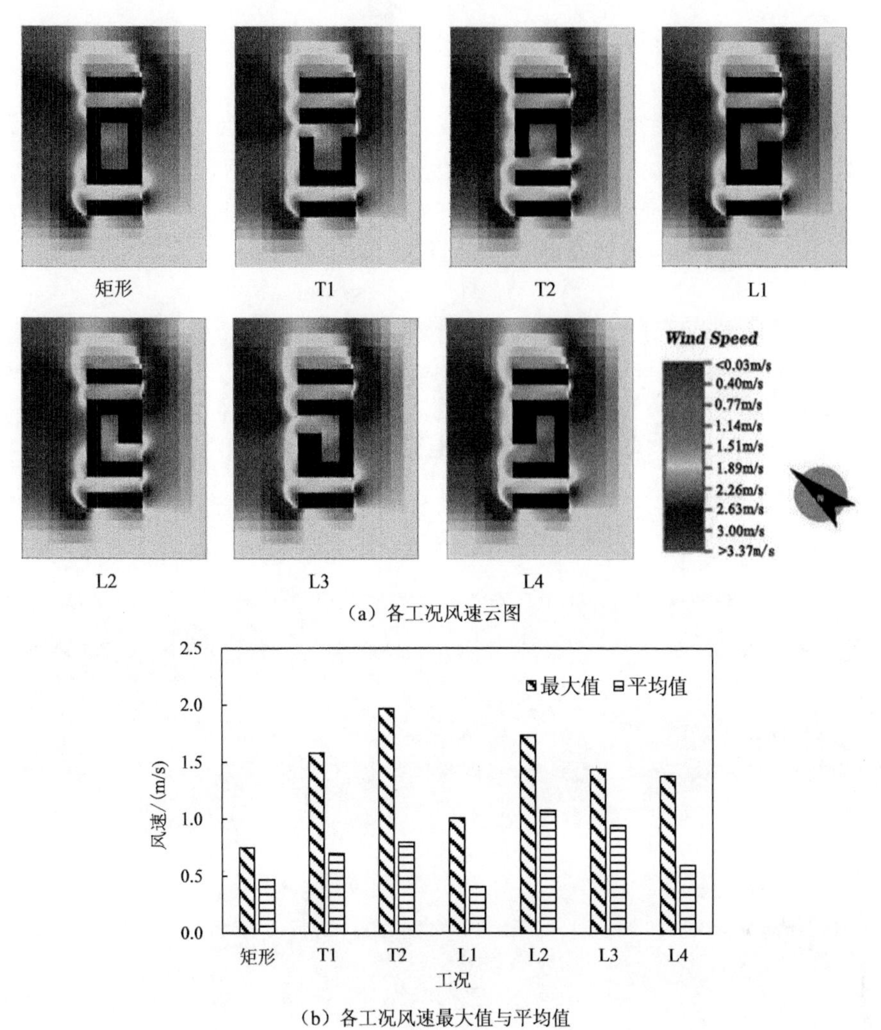

图 6-58　不同围合形态院落风环境模拟结果

由此可见，该街区中的几种院落的围合形态均具备很好的防风的能力，但在同等占地面积条件下，围合程度较高的矩形院落防风性能更强。在该街区的多种院落形态中矩形院落占比最多，这既满足了人们对空间的多样性的追求，也体现了街区院落设计对寒冷气候的适应性。

由上文可以发现，建筑单体的不同组合方式构成若干形态各异的院落，围合式建筑布局以及院落形式具备较好的防风御寒能力。因此，在选择院落的基本形式时要充分考虑主导风向对院落形式的影响以及使用功能的需求合理的选择院落的形式。一般来说，应考虑对冬季主导风向进行遮挡。为了更好的挡风效果，则应将 L 形建筑的外角正对主导风向，T 形建筑的开口一侧面向下风向。四面围合时，根据其院落和风的相对方向会在建筑一侧形成较大挡风区。此外，院落面积过大则会产生一个较大的没有遮挡物的区域，可以通过增加迎风面的高度来扩大挡风区。假如风向的变化较大，尽量采取矩形的围合院落，减少风对院落及建筑的影响。

6.4.2　院落平面尺度

中华巴洛克街区中矩形院落最多且尺度大小不一，但以街坊宽度为基数，院落的长宽比基本可以分为 1.5∶1、1∶1、0.75∶1、0.5∶1、1.5∶0.5、1∶0.5、0.75 ∶0.5、0.5∶0.5。考虑到街坊的组合方式，则选取街坊宽度为 60m，长度均为 180m。对不同尺度的院落进行风环境模拟，其结果如图 6-59 所示。

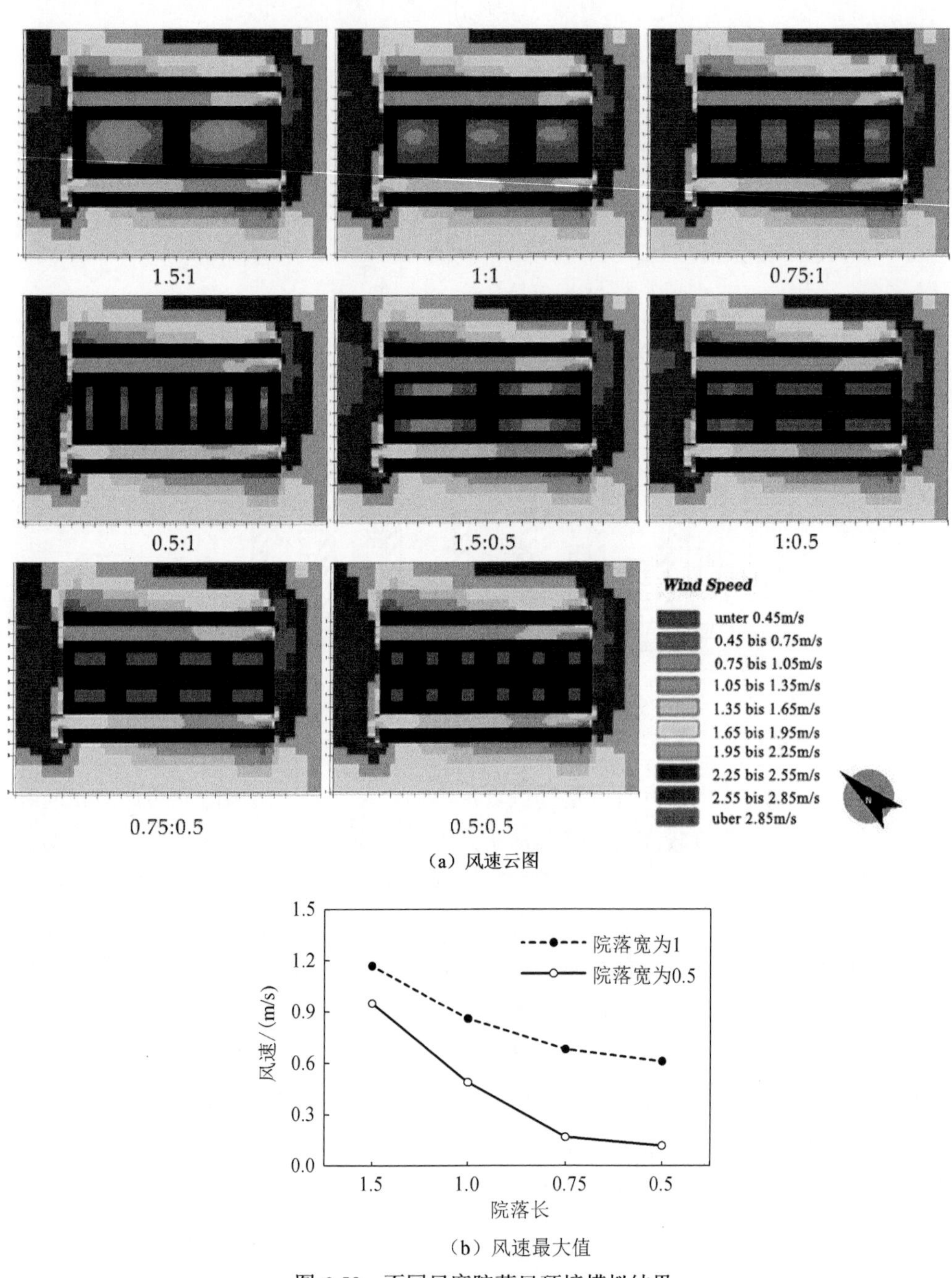

（a）风速云图

（b）风速最大值

图 6-59　不同尺度院落风环境模拟结果

每个情况选取最左边院落的模拟结果进行分析，从中可以看出，同等宽度的院落，长宽比越大其内部最大风速越大。从总体来看，院落面积越大其内部最大风速越大，而 1.5∶1 的院落面积最大，其风速也显著大于其他几个院落，最大风速较 0.5∶1 的风速大 0.56m/s。由此可见，当院落空间均四面围合时，院落平面长宽比越小，院落面积越小，其内部院落的最大风速越小，即院落对室外风的抵抗力就越强。而该街区中的院落由多种院落组合且面积一般小于 500m^2，只有 1～2 个院落是近似 1.5∶1 的情况，这也体现出它对气候的适应性。

6.4.3　院落的门洞口

有研究发现，传统居住区中的门洞口对风环境和声环境有影响（Jin et al.，2018）。中华巴洛克历史文化街区每个院落都会有 2～5m 宽的门洞口，这些门洞口对于院落以及街道空间的风环境会产生一定的影响。为了研究门洞口开启与关闭状态对于院落内部的影响，选取矩形院落为例，将其分别不设置开口、南北各设置一个以及两个开口进行风环境模拟，门洞口宽度设置为 4m，高为 3m。

风速模拟结果如图 6-60、表 6-7 所示，可以看出，各种院落里最大风速基本无差，但是两侧均有开口的工况 2 的最大风速和平均风速最大。南侧有一个门洞口的工况 1 的院落风速与无门洞口的工况 4 的院落风速相近，小于北侧有一个门洞口的工况 3 的院落。

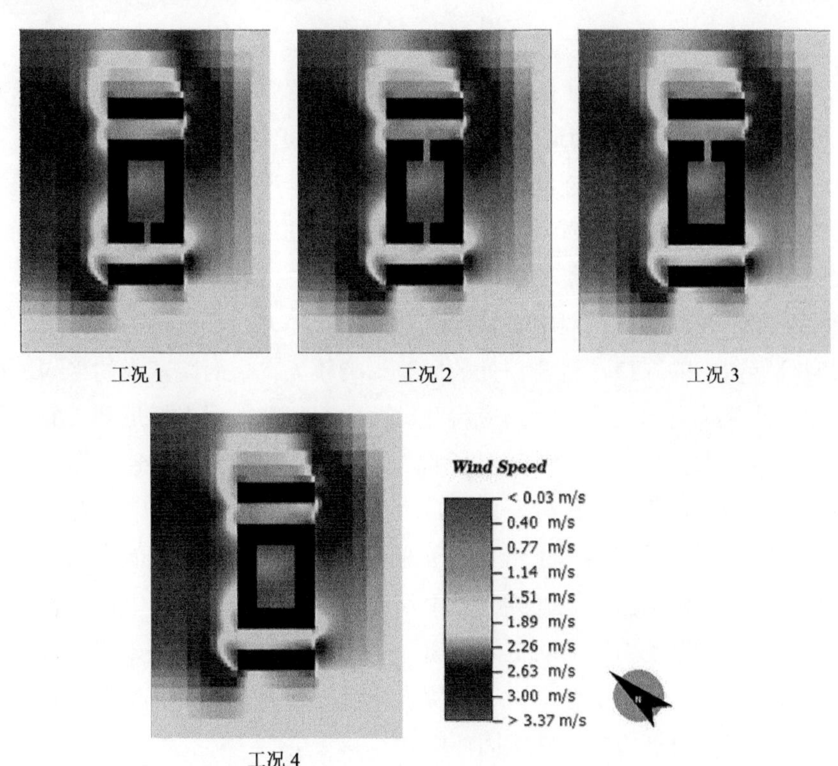

图 6-60　不同门洞口院落风速模拟

表 6-7　院落风速最大值与平均值

工况	1	2	3	4
最大值/（m/s）	0.76	0.78	0.78	0.75
平均值/（m/s）	0.47	0.51	0.50	0.47

通过风速大小的比较发现各种院落之间并没有很大的差异，但是从图 6-61 各院落风流动方向的模拟结果可以看出，院落和街道的风会通过门洞口贯通，从而对院落空间内部产生一定的影响。南北各有一个门洞口的院落其内部风的流动会通过两个门洞口，形成穿堂风，有一个门洞口的院落也会使空气进一步流动。冬季门洞口的开启，连通了各院落空间与街道空间，可造成院落内部的热量流失。

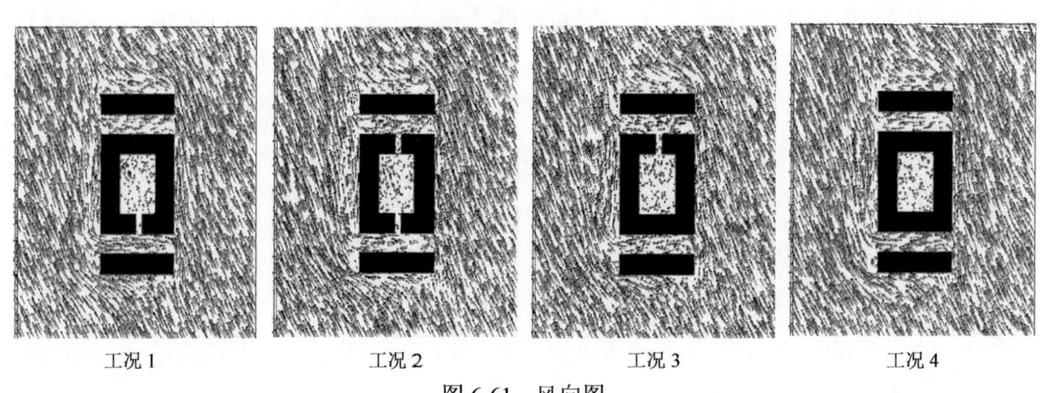

工况 1　　工况 2　　工况 3　　工况 4

图 6-61　风向图

由此可以看出，在冬季为了防止冷风侵入院落应尽量关闭院落的门洞口以减少热量流失。此外，前文研究发现，街道的立面连续性对于街道的热环境有一些影响。因此，在冬季可以尽量保持沿街立面的连续性，可以适当关闭一些通往街道的院落的门洞，以减少寒风灌入以及热量流失。同时，夏季为了营造更好的风环境，使人体较为舒适，应将门洞口大门都打开，保持各院落与街道之间的通风。

由上文可知，在围合式布局中调整建筑开口位置与开口数量可以改善整体风环境。建筑物面向院落留出的开口，对开口处的风速影响较大，但对院落内的平均风速影响很小。如要需要使院落内的风速变大，应将开口面向主导风向或者增加开口的数量让空气流出院落。但是考虑到严寒地区冬季漫长的气候特点，需要降低风速，那么应该尽量减少冬季的开口。当全封闭的建筑有开口时，不宜朝向冬季主导风向，且开口不宜过大。此外，要合理的设置开敞空间，应将其置于避风区。另外，通过开敞空间与建筑院落之间的相互交流可以改善街区内微气候，如中华巴洛克历史文化街区中小广场、街道与院落之间的相互组合可以使街区活动更为舒适。

综上，该街区中院落的围合形态、尺度设计等均可以在寒冷的冬季更好的应对寒风的侵袭，为人们提供更舒适的室外空间环境。

6.5　围合式广场的适寒技术

6.5.1　广场的围合与位置

广场空间可视为扩大的街道空间，在传统街区中根据其所处的位置往往可以分为 3 种，即中心式、端点式和垂直式（夏志伟，2010）。广场位于街区中的位置可能会对其热环境有所影响，另外围合程度对广场空间的热环境也会有所影响。

由现场实测结果发现中华巴洛克街区的小尺度沿街三面围合的广场空间形态有利于严寒地区冬季的防风御寒。为了进一步分析广场空间的气候适应性，从风环境的角度研究广场的适寒性，结合中华巴洛克街区现状，将其放置在街区的不同位置，改变它的围合度与开口朝向，进行风环境模拟，模拟参数设置见表 6-6。

图 6-62 为其模拟结果，可以看出，广场空间位于街区中且北侧有建筑围合的情况最好（工况 6），其风速分布较均匀，平均值为 1.57m/s，最大风速为 1.95m/s，显著小于其他情况的最大风速。其次为工况 2、工况 3、工况 5、工况 9，它们的风速相差不多，虽然最大风速可以达到 2.49m/s，但是最大风速分布范围小且平均风速较低，在 1.5～1.7m/s 之间。工况 1、工况 4、工况 7 位于街区两侧开口的无建筑围合的情况，风环境最恶劣，这三种情况的风速平均值均较大，且最大风速也较大。所以可以看出，广场在街区的位置相同时，南北侧有建筑围合的广场其风环境优于无建筑围合的广场，且北侧建筑围合略优于南侧建筑围合；在南或北侧有建筑围合时，位于街区内部的风环境优于街区两端入口处，因为置于中间其围合度会相对较大，且街区两端入口处会受两侧街道影响；位于街区中间且北侧有建筑形成三面围合的广场（工况 6）风环境最好，其风速分布较均匀，其最大风速显著小于其他几种情况。

综上，在同等尺度的情况下，广场的围合度越高其内部风速越小，在围合度相同时广场的开口朝向对风环境有一定的影响。中华巴洛克历史文化街区中的两个广场均位于街区中，为相对封闭的沿街三面围合式广场，均位于街区内部且北侧有建筑围合，其空间内部风速较小，风环境较稳定，体现了中华巴洛克历史街区中广场的气候适应性。此外，为了使广场空间的风环境更为舒适，可以采用将广场的迎风面等设置风屏障、种植树木等。

广场的围合形式与风吹入方向共同影响广场的防风效果，在对街区广场进行设计时，要根据实际需要确定广场的围合形式。考虑到广场的围合形式以及其围合后的开口朝向，以矩形广场为例，大体上可分为四边均为街道无建筑围合，一侧有建筑围合，两侧有建筑围合又分为成平行状和 L 形，三面有建筑围合。若广场一边有建筑，将建筑设置在来风向会具备较好的防风效果；若广场周边围合建筑成 L 形，则应避免将无建筑的那侧面向主导风向；若广场三面建筑围合，即周边围合建筑呈 U 形时，则将其开口一侧面向下风向时，可产生最大的挡风面积。另外，由前面的分析结果可以发现该街区的广场布置较为合理。如若在当前的主导风向下，应避免将广场空间放置在街区的东部入口且在南北两侧均无建筑围合。

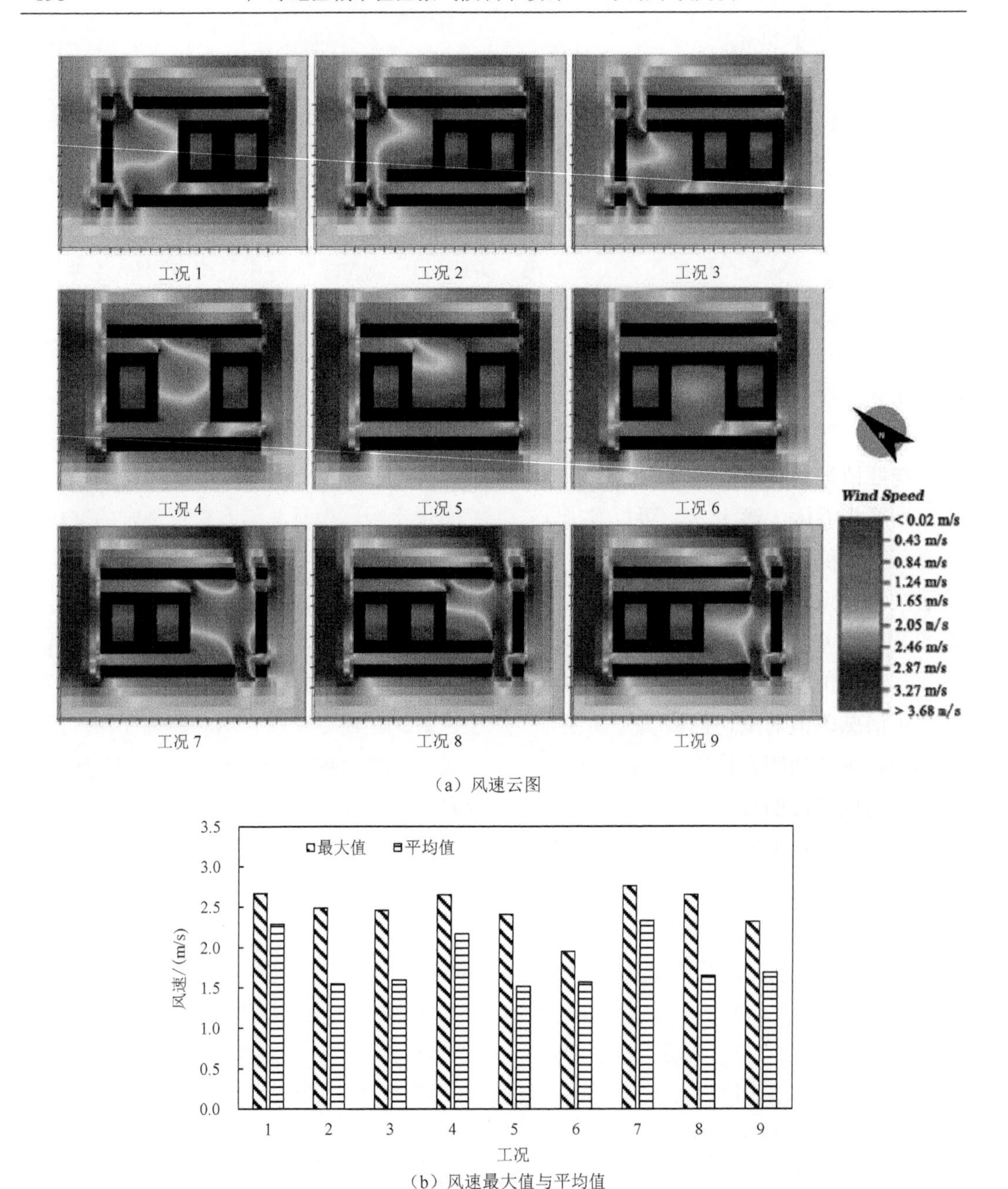

图 6-62　不同围合形态广场风环境模拟结果

6.5.2　广场的尺度

取中华巴洛克街区中的小广场为原型，周边建筑均为 3 层，均为三面围合，长宽比一定，将其长宽进行等比例放大。模拟的广场的长×宽分别为 22m×32m、46m×60m、60m×90m、92m×120m、116m×150m。

由图 6-63 可以看出，广场的尺度与广场内部的风环境是相关的。由图 6-63（b）可以看出，当广场周边形态相同以及广场的长宽比一定时，广场的长宽越大其内部最大风速越大，并且其内部风速较大的面积也会越大。工况 1 的尺度为中华巴洛克历史文化街区的广场尺度，其内部最大风速为 1.22m/s，较工况 5 的最大风速小 1.2m/s，同时其内部整体风速最小，内部风速波动较小。而从前文对广场的特征分析可知，该街区的广场受街坊的宽度所限，其尺度与该街区中的院落空间尺度相近，尺度较小，这体现了广场的适应性。

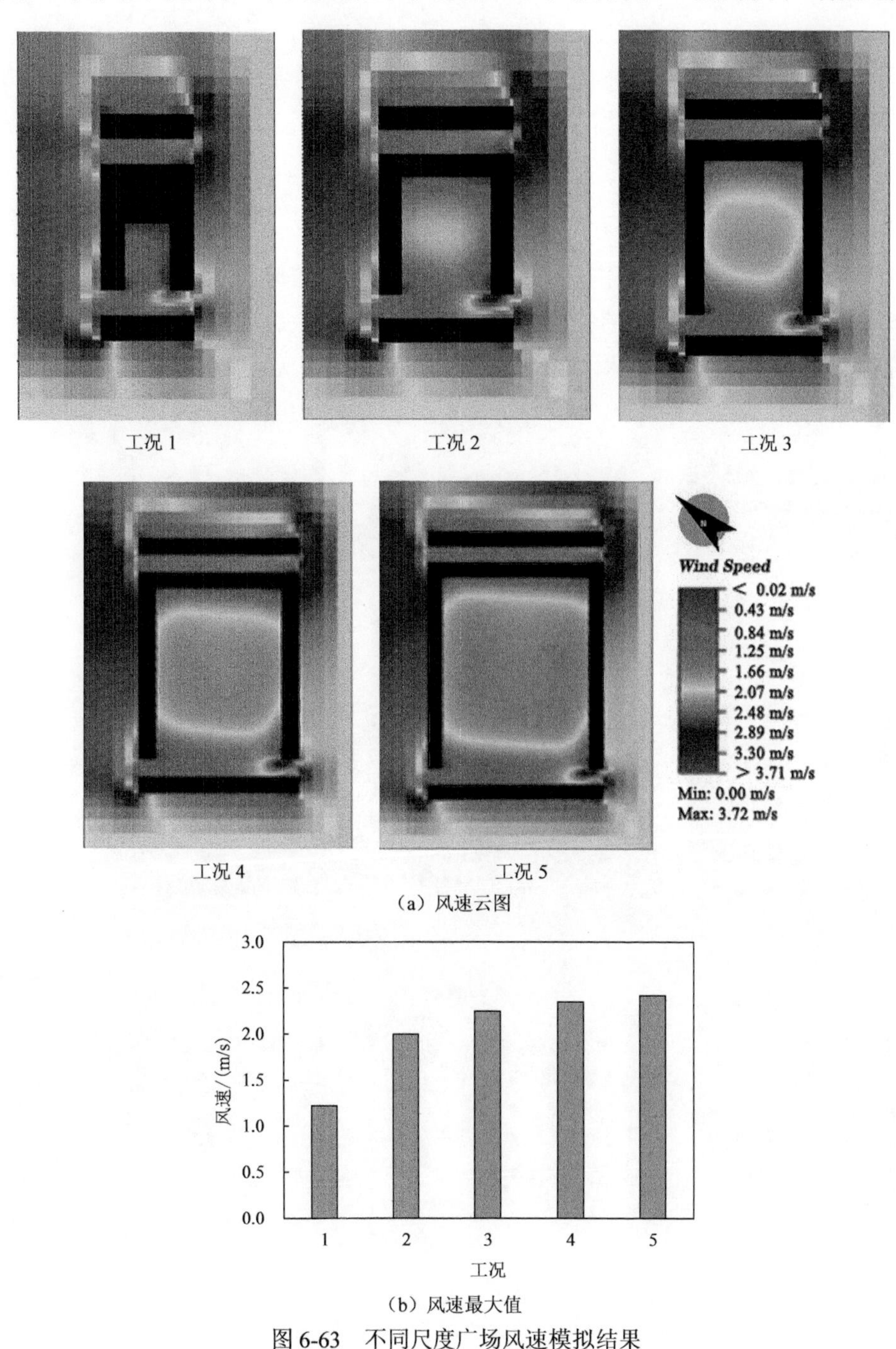

图 6-63　不同尺度广场风速模拟结果

在设置广场时要考虑到广场的尺度问题，合理的广场空间尺度设置有利于防风御寒。综上，相比于较大尺度的广场，该街区小尺度的广场防风能力更强，有利于广场在冬季的避风，较易形成较好的风环境。同时，这也说明了该街区在广场空间的尺度上表现出了应对冬季严寒气候的适应性。

在进行严寒地区广场空间设计时，为了适应严寒地区的气候特点，除了特殊的广场要求，应该设置小尺度的广场。考虑冬季主导风向对广场的影响，可以将大广场按照不同主题功能分区分成相对较小的广场开敞空间，形成若干小广场连续成群的效应。

6.5.3　广场周边建筑形态

由上文得出，中华巴洛克街区广场的形态较有利于防风御寒。为了研究广场周边围合建筑的形态对广场的影响，针对该街区的院落与广场特点，将广场两侧院落进行组合，进行模拟。图 6-64 为模拟结果。

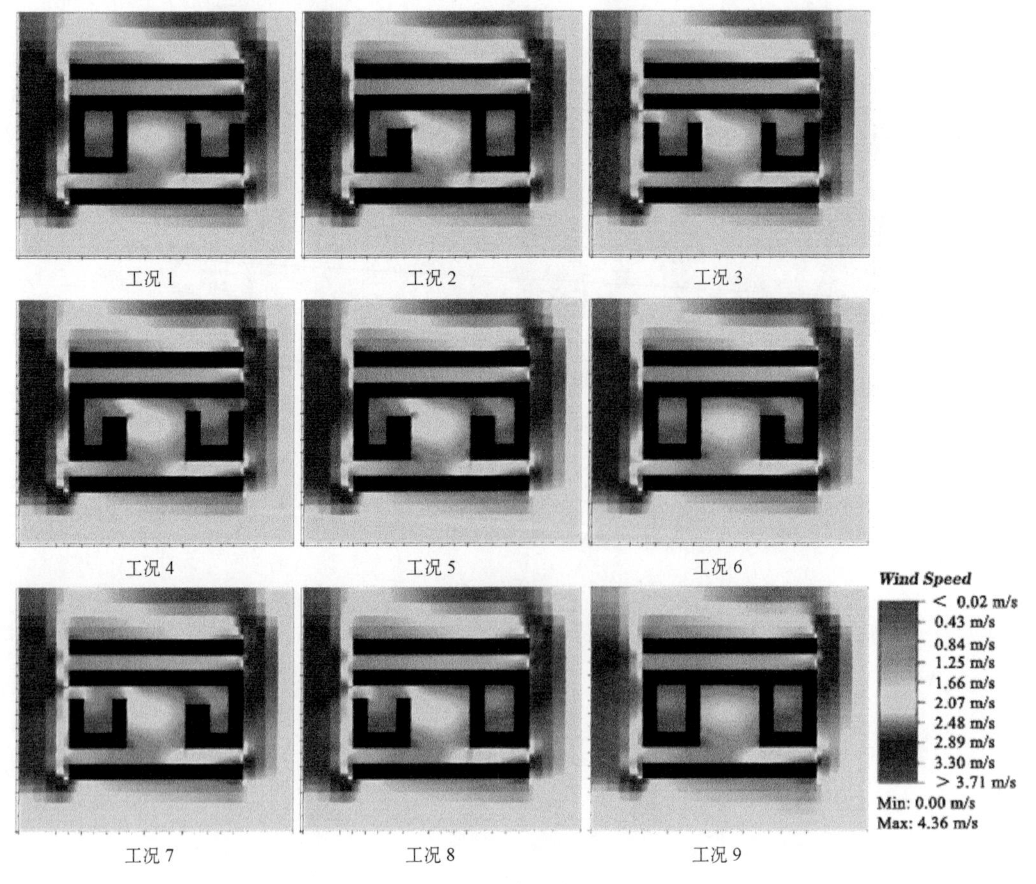

(a) 风速云图

图 6-64　不同周边建筑形态广场风环境模拟结果

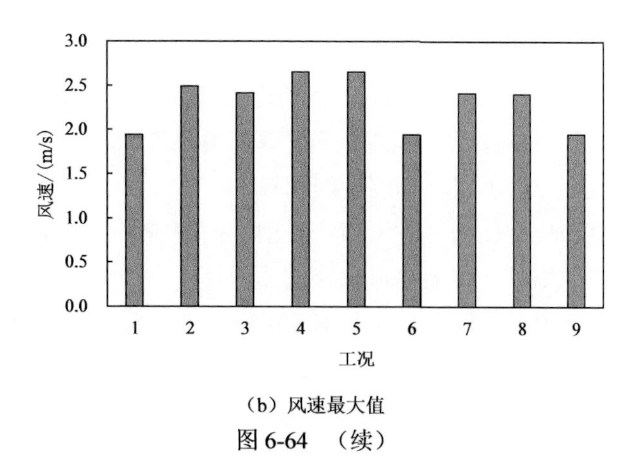

（b）风速最大值

图 6-64　（续）

从模拟结果可以看出，广场两侧院落形态不同其内部风速会有所差异，这几种形态中，广场风速最大值之间的差异可达 0.71m/s。但是可以看出，在当前的风向下，当广场西侧为矩形院落时，右边院落为矩形、L 形、T 形时广场的风环境没有明显差异。这是因为在当前的风向下，西侧是来风向，来风向院落形式对广场的风环境影响较大，其形态不同，对风的遮挡能力不同。而当广场两侧的院落形式相同时，两边均为矩形院落时广场的内部风速最小。

本书研究的街区中的两个广场其空间形态对应的为工况 4 和工况 9。工况 4 的风速较大，如对该广场进行改善，可将其 L 形院落进行封闭成为矩形院落即工况 1 所示，广场空间的风速就会显著变低。由此可以看出，广场周边围合建筑形态对广场内部的风环境有影响，来风向建筑的形态对广场的风速大小以及分布影响较大。

总地来说，广场的围合形态、所处位置、平面尺度与周边环境均对广场的内部风环境有影响。

6.6　本章小结

本章对哈尔滨中华巴洛克历史文化街区的微气候进行研究，通过现场实测对中华巴洛克街区在冬季、夏季和过渡季节的热环境现状和特点进行分析。此外，在现场实测结果分析的基础上，采用 ENVI-met 软件进行风环境模拟分析，总结分析了该街区的气候适应性技术，具体结论如下：

（1）中华巴洛克历史文化街区是由建筑围合构成的高密度的紧凑集中式布局形式。在实测中发现该街区的整体布局形式在冬季具备较好的热环境，其风速变化较平缓且日间平均风速较参考点小 1.09～1.61m/s，日间平均空气温度较参考点大 0.49～1.49℃。街道的立面是否连续对街道空间热环境有一定影响，立面连续的街道较广场开口处的街道风速大，冬季时空气温度较高，而夏季与过渡季节则空气温度较低。

（2）中华巴洛克历史文化街区的院落形式分为矩形、T 形和 L 形，均为围合式。实测证实院落形式具备较好的防风能力。在冬季，该街区院落空间中风速的波动幅度较参考点小且日间平均风速小 1.12～1.61m/s，日间空气温度较参考点大 0.49～1.33℃；矩形院落防寒保温能力较强且热稳定性较高。春夏季，由院落形态不同带来的空气温度、黑球温度差异较大，且有无阴影对黑球温度影响较大。

（3）中华巴洛克历史文化街区中沿街广场由三面建筑围合而成，相对封闭。在冬季该街区的两个广场表现出了一定的防风御寒能力。在各个季节该街区的广场与参考广场相比风速均较低且空气温度均较高，在冬季风速较参考点分别小 1.58m/s 和 1.39m/s，日间平均空气温度较参考点分别大 1.14℃和 1.02℃。

（4）该街区紧凑集中的布局形式在冬季能够使街区获得比较稳定的微气候环境并可以阻挡冷风侵入、减少热量流失。该街区的街道朝向与主导风向有一定夹角，既能达到一定的通风效果，也能避免形成静风区。在进行群体布局设计时，可以选择周边式布局形式，形成半封闭或封闭的院落空间，布局宜紧凑，还应结合主导风向选择街区朝向，以满足冬季防风御寒的需要。

（5）该街区的围合式院落具备很好的防风能力。在同等占地面积时，围合程度较高的矩形院落防风性能较 L 形与 T 形更强。当院落空间均为四面围合时，院落宽度相同其平面长宽比越小，内部院落的最大风速越小。从总体来看，院落面积越小，对风的抵抗能力越强。该街区矩形院落占比最多且院落面积普遍小于 500m^2，有很好的防风能力，表现出了其应对严寒气候的适应性。因此，在选择院落形态时，应考虑对主导风向的遮挡，选择合理的院落形态与尺度；若风向多变，需要较强的防风能力，则可以选择四面围合的矩形院落。

（6）该街区的广场具备一定的适寒能力。在同等尺度的情况下，广场的围合度越高其内部风速越小；位于街区中间且北侧有建筑的广场风速较小。广场长宽比一定时，尺度越大的广场其内部最大风速越大。迎风侧的院落形态对广场影响较大。该街区中的两处广场均为三面建筑围合，位于街区中且南向开口，尺度与院落尺度相近，相对较小，具备一定的适寒能力。在进行广场设计时，在主导风向下，应避免将广场空间设置在街区的东部入口且在南北两侧均无建筑围合，且应控制广场的尺度。

参考文献

蔡强新. 2010. 既有居住区室外环境热舒适性研究[D]. 杭州：浙江大学.

陈飞. 2008. 高层建筑风环境研究[J]. 建筑学报，(2)：72-77.

陈宏，李保峰，张卫宁. 2015. 城市微气候调节与街区形态要素的相关性研究[J]. 城市建筑，(31)：41-43.

陈宏，李保峰，周雪帆. 2011. 水体与城市微气候调节作用研究——以武汉为例[J]. 建设科技，(22)：72-77.

陈卓伦，赵立华，孟庆林，等. 2008. 广州典型住宅小区微气候实测与分析[J]. 建筑学报，2008(11)：24-27.

陈自新，苏雪痕，刘少宗，等. 1998. 北京城市园林绿化生态效益的研究(3)[J]. 中国园林，14(3)：53-56.

村上周三. 2007. CFD 与建筑环境设计[M]. 朱清宇，等 译. 北京：中国建筑工业出版社.

丁沃沃，胡友培，窦平平. 2012. 城市形态与城市微气候的关联性研究[J]. 建筑学报，(7)：16-21.

董靓. 1996. 街谷夏季热环境研究[D]. 重庆：重庆大学.

杜晓寒. 2014. 广州生活性街谷热环境设计策略研究[D]. 广州：华南理工大学.

杜晓寒，陈东，吴杰，等. 2012. 街谷几何形态及绿化对夏季热环境的影响[J]. 建筑科学，28(12)：94-99.

范若冰，李红艳，袁栋. 2016. 基于 Ecotect 的历史街区生态微气候调查研究——以西安三学街历史文化街区为例[J]. 华中建筑，34(6)：100-105.

冯树民，孙玉庆. 2006. 哈尔滨市道路网总体建设水平分析[J]. 哈尔滨工业大学学报，(9)：1506-1510.

国家技术监督局，中华人民共和国建设部. 1995. 城市道路交通规划设计规范(GB 50220—95)[S]. 北京：中国标准出版社.

国家气象信息中心. 2018. 中国地面累年值日值数据集(1981—2010 年)[R/OL]. http://data.cma.cn/data/cdcdetail/dataCode/A.0029.0001.html[2018-05-09].

韩轶，李吉跃，郭连生，等. 2002. 居住小区生态型绿地模式的研究[J]. 北京林业大学学报，24(4)：102-106.

黄烨勍，孙一民. 2012. 街区适宜尺度的判定特征及量化指标[J]. 华南理工大学学报(自然科学版)，40(9)：131-138.

哈尔滨市城乡规划局. 2012. 哈尔滨市城乡规划条例[R/OL]. http://xxgk.harbin.gov.cn/col/col11574/index.html[2014-08-03].

哈尔滨市人民政府网站. 2017. 哈尔滨市城市总体规划(2011—2020)[R/OL]. http://www.harbin.gov.cn/art/2017/4/28/art_21349_727699.html[2017-5-30].

蒋国碧. 1985. 试谈绿化与重庆城市热效应的改善[J]. 重庆环境科学，(2)：35-41.

蒋志祥. 2012. 水体与周边植被对城市区域热湿气候影响的动态模拟研究[D]. 哈尔滨：哈尔滨工业大学.

蒋志祥，刘京，宋晓程，等. 2013. 水体对城市区域热湿气候影响的建模及动态模拟研究[J]. 建筑科学，29(2)：85-90.

焦绪娟，赵文飞，张衡亮，等. 2007. 几种绿化树种降低城市热岛效应的研究[J]. 江西农业大学学报，29(1)：89-93.

金雨蒙，康健，金虹. 2016. 哈尔滨旧城住区街道冬季热环境实测研究[J]. 建筑科学，32(10)：34-38.

荆灿. 2011. 夏热冬冷地区城市下垫面对微气候营造的影响研究[J]. 艺术教育，(12)：157.
荆其敏. 2003. 生态建筑观[J]. 天津大学学报(社会科学版)，5(4)：308-311.
冷红. 2009. 寒地城市环境的宜居性研究[M]. 北京：中国建筑工业出版社.
李静薇，王影，赵文艳，等. 2017. 基于微气候的寒地商业街设计策略研究——以大庆市经六街为例[J]. 沈阳建筑大学学报(社会科学版)，19(3)：252-258.
李维臻. 2015. 寒冷地区城市居住区冬季室外热环境研究[D]. 西安：西安建筑科技大学.
李文菁，杨昌智，江燕涛. 2008. 非空调环境下的热舒适性调查[J]. 暖通空调，38(5)：18-21.
李晓锋，张志勤，林波荣，等. 2003. 围合式住宅小区微气候的实验研究[J]. 清华大学学报(自然科学版)，43(12)：1638-1641.
李云平. 2007. 寒地高层住区风环境模拟分析及设计策略研究[D]. 哈尔滨：哈尔滨工业大学.
梁颢严，肖荣波，孟庆林. 2016. 城市开敞空间热环境调控规划方法研究——以广东南海为例[J]. 中国园林，32(12)：86-91.
林慧芳，邱雪清，李雪梅，等. 2011. 水泥面对城市温度的影响分析[J]. 农家科技，(3)：37-38.
林荫，鲁小珍，张静，等. 2013. 城市不同绿地结构夏季小气候特征研究[J]. 浙江林业科技，33(5)：25-30.
刘弘，马杰，刘振威，等. 2006. 道路绿化生态效应研究[J]. 河南科技学院学报(自然科学版)，(4)：51-53.
刘加平. 2000. 城市环境物理[M]. 西安：西安交通大学出版社.
刘建军，郑有飞，吴荣军. 2008. 热浪灾害对人体健康的影响及其方法研究[J]. 自然灾害学报，17(1)：151-156.
刘娇妹，杨志峰. 2009. 北京市冬季不同景观下垫面温湿度变化特征[J]. 生态学报，29(6)：3241-3252.
刘念雄. 2005. 建筑热环境[M]. 北京：清华大学出版社.
刘术国. 2014. 大连典型城市街谷热环境与形态设计[D]. 大连：大连理工大学.
刘思琪. 2016. 严寒地区步行街热舒适研究[D]. 哈尔滨：哈尔滨工业大学.
刘思思，黄玉琴. 2007-3-26. 全球变暖上海城市热岛效应明显[N]. 上海商报.
刘维彬，郭春燕，王伟明. 2006. 寒地城市居住区中心绿地色彩设计[J]. 风景园林，(2)：54-57.
刘霞，王春林，景元书. 2011. 4 种城市下垫面地表温度年变化特征及其模拟分析[J]. 热带气象学报，27(3)：373-378.
刘哲铭，赵旭东，金虹. 2017. 哈尔滨市滨江居住小区冬季热环境实测分析[J]. 哈尔滨工业大学学报，49(10)：164-171.
麻连东. 2015. 基于微气候调节的哈尔滨多层住区建筑布局优化研究[D]. 哈尔滨：哈尔滨工业大学.
马剑，陈水福. 2007a. 平面布局对高层建筑群风环境影响的数值研究[J]. 浙江大学学报(工学版)，41(9)：1477-1481.
马剑，程国标，毛亚郎. 2007b. 基于 CFD 技术的群体建筑风环境研究[J]. 浙江工业大学学报，35(3)：351-354.
马征. 2015. 严寒地区村镇绿化对冬季风环境的影响研究[D]. 哈尔滨：哈尔滨工业大学.
孟宪磊. 2010. 不透水面、植被、水体与城市热岛关系的多尺度研究[D]. 上海：华东师范大学.
聂磊. 2012. 道路绿化型式对自然通风影响的计算流体力学仿真分析[J]. 广东园林，34(6)：38-41.
庞颖，孙伟斌. 2005. 寒地城市气候与城市特色[J]. 低温建筑技术，(5)：26-27.
裴海瑛，姜爱军，叶香. 2011. 南京市区不同下垫面对近地层温度影响[J]. 气象科学，31(6)：777-783.
钱妙芬，张凤娟，张友金，等. 2000. 行道绿化夏季小气候效应研究及模糊综合评价[J]. 南京林业大学学报，24(6)：55-58.

曲亚斌，张建鹏，戴昌芳. 2009. 2000～2004年广州市某城区气温变化与居民死亡的关系分析[J]. 预防医学论坛，(9)：807-810.

饶峻荃. 2015. 广州地区街区尺度热环境与热舒适度评价[D]. 哈尔滨：哈尔滨工业大学.

任继鑫. 2007. 节能理念指导下的居住区规划研究[D]. 长沙：湖南大学.

邵腾. 2013. 严寒地区居住小区风环境优化设计研究[D]. 哈尔滨：哈尔滨工业大学.

斯皮罗·科斯托夫. 2005. 城市的形成[M]. 单皓 译. 北京：中国建筑工业出版社.

宋德萱. 2003. 建筑环境控制学[M]. 南京：东南大学出版社.

宋晓程. 2011. 城市河流对局地热湿气候影响的数值模拟和现场实测研究[D]. 哈尔滨：哈尔滨工业大学.

孙洪波，石铁矛，郭洪华. 2000. 微气候建筑设计方法综述[J]. 沈阳建筑工程学院学报，16(3)：171-175.

孙欣. 2015. 城市中心区热环境与空间形态耦合研究[D]. 南京：东南大学.

Takle E S，邵传平，王薇. 2003. 防护林带：湍流的数学模型与计算机模拟[J]. 力学进展，33(1)：119-137.

田喆. 2005. 城市热岛效应分析及其对建筑空调采暖能耗影响的研究[D]. 天津：天津大学.

万宁，潘玮，吕海蓉. 2011. 哈尔滨中华巴洛克历史街区保护与更新研究[J]. 城市规划，2011(6)：86-90.

王天明，王晓春，国庆喜，等. 2004. 哈尔滨市绿地景观格局与过程的连通性和完整性[J]. 应用与环境生物学报，10(4)：402-407.

王振. 2008. 夏热冬冷地区基于城市微气候的街区层峡气候适应性设计策略研究[D]. 武汉：华中科技大学.

王振，李保峰，黄媛. 2016. 从街道峡谷到街区层峡：城市形态与微气候的相关性分析[J]. 南方建筑，(03)：5-10.

文远高，连之伟. 2003. 居住区绿化的降温效应与建筑节能[J]. 住宅科技，(6)：46-48.

夏志伟. 2010. 传统商业街空间形态研究[J]. 重庆建筑，9(11)：42-45.

谢清芳，彭小勇，万芬，等. 2013. 小型绿化带对局部微气候影响的数值模拟[J]. 安全与环境学报，13(1)：159-163.

徐煜辉，张文涛. 2012. “适应”与“缓解”——基于微气候循环的山地城市低碳生态住区规划模式研究[J]. 城市发展研究，19(7)：156-160.

轩春怡. 2011. 城市水体布局变化对局地大气环境的影响效应研究[D]. 兰州：兰州大学.

薛凯华，张德顺. 2014. 城市街道绿化及其改善小气候作用探析[J]. 城市建筑，(24)：283-284.

薛思寒，王琨，肖毅强. 2014. 传统岭南庭园水体周边热环境模拟研究以余荫山房为例[J]. 风景园林，(6)：50-53.

晏海，王雪，董丽. 2012. 华北树木群落夏季微气候特征及其对人体舒适度的影响[J]. 北京林业大学学报，34(5)：57-63.

杨凯，唐敏，刘源，等. 2004. 上海中心城区河流及水体周边小气候效应分析[J]. 华东师范大学学报(自然科学版)，(3)：105-114.

杨小山. 2012. 室外微气候对建筑空调能耗影响的模拟方法研究[D]. 广州：华南理工大学.

张德顺，王振. 2017. 高密度地区广场冠层小气候效应及人体热舒适度研究——以上海创智天地广场为例[J]. 中国园林，33(4)：18-22.

张磊，孟庆林，舒立帆. 2007. 室外热环境研究中景观水体动态热平衡模型及其数值模拟分析[J]. 建筑科学，23(10)：58-61.

张顺尧，陈易. 2016. 基于城市微气候测析的建筑外部空间围合度研究——以上海市大连路总部研发集聚区国歌广场为例[J]. 华东师范大学学报(自然科学版)，(6)：1-26.

张文忠. 2007. 宜居城市的内涵及评价指标体系探讨[J]. 城市规划学刊，(3)：30-34.

张向宁，李红琳，朱莹. 2018. 围院生形——哈尔滨市道外区中华巴洛克历史街区空间再生[J]. 城市建筑，(4)：120-123.

张相庭. 2006. 结构风工程[M]. 北京：中国建筑工业出版社.

张翼，卫林. 1984. 透风林带防护区中风结构的模拟研究[J]. 科学通报，29(1)：45-47.

赵敬源. 2007. 城市街谷夏季热环境及其控制机理研究[D]. 西安：长安大学.

赵敬源，刘加平. 2009. 城市街谷绿化的动态热效应[J]. 太阳能学报，30(8)：1013-1017.

赵维光. 2005-7-4. 39℃：上海高温破 71 年纪录 养驼中暑晕倒[N]. 文汇报.

中华人民共和国住房和城乡建设部. 2016. 民用建筑热工设计规范(GB 50176—2016)[S]. 北京：中国建筑工业出版社.

中华人民共和国公安部. 2018. 建筑设计防火规范(GB 50016—2014(2018 年版))[S]. 北京：中国计划出版社.

中华人民共和国住房和城乡建设部. 2011. 住宅设计规范(GB 50096—2011)[S]. 北京：中国计划出版社.

中华人民共和国住房和城乡建设部. 2012. 城市道路工程设计规范(CJJ 37—2012) [S]. 北京：中国建筑工业出版社.

中华人民共和国住房和城乡建设部. 2018. 城市居住区规划设计标准(GB 50180—2018)[S]. 北京：中国建筑工业出版社.

钟珂，亢燕铭. 1998. 城市街谷中的物理微环境[J]. 西北建筑工程学院学报(自然科学版)，1998(4)：16-18.

朱廷曜. 1983. 林带附近的风廓线[J]. 农业气象，4(3)：41-45.

深川健太，嶋泽贵大，村川三郎ら. 2006. 开発が进む地方都市の田圃□ため池周辺と市街地の四季を通じた気温形成状況の比较[C]. 日本建筑学会环境系论文集，(605)：95-102.

鈴木淳一. 2001. CFD 解析による出雲地方の築地松が有する防風効果の検討[C]. 日本建築学会大会学術講演梗概集.

Alexandri E，Jones P. 2008. Temperature Decreases in an Urban Canyon Due to Green Walls and Green Roofs in Diverse Climates[J]. Building and Environment，43(4)：480-493.

Ali-Toudert F，Mayer H. 2006. Numerical Study on the Effects of Aspect Ratio and Orientation of an Urban Street Canyon on Outdoor Thermal Comfort in Hot and Dry Climate[J]. Building and Environment，41(2)：94-108.

Ali-Toudert F，Mayer H. 2007. Effects of Asymmetry，Galleries，Overhanging Facades and Vegetation on Thermal Comfort in Urban Street Canyons[J]. Solar Energy，81(6)：742-754.

Andreou E，Axarli K. 2012. Investigation of Urban Canyon Microclimate in Traditional and Contemporary Environment. Experimental Investigation and Parametric Analysis[J]. Renewable Energy，43：354-363.

Armson D，Stringer P，Ennos A R. 2012. The Effect of Tree Shade and Grass on Surface and Globe Temperatures in an Urban Area[J]. Urban Forestry and Urban Greening，11(3)：245-255.

Asfour O S. 2010. Prediction of Wind Environment in Different Grouping Patterns of Housing Blocks[J]. Energy and Buildings，42(11)：2061-2069.

ASHRAE. 2004. Thermal Environmental Conditions for Human Occupancy (ANSI/ASHRAE Standard 55-2004)[S]. Atlanta：ASHRAE.

Avissar R. 1996. Potential Effects of Vegetation on the Urban Thermal Environment[J]. Atmospheric Environment，30(3)：0-448.

Benzerzour M，Masson V，Groleau D，et al. 2011. Simulation of the Urban Climate Variations in Connection with the Transformations of the City of Nantes since the 17th Century[J]. Building and Environment，46(8)：1545-1557.

Bosselmann P，Flores J，Gray W，et al. 1984. Sun，Wind，and Comfort：A Study of Open Spaces and Sidewalks in Four Downtown Areas[R]. Berkeley：University of California.

Bourbia F，Awbi H B. 2004. Building Cluster and Shading in Urban Canyon for Hot Dry Climate：Part 2：Shading Simulations[J]. Renewable Energy，29(2)：291-301.

Bourbia F，Boucheriba F. 2010. Impact of Street Design on Urban Microclimate for Semi Arid Climate (Constantine)[J]. Renewable Energy，35：343-347.

Cantón M A，Cortegoso J L，Rosa C D. 1994. Solar Permeability of Urban Trees in Cities of Western Argentina[J]. Energy and Buildings，20(3)：219-230.

Carfan A，Galvani E，Teixeira J，et al. 2012. Study of Thermal Comfort in the City of São Paulo Using ENVI-Met Model[J]. Investigaciones Geográficas，78(78)：34-47.

Castaldo V L，Pisello A L，Pigliautile L，et al. 2017. Microclimate and Air Quality Investigation in Historic Hilly Urban Areas：Experimental and Numerical Investigation in Central Italy[J]. Sustainable Cities and Society，33：27-44.

Delafons J. 1996. Sustainable Settlements：A Guide for Planners，Designers，and Developers：Hugh Barton，Geoff Davis and Richard Guise University of the West of England and the Local Government Management Board(1995)247 Pp £35 Pb(£26 to Charities，£19. 50 to Local Authorities)[J]. Cities，13(5)：370.

Dimoudi A，Kantzioura A，Zoras S，et al. 2013. Investigation of Urban Microclimate Parameters in an Urban Center[J]. Energy and Buildings，64：1-9.

Dixon J C，Prior M J. 1987. Wind-Chill Indices–A Review[J]. The Meteorological Magazine，1374：1-17.

Eliasson I，Upmanis H. 2000. Nocturnal Airflow from Urban Parks-Implications for City Ventilation[J]. Theoretical and Applied Climatology，66(1-2)：95-107.

Emmanuel R. 2012. An Urban Approach to Climate Sensitive Design：Strategies for the Tropics[M]. London：Taylor & Francis.

Emmanuel R，Rosenlund H，Johansson E. 2007. Urban Shading—A Design Option for the Tropics? A Study in Colombo，Sri Lanka[J]. International Journal of Climatology，27(14)：1995-2004.

ENVI-met. [2019-06-08]. Configuration File—Basic Settings[R/OL]. http：//www.envi-met.info/doku.php?id=basic_settings.

Giridharan R，Lau S S Y，Ganesan S，et al. 2007. Urban Design Factors Influencing Heat Island Intensity in High-Rise High-Density Environments of Hong Kong[J]. Building and Environment，42(10)：3669-3684.

Givoni B. 1998. Climate Considerations in Building and Urban Design[M]. New York：John Wiley & Sons.

Honjo T，Takakura T. 1991. Simulation of Thermal Effects of Urban Green Areas on Their Surrounding Areas[J]. Energy and Buildings，15(3-4)：443-446.

Huttner S. 2012. Further Development and Application of the 3D Microclimate Simulation ENVI-met[D]. Mainz：Mainz University.

Ichinose T. 2005. Monitoring and Precipitation of Urban Climate After the Restoration of a Cheong-gye Stream in Seoul Korea[J]. IAUC Newsletter—International Association for Urban Climate，(11)：11-14.

Indraganti M. 2010. Understanding the Climate Sensitive Architecture of Marikal，a Village in Telangana

Region in Andhra Pradesh，India[J]. Building and Environment，45(12)：2709-2722.

ISO 7730. 2005. Ergonomics of the Thermal Environment—Analytical Determination and Interpretation of Thermal Comfort Using Calculation of the PMV and PPD Indices and Local Thermal Comfort Criteria[S]. Geneva：International Standards Organization.

ISO 11079. 2007. Ergonomics of the Thermal Environment：Determination and Interpretation of Cold Stress when Using Required Clothing Insulation (IREQ) and Local Cooling Effects[S]. Geneva：International Standards Organization.

Jin H，Liu Z M，Jin Y M，et al. 2017. The Effects of Residential Area Building Layout on Outdoor Wind Environment at the Pedestrian Level in Severe Cold Regions of China[J]. Sustainability，9(12)：2310.

Jin Y M，Jin H，Kang J，et al. 2018. Effects of Openings on the Wind-Sound Environment in Traditional Residential Streets in a Severe Cold City of China[J]. Environment and Planning B：Urban Analytics and City Science，47(5)：808-825.

Johansson E. 2006. Influence of Urban Geometry on Outdoor Thermal Comfort in a Hot Dry Climate: A Study in Fez，Morocco[J]. Building and Environment，41(10)：1326-1338.

Kantzioura A，Kosmopoulos P，Zoras S. 2012. Urban Surface Temperature and Microclimate Measurements in Thessaloniki[J]. Energy and Buildings，44：63-72.

Krüger E L，Minella F O，Rasia F. 2011. Impact of Urban Geometry on Outdoor Thermal Comfort and Air Quality from Field Measurements in Curitiba，Brazil[J]. Building and Environment，46(3)：621-634.

Kubota T，Miura M，Tominaga Y，et al. 2008. Wind Tunnel Tests on the Relationship Between Building Density and Pedestrian Level Wind Velocity：Development of Guidelines for Realizing Acceptable Wind Environment in Residential Neighborhoods[J]. Building and Environment，43(10)：1699-1708.

Lenzholzer S，Koh J. 2010. Immersed in Microclimatic Space：Microclimate Experience and Perception of Spatial Configurations in Dutch Squares[J]. Landscape and Urban Planning，95(1-2)：0-15.

Li J S，Duan N，Guo S，et al. 2012. Renewable Resource for Agricultural Ecosystem in China：Ecological Benefit for Biogas By-Product for Planting[J]. Ecological Informatics，12：101-110.

Lin C Y，Chen F，Huang J C，et al. 2008. Urban Heat Island Effect and Its Impact on Boundary Layer Development and Land—Sea Circulation Over Northern Taiwan[J]. Atmospheric Environment，42(22)：5635-5649.

Martinelli L，Lin T P，Matzarakis A. 2015. Assessment of the Influence of Daily Shadings Pattern on Human Thermal Comfort and Attendance in Rome During Summer Period[J]. Building and Environment，92(6)：30-38.

Matiasovsky P. 1996. Daily Characteristics of Air Temperature and Solar Irradiation-Input Data for Modeling of Thermal Behavior of Buildings[J]. Atmospheric Environment，30(3)：0-542.

McPherson E G，Rowntree R A. 1993. Energy Conservation Potential of Urban Tree Planting[J]. Journal of Arboriculture，19(6)：321-331

Melbourne W H，Joubert P J. 1971. Problems of Wind Flow at the Tall Buildings[C]. Proceedings of 3rd International Conference on Wind Effects on Buildings and Structures，Tokyo.

Middel A，Hab K，Brazel A J，et al. 2014. Impact of Urban Form and Design on Mid-Afternoon Microclimate in Phoenix Local Climate Zones[J]. Landscape and Urban Planning，122：16-28.

Miller N L，Jin J，Tsang C F. 2005. Local Climate Sensitivity of the Three Gorges Dam[J]. Geophysical

Research Letters，86(3)：101-120.

Murakawa S，Sekine T，Narita K，et al. 1991. Study of the Effects of a River on the Thermal Environment in an Urban Area[J]. Energy and Buildings，16(3-4)：993-1001.

Nishimura N，Nomura T，Iyota H，et al. 1998. Novel Water Facilities for Creation of Comfortable Urban Micrometeorology[J]. Solar Energy，64(4-6)：197-207.

Niu J，Liu J，Lee T C，et al. 2015. A New Method to Assess Spatial Variations of Outdoor Thermal Comfort：Onsite Monitoring Results and Implications for Precinct Planning[J]. Building and Environment，91：263-270.

Nonomura A，Kitahara M，Masuda T. 2009. Impact of Land Use and Land Cover Changes on the Ambient Temperature in a Middle Scale City，Takamatsu，in Southwest Japan[J]. Journal of Environmental Management，90(11)：3297-3304.

Offerle B，Eliasson I，Grimmond C S B，et al. 2007. Surface Heating in Relation to Air Temperature，Wind and Turbulence in an Urban Street Canyon[J]. Boundary-Layer Meteorology，122(2)：273-292.

Oke T R. 1988. Street Design and Urban Canopy Layer Climate[J]. Energy and Buildings，11(1-3)：103-113.

Oliveira S，Andrade H，Vaz T. 2011. The Cooling Effect of Green Spaces as a Contribution to the Mitigation of Urban Heat：A Case Study in Lisbon[J]. Building and Environment，46(11)：2186-2194.

Osczevski R，Bluestein M. 2005. The New Wind Chill Equivalent Temperature Chart[J]. Bulletin of the American Meteorological Society，86(10)：1453-1458.

Pearlmutter D，Berliner P，Shaviv E. 2006. Physical Modeling of Pedestrian Energy Exchange Within the Urban Canopy[J]. Building and Environment，41(6)：783-795.

Pearlmutter D，Bitan A，Berliner P. 1999. Microclimatic Analysis of "Compact" Urban Canyons in an Arid Zone[J]. Atmospheric Environment，33(24)：4143-4150.

Perera M. 1981. Shelter Behind Two-Dimensional Solid and Porous Fences[J]. Journal of Wind Engineering and Industrial Aerodynamics，8(1-2)：93-104.

Rajagopalan P，Lim K C，Jamei E. 2014. Urban Heat Island and Wind Flow Characteristics of a Tropical City[J]. Solar Energy，107：159-170.

Raupach M R，Shaw R H. 1982. Averaging Procedures for Flow Within Vegetation Canopies[J]. Boundary-Layer Meteorology，22(1)：79-90.

Robitu M，Musy M，Inard C，et al. 2006. Modeling the Influence of Vegetation and Water Pond on Urban Microclimate[J]. Solar Energy，80(4)：435-447.

Schempp D，Martin K，Fred M. 1992. Solares Bauen：Stadtplanung-Bauplanung[M]. Köln：Rudolf Muller.

Shahrestani M，Yao R M，Luo Z W，et al. 2015. A Field Study of Urban Microclimates in London[J]. Renewable Energy，73：3-9.

Shashua-Bar L，Hoffman M E. 2000. Vegetation as a Climatic Component in the Design of an Urban Street：An Empirical Model for Predicting the Cooling Effect of Urban Green Areas with Trees[J]. Energy and Buildings，31(3)：221-235.

Shashua-Bar L，Hoffman M E，Tzamir Y. 2006. Integrated Thermal Effects of Generic Built Forms and Vegetation on the UCL Microclimate[J]. Building and Environment，41(3)：343-354.

Shashua-Bar L，Tzamir Y，Hoffman M E. 2004. Thermal Effects of Building Geometry and Spacing on the Urban Canopy Layer Microclimate in a Hot-Humid Climate in Summer[J]. International Journal of

Climatology，24(13)：1729-1742.

Shitzer A，Dedear R. 2006. Inconsistencies in the "New" Windchill Chart at Low Wind Speeds[J]. Journal of Applied Meteorology and Climatology，45(5)：787-790.

Stromann-Andersen J，Sattrup P A. 2011. The Urban Canyon and Building Energy Use：Urban Density Versus Daylight and Passive Solar Gains[J]. Energy and Buildings，43(8)：2011-2020.

Taleb H，Musleh M A. 2015. Applying Urban Parametric Design Optimisation Processes to a Hot Climate：Case Study of the UAE[J]. Sustainable Cities and Society，14：236-253.

To A P，Lam K M. 1995. Evaluation of Pedestrian-Level Wind Environment Around a Row of Tall Buildings Using a Quartile-Level Wind Speed Descripter[J]. Journal of Wind Engineering and Industrial Aerodynamics，54(94)：527-541.

van Hove L W A，Jacobs C M J，Heusinkveld B G，et al. 2015. Temporal and Spatial Variability of Urban Heat Island and Thermal Comfort Within the Rotterdam Agglomeration[J]. Building and Environment，83：91-103.

White B R. 1992. Analysis and Wind-Tunnel Simulation of Pedestrian-Level Winds in San Francisco[J]. Journal of Wind Engineering and Industrial Aerodynamics，44(1-3)：2353-2364.

Wieringa J. 1980. Representativeness of Wind Observations at Airports[J]. Bulletin of the American Meteorological Society，61(9)：962-971.

Williams C D，Wardlaw R L. 1992. Determination of the Pedestrian Wind Environment in the City of Ottawa Using Wind Tunnel and Field Measurements[J]. Journal of Wind Engineering and Industrial Aerodynamics，41(1-3)：255-266.

Wilson N R，Shaw R H. 1977. A Higher Order Closure Model for Canopy Flow[J]. Journal of Applied Meteorology，16(11)：1197-1205.

Yang X S，Zhao L H，Bruse Michael，et al. 2013. Evaluation of a Microclimate Model for Predicting the Thermal Behavior of Different Ground Surfaces[J]. Building and Environment，60：93-104.

Yannas S. 2001. Toward More Sustainable Cities[J]，Solar Energy，70(3)：281-294.